复变函数与积分变换

（第2版）

主编　孙广毅　张晓威　赵景霞

哈尔滨工程大学出版社

内容简介

本书是按照"工程数学课程教学基本要求"编写的,包括复变函数与积分变换两部分内容。全书共八章,包括复数与复变函数、解析函数、复变函数的积分、级数、留数理论及其应用、保形映射、傅里叶变换、拉普拉斯变换。每章末有小结,帮助学生掌握要点,并配有课后习题供学生练习。本书叙述由浅入深,通俗易懂,例题适当,习题面广。书中加 * 号的为选讲内容。

本书可作为理工科院校非数学专业的复变函数与积分变换课程的教材或教学参考书,也可供有关科技人员参考。

图书在版编目(CIP)数据

复变函数与积分变换 / 孙广毅,张晓威,赵景霞主编. —2 版. —哈尔滨 : 哈尔滨工程大学出版社,2017.8(2023.7 重印)
ISBN 978 - 7 - 5661 - 1618 - 5

Ⅰ. ①复… Ⅱ. ①孙… ②张… ③赵… Ⅲ. ①复变函数 – 高等学校 – 教材②积分变换 – 高等学校 – 教材 Ⅳ. ①O174.5②O177.6

中国版本图书馆 CIP 数据核字(2017)第 188550 号

选题策划	石　岭
责任编辑	马佳佳
封面设计	博鑫设计

出版发行	哈尔滨工程大学出版社
社　　址	哈尔滨市南岗区南通大街 145 号
邮政编码	150001
发行电话	0451 - 82519328
传　　真	0451 - 82519699
经　　销	新华书店
印　　刷	哈尔滨午阳印刷有限公司
开　　本	787 mm×960 mm　1/16
印　　张	15.5
字　　数	375 千字
版　　次	2017 年 8 月第 2 版
印　　次	2023 年 7 月第 7 次印刷
定　　价	32.80 元

http://www.hrbeupress.com
E-mail:heupress@ hrbeu.edu.cn

高等学校工科数学系列丛书编审委员会

前　　言

本书是为了适应高等教育改革发展的需要，为满足各类专业及不同层次的需求，依据"工程数学课程教学基本要求"而编写的。

复变函数与积分变换是理工科专业的一门重要的基础课程，在自然科学和各种工程领域有着广泛的应用。本书在编写过程中吸收了国内外同类教材的优点，本着能力培养和素质教育的原则，力争做到传授数学知识和培养数学素养的同时，加强学生应用能力的开发。本书在叙述时，力求由浅入深，通俗易懂，每章后附有小结，对本章内容进行简略概括总结，并配有大量习题，这些都有助于学生课后自学，并可起到帮助学生深入理解，牢固掌握的作用。本书可作为高等院校非数学类理工科各专业复变函数与积分变换课程教材或教学参考书。

本书分两部分，复变函数部分(第1章至第6章)主要介绍了复变函数论的基本理论；积分变换部分(第7章和第8章)介绍了傅里叶变换和拉普拉斯变换。与原《复变函数》教材相比，本书更注重复变函数与工科专业课程的结合，对积分变换部分的内容也进行了大量的扩充，加强了本书的实用性。

根据这几年的教学反馈，第2版的修正工作主要是纠正了第1版出现的错误；因为1.7节的多值函数与第2章的初等函数部分有重叠，所以我们把这一部分内容进行了删减；第5章在文字和内容上作了较大改动，强化了一些定义、定理，使内容更有调理，更适合教学；为了更方便同学们使用本教材，在第2版中我们给出了书后习题的答案；本书对不属于一般教学内容的部分加上 * 号，教师及同学们在可能的情况下可以选讲或参阅。

参加第1版编写的有国萃、葛斌、杨丽宏、陈涛、徐新军、姜劲、郑雄波、王淑娟。全书由孙广毅主编并统稿，张晓威主审，姜劲和郑雄波也做了较多的统稿和审稿工作。

第2版的修订由吴红梅、王珏、张雨馨、赵景霞、王淑娟完成。

本书的编写受到了哈尔滨工程大学本科教材立项的资助，得到了哈尔滨工程大学应用数学系广大教师的关心和支持，编者在此表示衷心的感谢。

由于编者水平有限，书中难免仍有不妥之处，希望广大读者给以批评指正。

编　者

2017 年 7 月

目　　录

第1章　复数与复变函数

本章主要学习复数的概念、性质及运算,并引入平面点集的概念,复变函数的概念及其连续与极限的概念,为以后各章的学习奠定基础.

1.1　复数及其运算

1.1.1　复数的概念

1. 复数的定义

如同实数 x 可以看成实数轴上的点一样,复数也可以看成是直角坐标系 xOy 上的点,通常由有序数对 (x,y) 定义,其中 x,y 均为实数. 这样,实数 x 就可以用实轴上的点 $(x,0)$ 表示,所以实数集合是复数集合的子集. y 轴上的点可以用复数 $(0,y)$ 来表示,当 $y\neq0$ 时,我们把这些数称为纯虚数.

复数一般用 z 来表示,记为

$$z = (x,y) \tag{1-1}$$

其中,x 称为复数 z 的实部,y 称为复数 z 的虚部,分别记为

$$x = \mathrm{Re}z, \quad y = \mathrm{Im}z \tag{1-2}$$

两个复数 $z_1 = (x_1,y_1)$ 和 $z_2 = (x_2,y_2)$,当且仅当它们的实部和虚部分别对应相等时,即 $x_1 = x_2$ 且 $y_1 = y_2$,那么这两个复数相等.

2. 复数的运算

两个复数 $z_1 = (x_1,y_1)$ 和 $z_2 = (x_2,y_2)$ 加法与乘法的定义如下:

$$z_1 + z_2 = (x_1 + x_2, y_1 + y_2) \tag{1-3}$$

$$z_1 \cdot z_2 = (x_1x_2 - y_1y_2, x_1y_2 + x_2y_1) \tag{1-4}$$

当限制为实数时,式(1-3)式(1-4)定义的运算就是我们熟知的加法与乘法运算,即

$$(x_1,0) + (x_2,0) = (x_1 + x_2,0)$$

$$(x_1,0) \cdot (x_2,0) = (x_1 \cdot x_2,0)$$

因此,我们可以说复数系统是实数系统的一个扩充.

任何复数 $z = (x,y)$ 都可以写成

$$z = (x,0) + (0,y)$$

显然有

$$(0,1) \cdot (y,0) = (0,y)$$

因此

$$z = (x,0) + (0,1) \cdot (y,0)$$

如前所述,把实数 x 看成复数 $(x,0)$,并且让 i 代表虚数 $(0,1)$,如图 1.1 所示. 所以,复数 z 通常记为

$$z = x + iy \qquad\qquad (1-5)$$

因此复数系统可以写为

$$C = \{(x,y) \mid x,y \in \mathbf{R}\} = \{x+iy \mid x,y \in \mathbf{R}\}$$

并且,利用 $z^2 = z \cdot z, z^3 = z \cdot z^2$ 等,我们发现

$$i^2 = (0,1) \cdot (0,1) = (-1,0) = -1$$

因此 $z^2 = -1$ 在复数域上有解 $z = \pm i$.

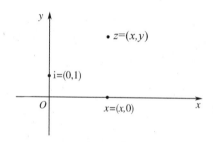

图 1.1 复平面内的点 $z(x,y)$

向量 Oz 的长度称为复数的 z 模,记为

$$r = |z| = \sqrt{x^2 + y^2} \qquad\qquad (1-6)$$

显然,对于任意复数 $z = x + iy$ 有

$$|x| \leqslant |z|, |y| \leqslant |z| \qquad\qquad (1-7)$$

$$|z| \leqslant |x| + |y| \qquad\qquad (1-8)$$

另外,根据向量的运算及几何知识,我们可以得到两个重要的不等式,即

$$|z_1 + z_2| \leqslant |z_1| + |z_2| \qquad\qquad (1-9)$$

$$|z_1 - z_2| \leqslant |z_1| - |z_2| \qquad\qquad (1-10)$$

如图 1.2 所示.

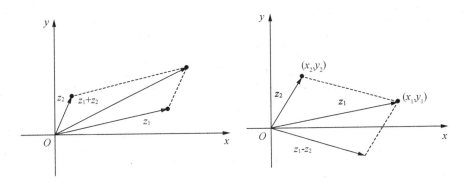

图 1.2　复数的和与差

1.1.2　复数的四则运算

利用表达式 $z = x + \mathrm{i}y$，有

$$z_1 \pm z_2 = (x_1 \pm x_2, y_1 \pm y_2)$$

$$z_1 \cdot z_2 = (x_1 x_2 - y_1 y_2, x_1 y_2 + x_2 y_1)$$

$$\frac{z_1}{z_2} = \left(\frac{x_1 x_2 + y_1 y_2}{x_2^2 + y_2^2}, \frac{x_2 y_1 - x_1 y_2}{x_2^2 + y_2^2} \right) \quad (z_2 \neq 0)$$

可以变换成

$$z_1 \pm z_2 = (x_1 \pm x_2) + \mathrm{i}(y_1 \pm y_2) \tag{1-11}$$

$$z_1 z_2 = (x_1 x_2 - y_1 y_2) + \mathrm{i}(x_1 y_2 + x_2 y_1) \tag{1-12}$$

$$\frac{z_1}{z_2} = \frac{x_1 x_2 + y_1 y_2}{x_2^2 + y_2^2} + \mathrm{i}\frac{x_2 y_1 - x_1 y_2}{x_2^2 + y_2^2} \quad (z_2 \neq 0) \tag{1-13}$$

显然，在进行等式左边运算时，只需把 i^2 换成 -1 就可以得到等式右边的结果.

需要特别指出的是，在复数域中复数是不能比较大小的.

容易验证复数的四则运算满足与实数四则运算相应的运算规律. 同时还可以证明，复数的四则运算也满足交换律、结合律和分配律，并且复数经过四则运算得到的仍旧是复数.

1.1.3　复数的共轭运算

实部相同而虚部互为相反数的两个复数 $x + \mathrm{i}y$ 和 $x - \mathrm{i}y$ 称为互为共轭复数，复数 z 的共轭复数用 $\bar{z}$ 表示，如果 $z = x + \mathrm{i}y$，则

$$\bar{z} = \overline{(x + \mathrm{i}y)} = x - \mathrm{i}y \tag{1-14}$$

互为共轭的两个复数关系如图 1.3 所示.

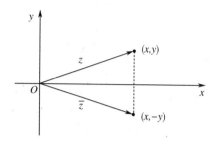

图 1.3 共轭复数

由定义可知, $\bar{\bar{z}} = z$. 特别地, 实数的共轭复数还是该实数本身; 反之, 如果复数 z 与它的共轭复数 $\bar{z}$ 相等, 则这个复数一定是一个实数.

共轭复数的性质如下:

（1） $\overline{z_1 \pm z_2} = \bar{z}_1 \pm \bar{z}_2, \overline{z_1 \cdot z_2} = \bar{z}_1 \cdot \bar{z}_2, \overline{\left(\dfrac{z_1}{z_2}\right)} = \dfrac{\bar{z}_1}{\bar{z}_2} \quad (z_2 \neq 0)$;

（2） $\bar{\bar{z}} = z$;

（3） $|z| = |\bar{z}|$;

（4） $|z^2| = z \cdot \bar{z} = (\mathrm{Re}z)^2 + (\mathrm{Im}z)^2$;

（5） $z + \bar{z} = 2\mathrm{Re}z, z - \bar{z} = 2\mathrm{i}\mathrm{Im}z$

类似的结果也可以推广到 n 个复数的运算上.

例 1.1 化简 $\mathrm{i}^3, \mathrm{i}^4, \dfrac{\mathrm{i}}{1-\mathrm{i}} + \dfrac{1-\mathrm{i}}{\mathrm{i}}$ 和 $\dfrac{\mathrm{i}}{(\mathrm{i}-1)(\mathrm{i}-2)(\mathrm{i}-3)}$.

解 $\mathrm{i}^3 = \mathrm{i}^2 \cdot \mathrm{i} = -\mathrm{i}$

$\mathrm{i}^4 = \mathrm{i}^2 \cdot \mathrm{i}^2 = (-1) \cdot (-1) = 1$

$\dfrac{\mathrm{i}}{1-\mathrm{i}} + \dfrac{1-\mathrm{i}}{\mathrm{i}} = \dfrac{\mathrm{i}^2 + (1-\mathrm{i})^2}{(1-\mathrm{i}) \cdot \mathrm{i}} = \dfrac{-1-2\mathrm{i}}{1+\mathrm{i}} = \dfrac{(1-\mathrm{i})(-1-2\mathrm{i})}{(1+\mathrm{i})(1-\mathrm{i})} = \dfrac{-3-\mathrm{i}}{2}$

$\dfrac{\mathrm{i}}{(\mathrm{i}-1)(\mathrm{i}-2)(\mathrm{i}-3)} = \dfrac{\mathrm{i}}{(1-3\mathrm{i})(\mathrm{i}-3)} = \dfrac{\mathrm{i}}{10\mathrm{i}} = \dfrac{1}{10}$

例 1.2 设 $z_1 = 1 + 2\mathrm{i}, z_2 = 3 - 4\mathrm{i}$, 求:

（1） $\bar{z}_1 + \bar{z}_2$; （2） $\bar{z}_1 \cdot \bar{z}_2$; （3） $\overline{\left(\dfrac{z_1}{z_2}\right)}$.

解 （1） $\bar{z}_1 + \bar{z}_2 = \overline{1+2\mathrm{i}} + \overline{3-4\mathrm{i}} = 1 - 2\mathrm{i} + 3 + 4\mathrm{i} = 4 + 2\mathrm{i}$;

（2） $\bar{z}_1 \cdot \bar{z}_2 = (1-2\mathrm{i}) \cdot (3+4\mathrm{i}) = 11 - 2\mathrm{i}$;

（3） $\overline{\left(\dfrac{z_1}{z_2}\right)} = \dfrac{\bar{z}_1}{\bar{z}_2} = \dfrac{1-2\mathrm{i}}{3+4\mathrm{i}} = \dfrac{(1-2\mathrm{i})(3-4\mathrm{i})}{(3+4\mathrm{i})(3-4\mathrm{i})} = \dfrac{-1-2\mathrm{i}}{5}$.

例 1.3 已知 $x + \mathrm{i}y = (2x - 1) + y^2\mathrm{i}$,求 $z = x + \mathrm{i}y$.

解 由 $x = 2x - 1$ 可知 $x = 1$. 又由于 $y = y^2$,则 $y = 1$ 或 $y = 0$. 所以 $z = 1$ 或 $z = 1 + \mathrm{i}$.

1.2 复数的几何表示

1.2.1 复平面及复数的表示法

1. 复数的点表示法

一个复数 $z = x + \mathrm{i}y$ 实际上是由一对有序实数 (x, y) 唯一确定的. 因此,如果我们把平面上的点 (x, y) 与复数 $z = x + \mathrm{i}y$ 对应,就建立了平面上全部的点和全体复数间的一一对应关系.

由于 x 轴上的点和 y 轴上非原点的点分别对应着实数和纯虚数,因而通常称 x 轴为实轴,称 y 轴为虚轴,这样表示复数 z 的平面称为复平面或 z 平面.

引进复平面后,我们在"数"与"点"之间建立了一一对应关系,为了方便起见,今后我们就不再区分"数"和"点"及"数集"和"点集"的概念.

2. 复数的向量表示法

复数 $z = x + \mathrm{i}y$ 与复平面上的点 $z(x, y)$ 一一对应,这样复数 $z = x + \mathrm{i}y$ 就与从原点 O 到点 z 所引的向量 $\boldsymbol{Oz}$ 也构成一一对应关系,如图 1.4 所示. 因此也可以用向量 $\boldsymbol{Oz}$ 来表示复数 $z = x + \mathrm{i}y$,其中 x, y 顺次等于 $\boldsymbol{Oz}$ 沿 x 轴与 y 轴的分量,如图 1.5 所示.

注:把"复数 z"与其对应的"向量 z"也视为同义词.

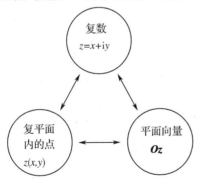

图 1.4 复数与复平面内的点,
以及平面向量的对应关系

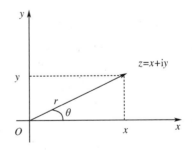

图 1.5 复数的向量表示

这样,我们在处理和复数相关的问题时,就会更具有直观性,更灵活方便.

在物理学中,如力、速度、加速度等物理量都是用向量来表示的,说明复数也可以用来表示实际的物理量.

3. 复数的三角表示法

如图 1.5 所示,首先,复数 $z = x + iy$ 与从原点到点 z 所引的向量 $\boldsymbol{Oz}$ 构成一一对应关系,从而,我们能够借助于点 z 的极坐标 r 和 θ 来确定点 $z = x + iy$.

向量 $\boldsymbol{Oz}$ 与实轴正向的夹角 θ 满足 $\tan\theta = \dfrac{y}{x}$,称为复数 z 的辐角(Argument),记为

$$\theta = \text{Arg}z$$

其满足

$$\tan(\text{Arg}z) = \tan\theta = \frac{y}{x}$$

对于任一非零复数 z,均有无穷多个辐角 $\text{Arg}z$,它们彼此相差 2π 的整数倍. 可是满足条件 $-\pi < \text{Arg}z \leqslant \pi$ 的辐角却只有一个,我们称该值为 $\text{Arg}z$ 的主值或 z 的辐角主值,记为 $\arg z$. 于是有

$$-\pi < \arg z \leqslant \pi$$
$$\text{Arg}z = \arg z + 2k\pi \quad (k = 0, \pm 1, \pm 2, \cdots) \tag{1-15}$$

值得注意的是,当 $z = 0$ 时,其模为零,辐角无意义.

当 $z \neq 0$ 时,其辐角主值 $\arg z$ 可以由 $\arctan \dfrac{y}{x}$ 按如下关系来确定,即

$$\arg z = \begin{cases} \arctan \dfrac{y}{x}, & (x > 0) \\[2mm] \dfrac{\pi}{2}, & (x = 0, y > 0) \\[2mm] \arctan \dfrac{y}{x} + \pi, & (x < 0, y \geqslant 0) \\[2mm] \arctan \dfrac{y}{x} - \pi, & (x < 0, y < 0) \\[2mm] -\dfrac{\pi}{2}, & (x = 0, y < 0) \end{cases}$$

特别地,一对共轭复数 z 和 $\bar{z}$ 在复平面的位置是关于实轴对称的,所以若 z 不在原点和负实轴上,就有

$$\arg \bar{z} = -\arg z$$

最后,通过直角坐标与极坐标的关系,我们可以用复数的模与辐角来表示非零复数 z,即有

$$z = x + iy = r(\cos\theta + i\sin\theta) \tag{1-16}$$

则称式(1-16)为非零复数 z 的三角表示式.

其中

$$\begin{cases} r = |z| = \sqrt{x^2 + y^2} \\ \tan\theta = \tan(\mathrm{Arg}z) = \dfrac{y}{x} \\ x = r\cos\theta,\ y = r\sin\theta \end{cases}$$

4. 复数的指数表示式

在公式 $z = r(\cos\theta + i\sin\theta)$ 的基础上,我们引进著名的欧拉(Euler)公式,即

$$e^{i\theta} = \exp\{i\theta\} = \cos\theta + i\sin\theta \tag{1-17}$$

则 z 又可以表示为

$$z = re^{i\theta} \tag{1-18}$$

称式(1-18)为非零复数 z 的指数表示式,如图1.6所示.

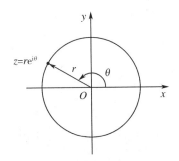

图 1.6　复数的指数表示

在 1.1 节中提过:两个复数的实部与虚部分别相等,则称两个复数相等. 由这节知识,可知两个复数相等,其模必定相等,其辐角可以相差 2π 的整数倍;反之,如果两个复数的模及辐角分别相等,则这两个复数必然相等.

例 1.4　求下列复数的模与辐角:

(1) 3;　　　　　　(2) $-i$;　　　　　　(3) $-3-4i$;　　　　　　(4) $\dfrac{2i}{i-1}$.

解　(1) $|3| = 3$, $\arg 3 = 0$, $\mathrm{Arg}3 = 2k\pi$ $\ (k = 0,\ \pm1,\ \pm2,\cdots)$.

(2) $|-i| = 1$, $\arg(-i) = -\dfrac{\pi}{2}$, $\mathrm{Arg}(-i) = -\dfrac{\pi}{2} + 2k\pi$ $\ (k = 0,\ \pm1,\ \pm2,\cdots)$.

(3) $|-3-4i| = 5$, $\arg(-3-4i) = \arctan\dfrac{4}{3} - \pi$, $\mathrm{Arg}(-3-4i) = \arctan\dfrac{4}{3} + (2k-1)\pi$ $\ (k = 0,\ \pm1,\ \pm2,\cdots)$.

(4) $\left| \dfrac{2\mathrm{i}}{\mathrm{i}-1} \right| = \left| \dfrac{2\mathrm{i}(\mathrm{i}+1)}{(\mathrm{i}-1)(\mathrm{i}+1)} \right| = |-\mathrm{i}(\mathrm{i}+1)| = |-\mathrm{i}+1| = \sqrt{2}$,

$\arg \dfrac{2\mathrm{i}}{\mathrm{i}-1} = \arg(-\mathrm{i}+1) = -\dfrac{\pi}{4}, \mathrm{Arg} \dfrac{2\mathrm{i}}{\mathrm{i}-1} = \mathrm{Arg}(-\mathrm{i}+1) = -\dfrac{\pi}{4} + 2k\pi$

$(k = 0, \pm 1, \pm 2, \cdots)$.

例 1.5　将下列复数化为三角表示式和指数表示式：

（1）$-1 + \sqrt{3}\mathrm{i}$;　　　　　（2）$z = \sin \dfrac{\pi}{10} + \mathrm{i}\cos \dfrac{\pi}{10}$.

解　（1）$|z| = \sqrt{1+3} = 2$, $\arg z = \arctan \dfrac{\sqrt{3}}{-1} + \pi = \dfrac{2}{3}\pi$, 因此

$$z = 2\left(\cos \dfrac{2\pi}{3} + \mathrm{i}\sin \dfrac{2\pi}{3} \right) = 2\mathrm{e}^{\frac{2}{3}\pi\mathrm{i}}$$

（2）$|z| = \sqrt{\left(\sin \dfrac{\pi}{10} \right)^2 + \left(\cos \dfrac{\pi}{10} \right)^2} = 1$, 又

$$\sin \dfrac{\pi}{10} = \cos \left(\dfrac{\pi}{2} - \dfrac{\pi}{10} \right) = \cos \dfrac{2\pi}{5}, \cos \dfrac{\pi}{10} = \sin \left(\dfrac{\pi}{2} - \dfrac{\pi}{10} \right) = \sin \dfrac{2\pi}{5}$$

因此

$$z = \cos \dfrac{2\pi}{5} + \mathrm{i}\sin \dfrac{2\pi}{5} = \mathrm{e}^{\frac{2}{5}\pi\mathrm{i}}$$

例 1.6　设 z_1, z_2 是两个复数，求证：

$$|z_1 + z_2|^2 = |z_1|^2 + |z_2|^2 + 2\mathrm{Re}(z_1\bar{z}_2)$$

证明　$|z_1 + z_2|^2 = (z_1 + z_2)\overline{(z_1 + z_2)} = (z_1 + z_2)(\bar{z}_1 + \bar{z}_2)$

$= |z_1|^2 + |z_2|^2 + z_1\bar{z}_2 + \bar{z}_1 z_2 = |z_1|^2 + |z_2|^2 + 2\mathrm{Re}(z_1\bar{z}_2)$

1.2.2 无穷远点与复球面

前面，我们建立了复数与复平面上点一一对应的关系，下面我们借用地图制图学中的将地球投影到平面上的测地投影法，建立复平面与球面上点的对应，以此来合理地引入无穷远点（图 1.7）. 具体做法如下：

（1）取一个在原点 O 与复平面相切的球面.

（2）过原点作一条垂直于复平面的直线与球面交于另一点 N, N 称为北极，原点 O 记为点 S, S 称为南极.

（3）在复平面上任取一点 z, 将 N 与复平面上的一点 z 相连，此线段交球面于 P. 这样，球面上（不包括北极 N）的点与复平面上的点就建立了一一对应的关系.

（4）北极 N 可以看成与复平面上一个模为无穷大的假想点相对应，这个假想点称为无穷

远点,并记为∞.

(5)复平面加上点∞后称为扩充复平面,与它对应的就是整个球面,称为复球面.

值得注意的是,复平面上的无穷远点是一个点,它与微积分中的∞ 是不同的概念. 我们这里的无穷远点∞,它的实部、虚部与辐角都没有意义,我们规定它的模是正无穷,即

$$| \infty | = + \infty$$

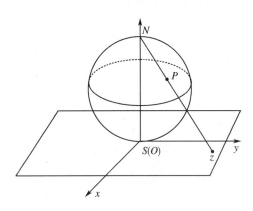

图 1.7 复平面与球面上点的对应

显然,复平面上的每一条线都经过无穷远点. 关于数∞ 的四则运算规定如下:

(1) $\infty \pm \infty$, $0 \cdot \infty$, $\dfrac{\infty}{\infty}$, $\dfrac{0}{0}$ 无意义;

(2) $\infty \pm a = a \pm \infty = \infty$;

(3) 当 $a \neq 0$ 时, $a \cdot \infty = \infty \cdot a = \infty \cdot \infty = \infty$, $\dfrac{a}{0} = \infty$, $\dfrac{\infty}{a} = \infty$.

1.3 复数的乘幂与方根

1.3.1 复数的乘积与商

由欧拉(Euler)公式, $e^{i\theta} = \exp\{i\theta\} = \cos\theta + i\sin\theta$,容易验证

$$
\begin{aligned}
e^{i\theta_1} e^{i\theta_2} &= (\cos\theta_1 + i\sin\theta_1) \cdot (\cos\theta_2 + i\sin\theta_2) \\
&= (\cos\theta_1\cos\theta_2 - \sin\theta_1\sin\theta_2) + i(\sin\theta_1\cos\theta_2 + \cos\theta_1\sin\theta_2) \\
&= \cos(\theta_1 + \theta_2) + i\sin(\theta_1 + \theta_2) \\
&= e^{i(\theta_1 + \theta_2)}
\end{aligned}
$$

$$\frac{e^{i\theta_1}}{e^{i\theta_2}} = \frac{\cos\theta_1 + i\sin\theta_1}{\cos\theta_2 + i\sin\theta_2} = \frac{(\cos\theta_1 + i\sin\theta_1) \cdot (\cos\theta_2 - i\sin\theta_2)}{(\cos\theta_2 + i\sin\theta_2) \cdot (\cos\theta_2 - i\sin\theta_2)}$$

$$= (\cos\theta_1 + i\sin\theta_1) \cdot (\cos\theta_2 - i\sin\theta_2)$$

$$= \cos(\theta_1 - \theta_2) + i\sin(\theta_1 - \theta_2)$$

$$= e^{i(\theta_1 - \theta_2)}$$

因此,利用复数 z 的指数表示式即可得到复数的乘除,有

$$z_1 z_2 = r_1 e^{i\theta_1} r_2 e^{i\theta_2} = r_1 r_2 e^{i(\theta_1 + \theta_2)}$$

$$\frac{z_1}{z_2} = \frac{r_1 e^{i\theta_1}}{r_2 e^{i\theta_2}} = \frac{r_1}{r_2} e^{i(\theta_1 - \theta_2)} \qquad (z_2 \neq 0)$$

于是有

$$|z_1 z_2| = |z_1| |z_2|, \qquad \left|\frac{z_1}{z_2}\right| = \frac{|z_1|}{|z_2|} \qquad (z_2 \neq 0)$$

$$\mathrm{Arg}(z_1 z_2) = \mathrm{Arg}z_1 + \mathrm{Arg}z_2 \qquad\qquad (1-19)$$

$$\mathrm{Arg}\left(\frac{z_1}{z_2}\right) = \mathrm{Arg}z_1 - \mathrm{Arg}z_2 \qquad\qquad (1-20)$$

如图 1.8 所示.

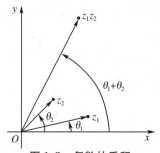

图 1.8 复数的乘积

由于辐角的多值性,等式的两端均表示由无穷多个数(角度)构成的数集,因此式(1-19)和式(1-20)应理解为等式两端可能取值的全体是相同的.

特别当 $|z_2| = 1$ 时可得 $z_1 z_2 = r_1 e^{i(\theta_1 + \theta_2)}$,此即说明单位复数($|z_2| = 1$)乘任何数,几何上相当于将此数所对应的向量逆时针旋转一个角度 $\mathrm{Arg}z_2$.

例 1.7 已知正三角形的两个顶点为 $z_1 = 1$ 和 $z_2 = 2 + i$,求它的另一个顶点.

解 将向量 $z_2 - z_1$ 逆时针旋转 $\dfrac{\pi}{3}$ 或 $-\dfrac{\pi}{3}$ 后得到的向量 $z_3 - z_1$ 或 $z_3' - z_1$ 的终点即为所求.

根据复数乘法,有

$$z_3 - z_1 = \left(\cos\frac{\pi}{3} + i\sin\frac{\pi}{3}\right)(z_2 - z_1)$$

$$= \left(\frac{1}{2} + i \frac{\sqrt{3}}{2} \right) (1 + i)$$

$$= \left(\frac{1}{2} - \frac{\sqrt{3}}{2} \right) + \left(\frac{1}{2} + \frac{\sqrt{3}}{2} \right) i$$

所以

$$z_3 = \left(\frac{3}{2} - \frac{\sqrt{3}}{2} \right) + \left(\frac{1}{2} + \frac{\sqrt{3}}{2} \right) i$$

同理,若转角为 $-\frac{\pi}{3}$,可得 $z_3' = \left(\frac{3}{2} + \frac{\sqrt{3}}{2} \right) + \left(\frac{1}{2} - \frac{\sqrt{3}}{2} \right) i$.

1.3.2　复数的幂

由 $z_1 z_2 = r_1 e^{i\theta_1} r_2 e^{i\theta_2} = r_1 r_2 e^{i(\theta_1 + \theta_2)}$ 还可以推广到有限个复数的情况. 特别地,当 $z_1 = z_2 = \cdots = z_n$ 时,有

$$z^n = (r e^{i\theta})^n = r^n e^{in\theta} = r^n (\cos n\theta + i \sin n\theta)$$

当 $r = 1$ 时,就得到熟知的棣摩弗(DeMoiVre)公式,即

$$(\cos\theta + i\sin\theta)^n = \cos n\theta + i\sin n\theta$$

例 1.8　求 $\cos 3\theta$ 及 $\sin 3\theta$ 用 $\cos\theta$ 与 $\sin\theta$ 表示的式子.

解　因为

$$(\cos 3\theta + i\sin 3\theta) = (\cos\theta + i\sin\theta)^3$$
$$= \cos^3\theta + 3i\cos^2\theta\sin\theta - 3\cos\theta\sin^2\theta - i\sin^3\theta$$

所以

$$\cos 3\theta = \cos^3\theta - 3\cos\theta\sin^2\theta = 4\cos^3\theta - 3\cos\theta$$
$$\sin 3\theta = 3\cos^2\theta\sin\theta - \sin^3\theta = 3\sin\theta - 4\sin^3\theta$$

例 1.9　求 $(1 + i)^5$.

解　因为

$$1 + i = \sqrt{2} \left(\cos \frac{\pi}{4} + i\sin \frac{\pi}{4} \right)$$

所以

$$(1 + i)^5 = (\sqrt{2})^5 \left(\cos \frac{5\pi}{4} + i\sin \frac{5\pi}{4} \right) = 4\sqrt{2} \left(-\frac{\sqrt{2}}{2} - i\frac{\sqrt{2}}{2} \right) = -4(1 + i)$$

1.3.3　复数的根

对于复数 z,若存在复数 w 满足 $w^n = z$,则称 w 为 z 的 n 次方根,记为 $w = \sqrt[n]{z}$. 为 3 从已知的

z 求 w, 我们给出 z 和 w 的指数表示式, 假设

$$z = re^{i\theta}, \quad w = \rho e^{i\varphi}$$

下面我们找出未知量 ρ, φ 与 r, θ 的关系.

显然

$$\rho^n = r, \quad n\varphi = \theta + 2k\pi \quad (k = 0, \pm 1, \pm 2, \cdots)$$

由此得

$$|w| = \rho = \sqrt[n]{r}, \quad \text{Arg}\, w = \varphi = \frac{\theta + 2k\pi}{n}$$

故

$$w = \sqrt[n]{z} = \sqrt[n]{r}\left(\cos\frac{\theta + 2k\pi}{n} + i\sin\frac{\theta + 2k\pi}{n} \right) \qquad (1-21)$$

由式 $(1-21)$ 可知, 当 $k = 0, 1, 2, \cdots, n-1$ 时, 得到 n 个相异的值; 当 k 取其他整数值时, 将重复出现上述 n 个值. 因此, 一个复数 z 的 n 次方根共有 n 个不同的值, 即

$$w = \sqrt[n]{z} = \sqrt[n]{r}\left(\cos\frac{\theta + 2k\pi}{n} + i\sin\frac{\theta + 2k\pi}{n} \right) \quad (k = 0, 1, 2, \cdots, n-1) \qquad (1-22)$$

从式 $(1-22)$ 可以看出, n 个不同的值分别为

$$w_0 = \sqrt[n]{r}\left(\cos\frac{\theta}{n} + i\sin\frac{\theta}{n} \right)$$

$$w_1 = \sqrt[n]{r}\left(\cos\frac{\theta + 2\pi}{n} + i\sin\frac{\theta + 2\pi}{n} \right)$$

$$\vdots$$

$$w_n = \sqrt[n]{r}\left[\cos\frac{\theta + 2(n-1)\pi}{n} + i\sin\frac{\theta + 2(n-1)\pi}{n} \right]$$

在几何上, $\sqrt[n]{z}$ 的 n 个值表示以原点为中心, $\sqrt[n]{r}$ 为半径的圆的内接正 n 边形的 n 个顶点.

例 1. 10　求 $\sqrt[n]{1}$.

解　由于

$$1 = 1 \cdot \exp\{i(0 + 2k\pi)\} \quad (k = 0, 1, 2, \cdots, n-1)$$

则

$$\sqrt[n]{1} = \sqrt[n]{1} \cdot \exp\left\{i\left(\frac{0 + 2k\pi}{n}\right)\right\} = \exp\left\{i\frac{2k\pi}{n}\right\} \quad (k = 0, 1, 2, \cdots, n-1)$$

显然当 $n = 2$ 时, $\sqrt{1} = +1$ 或 -1.

当 $n \geq 3$ 时, $\sqrt[n]{1}$ 的 n 个相异值表示以原点为中心, 以 1 为半径的圆的内接正 n 边形的 n 个顶点. 表示 $n = 3, 4, 6$ 时的情形, 如图 1.9 所示.

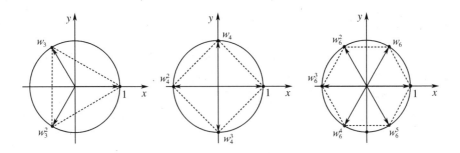

图 1.9　复数根的几何意义

例 1.11　求 $\sqrt[3]{-8\mathrm{i}}$.

解　因

$$-8\mathrm{i} = 8\left[\cos\left(-\frac{\pi}{2}\right) + \mathrm{isin}\left(-\frac{\pi}{2}\right)\right]$$

故

$$\sqrt[3]{-8\mathrm{i}} = \sqrt[3]{8}\left[\cos\frac{-\dfrac{\pi}{2} + 2k\pi}{3} + \mathrm{isin}\frac{-\dfrac{\pi}{2} + 2k\pi}{3}\right] \quad (k = 0, 1, 2)$$

当 $k = 0$ 时，$c_0 = 2\left[\cos\left(-\frac{\pi}{6}\right) + \mathrm{isin}\left(-\frac{\pi}{6}\right)\right]$;

当 $k = 1$ 时，$c_1 = 2\left(\cos\frac{\pi}{2} + \mathrm{isin}\frac{\pi}{2}\right)$;

当 $k = 2$ 时，$c_2 = 2\left(\cos\frac{7\pi}{6} + \mathrm{isin}\frac{7\pi}{6}\right)$.

可见复数域内，$\sqrt[3]{-8\mathrm{i}}$ 有三个根，并且这三个根在几何上的解释是：中心在原点，半径为 2 的圆内接正三角形的三个顶点，如图 1.10 所示.

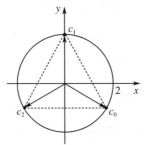

图 1.10　$\sqrt[3]{-8\mathrm{i}}$ 的几何表示

1.3.4 复数在几何上的应用举例

下面我们举几个例子来说明一些平面图形是如何用复数方程(或不等式)表示的,以及对于给定的复数方程(或者不等式)如何确定它所代表的平面图形.

例 1.12 试求在复平面内,满足下列复数形式方程的动点 z 的轨迹是什么:

(1) $|z-1-\mathrm{i}|=|z+2+\mathrm{i}|$;   (2) $|z+\mathrm{i}|+|z-\mathrm{i}|=4$;

(3) $|z+2|-|z-2|=1$.

解 (1)方程左式可以看成是复数 z 与复数 $1+\mathrm{i}$ 差的模,其几何意义是动点 z 与定点 $(1,1)$ 间的距离. 方程右式可以看成是复数 z 与复数 $-2-\mathrm{i}$ 差的模,也就是动点 z 与定点 $(-2,-1)$ 间的距离. 这个方程表示的是到两点 $(1,1)$ 与 $(-2,-1)$ 距离相等的点的轨迹方程,这个动点轨迹是以点 $(1,1)$ 及点 $(-2,-1)$ 为端点的线段的垂直平分线. 如图 1.11(a)所示,垂直于虚线的那条直线即为所求.

(2) 方程可以看成 $|z-(-\mathrm{i})|+|z-\mathrm{i}|=4$,表示的是到两个定点 $(0,-1)$ 和 $(0,1)$ 距离之和等于 4 的动点轨迹. 满足方程的动点轨迹是椭圆,如图 1.11(b)所示.

(3) 这个方程可以看成到两个定点 $(-2,0)$ 和 $(2,0)$ 距离差等于 1 的点的轨迹,这个轨迹是双曲线,题中所求是双曲线右支,如图 1.11(c)所示.

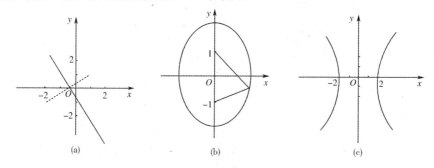

图 1.11 动点轨迹

$(a) |z-1-\mathrm{i}|=|z+2+\mathrm{i}|;(b) |z+\mathrm{i}|+|z-\mathrm{i}|=4;(c) |z+2|-|z-2|=1$

例 1.13 设动点 z 与复数 $z=x+\mathrm{i}y$ 对应,定点 P 与复数 $P=a+b\mathrm{i}$ 对应. 求:

(1) 在复平面内圆的方程;

(2) 在复平面内,满足不等式 $|z-P|<r(r\in\mathbf{R}^+)$ 的点 z 的集合是什么图形?

解 (1) 设以定点 P 为圆心,r 为半径作圆,如图 1.12 所示. 由圆的定义,得复平面内圆的方程 $|z-P|=r$.

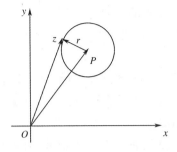

图 1.12 $|z-P|=r$

（2）复平面内满足不等式 $|z-P|<r(r\in\mathbf{R}^{+})$ 的点的集合是以 P 为圆心，r 为半径的圆内部分（不包括圆周边界）.

利用复平面内两点间距离公式，可以用复数解决解析几何中某些曲线方程、不等式等问题.

1.4 复平面上的点集

1.4.1 基本概念

定义 1.1（邻域） 设 $z_0\in\mathbf{C}$，其中 $\mathbf{C}$ 为复数域，$\varepsilon\in(0,+\infty)$. z_0 的 ε 邻域 $U(z_0,\varepsilon)$ 定义为

$$\{z\mid \ |z-z_0|<\varepsilon,z\in\mathbf{C}\}$$

称集合

$$\{z\mid \ |z-z_0|\leqslant\varepsilon,z\in\mathbf{C}\}$$

为以 z_0 为中心，ε 为半径的闭圆盘，记为 $\overline{U}(z_0,\varepsilon)$，如图 1.13 所示.

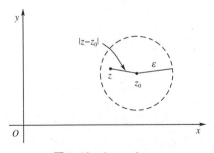

图 1.13 $|z-z_0|<\varepsilon$

定义 1.2（内点） 若存在 $r>0$，使得 $U(z_0,r)\subset E$，则称 z_0 为 E 的内点.

定义 1.3（开集） 所有点均为内点的集合称为开集.

定义 1.4（边界点） 若对于任意的 $\varepsilon>0$，$U(z_0,\varepsilon)\cap E$ 中既有属于 E 的点，又有不属于 E 的点，则称 z_0 为 E 的边界点；点集 E 的全部边界点所组成的集合称为 E 的边界，记为 ∂E.

定义 1.5（闭包） $E \cup \partial E$ 称为 E 的闭包,记为 $\bar{E}$.

定义 1.6（孤立点） 若存在 $r > 0$,使得 $U(z_0, r) \cap E = \{z_0\}$,则称 z_0 为 E 的孤立点(是边界点但不是聚点).

定义 1.7（有界集） 如果存在 $r > 0$,使得 $E \subset U(0, r)$,则称 E 是有界集,否则称 E 是无界集.

定义 1.8（极限点或聚点） 设 E 为一个点集,$E \subset C$,$z_0 \in C$. 若对任意的 $r > 0$,$U(z_0, r) \cap E$ 中有无穷个点,则称 z_0 为 E 的极限点.

定义 1.9（闭集） 若集合 E 的所有聚点都属于 E,则称 E 为闭集. 任何集合 E 的闭包 $\bar{E}$ 一定是闭集.

由以上定义可知,圆盘 $U(z_0, r)$ 是有界开集;闭圆盘 $\bar{U}(z_0, r)$ 是有界闭集. 复平面、实轴、虚轴是无界集,复平面是无界开集. 集合 $E = \{z \mid 0 < |z - z_0| < r\}$ 是去掉圆心的圆盘. 圆心 $z_0 \in \partial E$,它是 ∂E 的孤立点,是集合 E 的聚点.

1.4.2 区域

定义 1.10（区域） 复平面上的非空集合 D,如果满足:

(1) D 是开集;

(2) D 中任意两点可以用属于 D 的折线连起来.

则称 D 是一个区域(图 1.14).

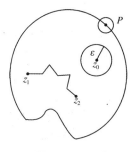

图 1.14 区域

定义 1.11（闭区域） 区域 D 内及其边界上全部点所组成的集合称为闭区域.

定义 1.12（有界区域） 如果存在 $M > 0$,使得 D 内的每一个点 z_0 都满足 $|z_0| < M$,则称 D 是有界区域,否则则为无界区域.

1.4.3 曲线

定义 1.13（连续曲线） 已知

$$z = z(t) \quad (a \leqslant t \leqslant b)$$

如果 $\mathrm{Re}z(t)$ 和 $\mathrm{Im}z(t)$ 都在闭区间 $[a,b]$ 上连续,则称集合 $\{z(t)\mid t\in[a,b]\}$ 为一条连续曲线.

定义 1.14（若当曲线）　任取 $[a,b]$ 上两点 t_1 和 t_2,满足 $t_1\neq t_2$,且不同时为 $[a,b]$ 的端点. 若 $z(t_1)\neq z(t_2)$,那么上述集合称为一条简单连续曲线或若当曲线(图 1.15). 若还有 $z(a)=z(b)$, 则称为一条简单连续闭曲线,或若当闭曲线.

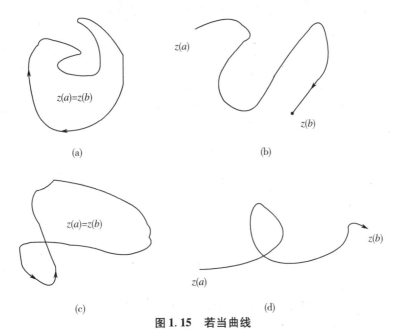

图 1.15　若当曲线

（a）简单、闭；（b）简单、不闭；（c）不简单、闭；（d）不简单、不闭

定义 1.15（光滑曲线）　如果 $\mathrm{Re}z(t)$ 和 $\mathrm{Im}z(t)$ 的导数在 $[a,b]$ 上连续且不全为零,则称集合 $\{z(t)\mid t\in[a,b]\}$ 为一条光滑曲线;类似地,可以定义分段光滑曲线.

定理 1.1（若当定理）　任意一条若当闭曲线 C 把整个复平面分成两部分:一部分是有界的,称为 C 的内部;另一部分是无界的,称为 C 的外部. C 是这两部分的共同边界.

定义 1.16（连通区域）　设 D 是一个区域,在复平面上,如果 D 内任何简单闭曲线的内部仍属于 D,则称 D 是单连通区域,否则称 D 是多连通区域(图 1.16).

图 1.16

（a）单连通区域；（b）多连通区域

例 1.14 集合 $\{z \mid (1-\mathrm{i})z + (1+\mathrm{i})\bar{z} > 0\}$ 为半平面,它是一个单连通无界区域,其边界为直线 $(1-\mathrm{i})z + (1+\mathrm{i})\bar{z} = 0$,即 $x + y = 0$.

例 1.15 集合 $\{z \mid 2 < \mathrm{Re}z < 3\}$ 为一个垂直带形区域,它是一个单连通无界区域,其边界为直线 $\mathrm{Re}z = 2$ 及 $\mathrm{Re}z = 3$.

例 1.16 集合 $\{z \mid 2 < \arg(z - \mathrm{i}) < 3\}$ 为一角形区域,它是一个单连通无界区域,其边界为半射线

$$\arg(z - \mathrm{i}) = 2 \text{ 及 } \arg(z - \mathrm{i}) = 3$$

1.5　复　变　函　数

1.5.1　复变函数的概念

定义 1.17（复变函数）　设 D 为复平面上一个非空复数集合,如果有一个法则 f,使得任意 $z = x + \mathrm{i}y \in D$,存在(一个或者多个)$w = u + \mathrm{i}v$ 与之对应,则称 f 为 D 上的一个复变函数,记为

$$w = f(z)$$

其中,z 称为自变量,w 称为因变量,集合 D 称为函数的定义域.

把集合 D 表示在一个复平面上,称为 z 平面;把相应的函数值 $w = f(z)$ 表示在另一个复平面上,称为 w 平面.

值得注意的是,此定义与传统的定义不同,它没有明确指出是否只有一个 w 和 z 对应;此外,此定义还说明复变函数 $w = f(z)$ 等价于两个实变量的实值函数,即若

$$z = x + \mathrm{i}y$$

则

$$w = \mathrm{Re}f(z) + \mathrm{i}\mathrm{Im}f(z) = u(x,y) + \mathrm{i}v(x,y)$$

故 $w = f(z)$ 等价于两个二元实变函数 $u = u(x,y)$ 和 $v = v(x,y)$,它们是关于实变量 x 和 y 的函数.

1.5.2　单(多)值函数

定义 1.18（单值函数）　对于函数 $w = f(z)$,如果 z 的一个值对应着一个 w,则称 f 为单值函数.

定义 1.19（多值函数）　对于函数 $w = f(z)$,如果 z 的一个值对应着两个或者两个以上的 w,则称 f 为多值函数.

1.5.3　映射的概念

定义 1.20（映射）　如果 z 平面上的点表示自变量 z 的值,而用 w 平面上的点表示函数 w 的值,那么函数 $w = f(z)$ 在几何上就可以看作是把 z 平面上的点集 D 变到 w 平面上的一个点集 D^* 的映射.

我们这里定义的函数f也称为从D到复平面上的一个映射. 对于复变函数,由于它反映了两对变量u,v和x,y之间的对应关系,因而无法用同一平面内的几何图形表示出来,必须把它看成两个复平面上点集之间的对应关系,如图1.17所示.

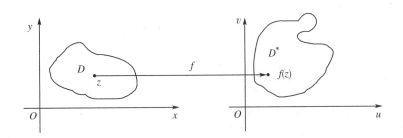

图1.17 D到D^*的映射

我们称映射$w=f(z)$把任意的$z_0 \in D$映射成为$w_0 = f(z_0) \in D^*$,把集合D映射成集合D^*. 称w_0及D^*分别为z_0和D的象,而称x_0和D分别为w_0及D^*的原象.

定义1.21(单射) 设函数$w=f(z)$是z平面上的点集D变到w平面上的点集D^*的映射. 对D中的任意两个元素$z_1 \neq z_2$,都有$f(z_1) \neq f(z_2)$,则称f为D到D^*的单射.

定义1.22(满射) 设函数$w=f(z)$是z平面上的点集D变到w平面上的点集D^*的映射. 若对D^*中的任一元素w,一定存在$z \in D$满足$w=f(z)$,则称f为D到D^*的满射.

定义1.23(双射) 既是单射又是满射的映射称为双射,亦称"一一映射".

例1.17 设$z=x+\mathrm{i}y$,考虑映射:

(1)$w=z^2$;   (2)$w=\dfrac{1}{z}$.

解 (1)$w=z^2=(x+\mathrm{i}y)^2 = x^2-y^2+2\mathrm{i}xy$ 等价于$u=x^2-y^2,v=2xy$;

(2)$w=\dfrac{1}{z}=\dfrac{1}{x+\mathrm{i}y}=\dfrac{x-\mathrm{i}y}{x^2+y^2}$等价于$u=\dfrac{x}{x^2+y^2},v=\dfrac{-y}{x^2+y^2}$.

例1.18 考虑映射$w=z+\alpha$.

解 设$z=x+\mathrm{i}y,\alpha=a+\mathrm{i}b,w=u+\mathrm{i}v$,则有$u=x+a,v=y+b$,这是一个$z$平面到$w$平面的双射,我们称为一个平移.

例1.19 已知映射$w=z^3$,求点$z_1=\mathrm{i},z_2=1-\mathrm{i},z_3=\sqrt{3}+\mathrm{i}$在$w$平面上的象.

解 $w(z_1)=\mathrm{i}^3=-\mathrm{i}$

$w(z_2)=(1-\mathrm{i})^3$

$\qquad = \left\{ \sqrt{2}\left[\cos\left(-\dfrac{\pi}{4} \right) + \mathrm{i}\sin\left(-\dfrac{\pi}{4} \right) \right] \right\}^3$

$$= \left(\sqrt{2}\right)^3 \left[\cos\left(-\frac{3\pi}{4}\right) + i\sin\left(-\frac{3\pi}{4}\right)\right]$$

$$= 2\sqrt{2}\left(-\frac{\sqrt{2}}{2} - \frac{\sqrt{2}}{2}i\right)$$

$$= -2 - 2i$$

$$w(z_3) = \left(\sqrt{3} + i\right)^3 = \left[2\left(\cos\frac{\pi}{6} + i\sin\frac{\pi}{6}\right)\right]^3$$

$$= 2^3\left(\cos\frac{\pi}{2} + i\sin\frac{\pi}{2}\right) = 8i$$

例 1.20　函数 $w = \dfrac{1}{z}$ 把 z 平面上的曲线 $y = x$ 映射成 w 平面上怎样的曲线?

解　$x = y \Leftrightarrow \dfrac{u}{u^2 + v^2} = -\dfrac{v}{u^2 + v^2} \Leftrightarrow u = -v \Leftrightarrow u + v = 0$，图形为直线 $u + v = 0$，如图 1.18 所示.

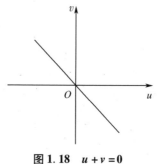

图 1.18　$u + v = 0$

1.6　复变函数的极限与连续性

1.6.1　复变函数的极限

定义 1.24（极限）　设函数 $w = f(z)$ 在 $0 < |z - z_0| < \rho$ 内有定义，如果存在一个确定的数 A，对于任意 $\varepsilon > 0$，可以找到一个与 ε 有关的正数 $\delta = \delta(\varepsilon) > 0$，使得当 $0 < |z - z_0| < \delta \leqslant \rho$ 时，恒有

$$|f(z) - A| < \varepsilon$$

则称 A 为函数 $f(z)$ 当 z 趋于 z_0 时的极限，记作

$$\lim_{z \to z_0} f(z) = A \text{ 或 } f(z) \to A \quad (z \to z_0)$$

如图 1.19 所示.

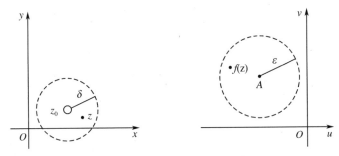

图 1.19 $|z-z_0|<\delta, |f(z)-A|<\varepsilon$

下面的定理给出了复变函数极限与实部和虚部极限的关系.

定理 1.2　$w=f(z)=u(x,y)+\mathrm{i}v(x,y)$ 在 $0<|z-z_0|<\rho$ 内有定义,其中 $z=x+\mathrm{i}y$,$z_0=x_0+\mathrm{i}y_0$,那么

$$\lim_{z\to z_0}f(z)=A=u_0+\mathrm{i}v_0$$

的充要条件是

$$\lim_{\substack{x\to x_0\\y\to y_0}}u(x,y)=u_0,\quad \lim_{\substack{x\to x_0\\y\to y_0}}v(x,y)=v_0$$

证明　(充分性)由

$$\lim_{\substack{x\to x_0\\y\to y_0}}u(x,y)=u_0,\quad \lim_{\substack{x\to x_0\\y\to y_0}}v(x,y)=v_0$$

可知,对于任意 $\varepsilon>0$,可以找到一个与 ε 有关的正数 $\delta=\delta(\varepsilon)>0$,使得当 $0<\sqrt{(x-x_0)^2+(y-y_0)^2}<\delta$ 时,恒有

$$|u-u_0|<\frac{\varepsilon}{2},\quad |v-v_0|<\frac{\varepsilon}{2}$$

而

$$|f(z)-A|=|(u-u_0)+\mathrm{i}(v-v_0)|\leqslant |u-u_0|+|v-v_0|$$

因此,当 $0<|z-z_0|<\delta$ 时,有

$$|f(z)-A|<\frac{\varepsilon}{2}+\frac{\varepsilon}{2}=\varepsilon$$

即

$$\lim_{z\to z_0}f(z)=A$$

(必要性)由 $\lim\limits_{z\to z_0}f(z)$ 的定义,对于任意 $\varepsilon>0$,可以找到一个与 ε 有关的正数 $\delta=\delta(\varepsilon)>0$,使得当 $0<|z-z_0|<\delta\leqslant\rho$ 时,即 $0<\sqrt{(x-x_0)^2+(y-y_0)^2}<\delta$ 时,恒有

$$|f(z)-A|<\varepsilon$$

即

$$\sqrt{(u-u_0)^2+(v-v_0)^2}<\varepsilon$$

因而

$$|u-u_0|<\varepsilon,\quad |v-v_0|<\varepsilon$$

于是

$$\lim_{\substack{x\to x_0\\y\to y_0}}u(x,y)=u_0,\quad \lim_{\substack{x\to x_0\\y\to y_0}}v(x,y)=v_0$$

由定理 1.2 可知,求复变函数的极限可以转化为求该函数实部和虚部的极限,即两个二元函数的极限.

由定理 1.2 可以证明下列复变函数的四则运算法则.

定理 1.3 若$\lim\limits_{z\to z_0}f(z)=A,\lim\limits_{z\to z_0}g(z)=B$,那么:

(1) $\lim\limits_{z\to z_0}[f(z)\pm g(z)]=A\pm B$;

(2) $\lim\limits_{z\to z_0}[f(z)\cdot g(z)]=A\cdot B$;

(3) $\lim\limits_{z\to z_0}\left[\dfrac{f(z)}{g(z)}\right]=\dfrac{A}{B}\quad(B\neq0)$.

例 1.21 证明$f(z)=\dfrac{1}{2i}\left(\dfrac{z}{\bar{z}}-\dfrac{\bar{z}}{z}\right)$ $(z\neq0)$在原点无极限.

证明 令$z=x+iy$,则

$$f(z)=\frac{z^2-\bar{z}^2}{2iz\bar{z}}=\frac{(x+iy)^2-(x-iy)^2}{2i(x+iy)(x-iy)}=\frac{4ixy}{2i(x^2+y^2)}=\frac{2xy}{x^2+y^2}$$

从而沿着直线$y=x$,有$\lim\limits_{z\to0}f(z)=1$,沿着直线$y=-x$,有$\lim\limits_{z\to0}f(z)=-1$,故在原点无极限.

1.6.2 复变函数的连续性

定义 1.25 设函数$w=f(z)$在$0<|z-z_0|<\rho$内有定义,如果

$$\lim_{z\to z_0}f(z)=f(z_0)$$

则称$f(z)$在z_0处连续;如果$f(z)$在E中每一点连续,则称$f(z)$在E上连续.

定理 1.4 如果$f(z)=u(x,y)+iv(x,y)$,$z_0=x_0+iy_0$,则$f(z)$在z_0处连续的充要条件为

$$\lim_{\substack{x\to x_0\\y\to y_0}}u(x,y)=u(x_0,y_0),\quad \lim_{\substack{x\to x_0\\y\to y_0}}v(x,y)=v(x_0,y_0)$$

即一个复变函数的连续性等价于两个实变二元函数的连续性.

这里复变函数连续性的定义与一元实变函数连续性的定义相似,我们可以仿照证明下述结论.

定理 1.5 如果两个函数$f(z)$和$g(z)$均在$z=z_0$处连续,那么这两个复变函数的加、减、

乘、除(分母不等于零)也在 $z=z_0$ 处连续.

定理 1.6 如果函数 $w=f(z)$ 在集 E 上连续,并且函数值属于集 F,而在集 F 上,函数 $g(w)$ 连续,那么复合函数 $g[f(z)]$ 在 E 上连续.

例 1.22 试证:如果 $f(z)$ 在 z_0 处连续,则 $\overline{f(z)}$ 在 z_0 处也连续.

证明 (方法一)设

$$f(z)=u(x,y)+iv(x,y)$$

则

$$\overline{f(z)}=u(x,y)-iv(x,y)$$

由于 $f(z)$ 在 $z_0=x_0+iy_0$ 处连续,则 $u(x,y)$ 与 $v(x,y)$ 在 (x_0,y_0) 处必连续. 从而 $-v(x,y)$ 在 (x_0,y_0) 处也连续,故 $\overline{f(z)}$ 在 $z_0=x_0+iy_0$ 处也连续.

(方法二)由

$$\left|\overline{f(z)}-\overline{f(z_0)}\right|=\left|\overline{f(z)-f(z_0)}\right|=\left|f(z)-f(z_0)\right|$$

又 $f(z)$ 在 z_0 处连续,则由连续的定义可知,对任意的 $\varepsilon>0$,一定存在 $\delta>0$,当 $|z-z_0|<\delta$ 时,有

$$\left|f(z)-f(z_0)\right|<\varepsilon$$

亦即 $\left|\overline{f(z)}-\overline{f(z_0)}\right|<\varepsilon$ 成立,故 $\overline{f(z)}$ 在 z_0 处也连续.

小 结

1. 复数的概念及其运算

(1) 形如 $z=x+iy$ 或 $z=x+yi$ 的数,称为复数,其中 x 称为复数 z 的实部,y 称为复数 z 的虚部,记为 $x=\mathrm{Re}z,y=\mathrm{Im}z$. $i=\sqrt{-1}$,称为虚数单位. 两个复数 $z_1=x_1+iy_1$ 与 $z_2=x_2+iy_2$ 相等,当且仅当它们的实部和虚部分别对应相等,即 $x_1=x_2$ 且 $y_1=y_2$. 一般来说,两个复数不能比较大小.

(2) 复数的四则运算满足与实数四则运算相应的运算规律. 同时复数的四则运算也满足交换律、结合律和分配律,并且复数经过四则运算得到的仍旧是复数. 另外,共轭复数还有如下性质:

① $\overline{z_1\pm z_2}=\bar{z}_1\pm\bar{z}_2,\overline{z_1\cdot z_2}=\bar{z}_1\cdot\bar{z}_2,\overline{\left(\dfrac{z_1}{z_2}\right)}=\dfrac{\bar{z}_1}{\bar{z}_2}$ $(z_2\neq0)$;

② $\bar{\bar{z}}=z$;

③ $|z|^2=|\bar{z}|^2=z\cdot\bar{z}=(\mathrm{Re}z)^2+(\mathrm{Im}z)^2$;

④ $z+\bar{z}=2\mathrm{Re}z,z-\bar{z}=2i\mathrm{Im}z$;

⑤ $\arg \bar{z} = -\arg z$.

2. 复数的表示法

（1）复数 $z = x + \mathrm{i}y$ 可以用平面上的点 (x, y) 表示.

（2）复数 $z = x + \mathrm{i}y$ 可以用从原点 O 到点 z 所引的向量 $\boldsymbol{Oz}$ 来表示. 向量 $\boldsymbol{Oz}$ 的长度称为复数 z 的模，记为

$$r = |z| = \sqrt{x^2 + y^2}$$

向量 $\boldsymbol{Oz}$ 与实轴正向的夹角 θ 满足 $\tan\theta = \dfrac{y}{x}$，称为复数 z 的辐角（Argument），记为 $\theta = \mathrm{Arg}z$，其满足

$$\tan(\mathrm{Arg}z) = \tan\theta = \frac{y}{x}$$

任一非零复数 z 均有无穷多个辐角 $\mathrm{Arg}z$，它们彼此相差 2π 的整数倍. 若满足 $-\pi < \mathrm{Arg}z \leqslant \pi$，则称该值为 $\mathrm{Arg}z$ 的主值或 z 的主辐角，记为 $\arg z$. 于是有

$$-\pi < \arg z \leqslant \pi$$
$$\mathrm{Arg}z = \arg z + 2k\pi \quad (k = 0, \pm 1, \pm 2, \cdots)$$

值得注意的是，当 $z = 0$ 时，其模为零，辐角无意义.

（3）引入复数的模和辐角后，复数 $z = x + \mathrm{i}y$ 还有以下表示方法：

复数的三角表示式

$$z = x + \mathrm{i}y = r(\cos\theta + \mathrm{i}\sin\theta)$$

复数的指数表示式

$$z = r\mathrm{e}^{\mathrm{i}\theta}$$

（4）复数还可以用平面上的点来表示，复球面上的点与扩充复平面上的点一一对应，其中复球面的北极 N 对应扩充复平面的无穷远点.

3. 复数的乘幂与方根

（1）复数 z_1 与 z_2 的乘积和商满足以下公式

$$|z_1 z_2| = |z_1||z_2|, \quad \left|\frac{z_1}{z_2}\right| = \frac{|z_1|}{|z_2|} \quad (z_2 \neq 0)$$
$$\mathrm{Arg}(z_1 z_2) = \mathrm{Arg}z_1 + \mathrm{Arg}z_2$$
$$\mathrm{Arg}\left(\frac{z_1}{z_2}\right) = \mathrm{Arg}z_1 - \mathrm{Arg}z_2$$

（2）若记 $z = r(\cos\theta + \mathrm{i}\sin\theta)$，则

$$z^n = r^n(\cos n\theta + \mathrm{i}\sin n\theta)$$

$$\sqrt[n]{z} = \sqrt[n]{r}\left(\cos\frac{\theta+2k\pi}{n} + \mathrm{i}\sin\frac{\theta+2k\pi}{n}\right) \quad (k=0,1,2,\cdots,n-1)$$

4. 复变函数的概念、极限及其连续性

（1）区域和曲线是复变函数理论的几何基础，简单曲线是研究复变函数的变化范围时经常用到的重要概念，特别是简单闭曲线经常作为区域的边界而出现. 因此，我们应该掌握用复数表达式表示常见的平面曲线或区域的方法，同时能对于给定的平面图形写出其复数表达式.

（2）复变函数与一元函数的定义在形式上完全一样. 将一个复变函数 $w=f(z)$ 看成是从 z 平面上的点集到 w 平面上的一个映射，使我们研究的问题直观化.

（3）复变函数的极限定义中 $z \to z_0$ 的方式是任意的，即 z 在复平面上以任意方式趋于 z_0 时，$\lim\limits_{z\to z_0}f(z)$ 存在且相等，才说 $f(z)$ 在 z_0 点存在极限. 这比一元函数 x 仅从左右两个方向趋于 x_0 时存在极限 $\lim\limits_{x\to x_0}f(x)$ 的要求更高.

（4）设 $z=x+\mathrm{i}y$，则 $w=f(z)=u(x,y)+\mathrm{i}v(x,y)$. 因此可以将研究复变函数 $w=f(z)$ 的极限、连续等问题转化为研究两个二元实变函数 $u=u(x,y)$ 和 $v=v(x,y)$ 的相应问题. 由定理 1.4 可知，二元实变函数 $u=u(x,y)$ 和 $v=v(x,y)$ 同时存在极限和同时连续，等价于复变函数 $w=f(z)$ 存在极限和连续. 这使得复变函数的极限、连续的许多基本性质和运算法则与实变函数相同.

（5）理解多值函数的一些特性和相关概念.

习　　题

1. 试求 x,y 为何值时，下列等式成立（和都是实数）：

（1）$\dfrac{x+1+\mathrm{i}(y-3)}{5+3\mathrm{i}} = 1+\mathrm{i}$；

（2）$(x+y)^2\mathrm{i} - \dfrac{6}{\mathrm{i}} - x = -y + 5(x+y)\mathrm{i} - 1$.

2. 计算：

（1）$\mathrm{i}^8 + \mathrm{i} - 4\mathrm{i}^{21}$；　　　　　　　　（2）$\mathrm{i}^{100} + 2\mathrm{i}^{-9} - 3\mathrm{i}^{-15}$.

3. 化简下列复数，并求出它们的实部、虚部、共轭复数、模和辐角.

（1）$z = \dfrac{\mathrm{i}^3}{1-\mathrm{i}} + \dfrac{1-\mathrm{i}}{\mathrm{i}}$；　　　　　（2）$z = \dfrac{(3+4\mathrm{i})(2-5\mathrm{i})}{2\mathrm{i}}$；

（3）$z = \left(\dfrac{3-4\mathrm{i}}{1+2\mathrm{i}}\right)^2$；　　　　　（4）$z = \dfrac{\mathrm{i}}{(\mathrm{i}-1)(\mathrm{i}-2)}$.

4. 证明：

（1）$\bar{\bar{z}} = z$；　　　　　　　　　（2）$|z|^2 = z\bar{z}$；

（3）$\operatorname{Re} z = \dfrac{z + \bar{z}}{2}$;　　　　　（4）$\operatorname{Im} z = \dfrac{z - \bar{z}}{2i}$.

5. 对任意复数 z，$|z|^2 = z^2$ 是否成立？如果是，请给出证明；如果不是，那么对哪些 z 值，$|z|^2 = z^2$ 成立？

6. 求复数 $\dfrac{z - 1}{z + 1}$ 的实部与虚部.

7. 将下列复数化为三角表达式和指数表达式.

（1）$5i$;　　　　　（2）$1 + \sqrt{3}\,i$;

（3）-2;　　　　　（4）$\sqrt{3} - i$;

（5）$-2 + 5i$;　　　　　（6）$-2 - i$.

8. 计算下列各式.

（1）$3i(\sqrt{3} - i)(1 + \sqrt{3}\,i)$;　　　　　（2）$\dfrac{2i}{i + 1}$;

（3）$\dfrac{3}{(\sqrt{3} - i)^2}$;　　　　　（4）$(2 - 2i)^{\frac{1}{3}}$;

（5）$z = \dfrac{1 + \sqrt{3}\,i}{2}$，求 z^2, z^3, z^4;　　　　　（6）$\dfrac{(\cos 5\varphi + i\sin 5\varphi)^2}{(\cos 3\varphi - i\sin 3\varphi)^3}$;

（7）$\sqrt[6]{-1}$;　　　　　（8）$(i - \sqrt{3})^{\frac{1}{5}}$.

9. 证明：$|z_1 + z_2|^2 + |z_1 - z_2|^2 = 2(|z_1|^2 + |z_2|^2)$，并说明它的几何意义.

10. 设 $z = x + iy$，证明：$\dfrac{|x| + |y|}{\sqrt{2}} \leqslant |z| \leqslant |x| + |y|$.

11. 设 z_1, z_2, z_3 是三个复数，满足等式

$$\frac{z_2 - z_1}{z_3 - z_1} = \frac{z_1 - z_3}{z_2 - z_3}.$$

求证：$|z_2 - z_1| = |z_3 - z_1| = |z_2 - z_3|$，并说明它的几何意义.

12. 设 $z = e^{i\theta}$，证明：

（1）$z^n + \dfrac{1}{z^n} = 2\cos n\theta$;　　　　　（2）$z^n - \dfrac{1}{z^n} = 2i\sin n\theta$

13. 解方程 $z^4 + a^4 = 0$（$a > 0$ 为实数）.

14. 求 $\dfrac{1}{2}(\sqrt{2} + i\sqrt{2})$ 的三次方根.

15. 判断下列命题的真假.

（1）若 c 为实的常数，则 $\bar{c} = c$;

（2）模相等的两个向量一定相等;

（3）模和辐角相等的两个向量一定相等;

（4）对任意的 z,有 $\arg\bar{z} = -\arg z$;

（5）$\text{Arg}z = \arg z + 2\pi$;

（6）零的辐角是零;

（7）$-\text{i} < \text{i}$;

（8）仅存在一个数,使 $\dfrac{1}{z} = -z$;

（9）$\dfrac{1}{\text{i}}\bar{z} = \overline{\text{i}z}$;

（10）对任意 z,有 $\text{Re}z^2 \geqslant 0$.

16. 指出下列各题中点 z 的轨迹或所在范围.

（1）$|z+1| = 2$; 　　　　　（2）$|z-2\text{i}| \geqslant 1$;

（3）$\left|\dfrac{1}{z}\right| < 3$; 　　　　　（4）$\text{Re}(\text{i}\bar{z}) = 3$;

（5）$\text{Im}(\bar{z}-2\text{i}) = 1$; 　　　　　（6）$|z-\text{i}| = |z+1|$;

（7）$|z| \leqslant |z-4|$; 　　　　　（8）$\left|\dfrac{z-1}{z+1}\right| < 1$;

（9）$|z+1| + |z+3| = 4$; 　　　　　（10）$\arg(z-\text{i}) = \dfrac{\pi}{4}$.

17. 指出下列各式所确定的区域或闭区域,并指出它是有界的还是无界的,是单连通区域还是多连通区域.

（1）$\text{Im}z < 0$; 　　　　　（2）$|z| + \text{Re}z < 1$;

（3）$1 < \arg z < 1+\pi$; 　　　　　（4）$|z-1| < 4|z+1|$;

（5）$1 < |z| \leqslant 3$; 　　　　　（6）$1 \leqslant |z-\text{i}| \leqslant 4$;

（7）$|z-2| - |z+2| > 1$; 　　　　　（8）$z\bar{z} - (2+\text{i})z - (2-\text{i})\bar{z} \leqslant 4$;

（9）$|z-2| + |z+2| \leqslant 6$; 　　　　　（10）$0 < \text{Im}(\text{i}z) < 2$.

18. 证明:z 平面上的直线方程可以写成

$$a\bar{z} + \bar{a}z = c$$

其中,a 是非零复常数;c 是实常数.

19. 试用复数表示圆的方程

$$a(x^2 + y^2) + bx + cy + d = 0 \quad (a \neq 0)$$

其中,a,b,c,d 是实常数.

20. 将下列方程(t 是实参数)用一个实直角坐标系方程表示,并指出其表示的曲线.

（1）$z = (1+2\text{i})t$;

（2）$z = a\cos t + \text{i}b\sin t \quad (a,b\text{ 为实常数})$;

（3）$z = t + \dfrac{i}{t}$；

（4）$z = a e^{it} + b e^{-it}$.

21. 把下列曲线写成复变量形式 $z = z(t)$，t 为实数.

（1）$x^2 + y^2 = 4$；　　　　　　（2）$(x-1)^2 + y^2 = 9$；

（3）$y = 4$；　　　　　　　　　（4）$x = 2$；

（5）$y = x$.

22. 函数 $w = \dfrac{1}{z}$ 把下列 z 平面上的曲线映射成 w 平面上怎样的曲线？

（1）$x^2 + y^2 = 4$；　　　　　　（2）$y = x$；

（3）$x = 1$；　　　　　　　　　（4）$y = 3$；

（5）$(x-1)^2 + y^2 = 1$.

23. 试证：$f(z) = \arg z$ 在原点与负实轴上不连续.

24. 如果 $f(z)$ 在 z_0 处连续，证明 $|f(z)|$ 也在 z_0 处连续.

25. 设 $f(z)$ 在 z_0 处连续且 $f(z_0) \neq 0$，证明存在 z_0 的某邻域使得在该领域内 $f(z) \neq 0$.

26. 求极限.

（1）$\lim\limits_{z \to 2+i} \dfrac{\bar{z}}{z}$；　　　　　　（2）$\lim\limits_{z \to 1} \dfrac{z\bar{z} + 2z - \bar{z} - 2}{z^2 - 1}$.

第2章 解 析 函 数

解析函数是复变函数论研究的主要对象,它在其他数学分支中有很重要的作用,在电磁理论、流体力学、弹性力学和其他学科中都有广泛的应用. 在本章中:首先,介绍复变函数导数的概念和判别可导的充分必要条件、解析的概念,以及判定解析的方法;其次,讨论解析函数与调和函数的关系;最后分别介绍一些重要的初等函数,讨论它们的解析性.

2.1 复变函数的导数

2.1.1 复变函数的导数与微分

定义 2.1(导数) 设函数 $w = f(z)$ 在区域 D 内有定义,$z_0 \in D$,$z_0 + \Delta z \in D$,如果极限 $\lim\limits_{\Delta z \to 0} \dfrac{f(z_0 + \Delta z) - f(z_0)}{\Delta z}$ 存在,则称此极限为 $f(z)$ 在点 z_0 处的导数,记为 $f'(z_0)$,即

$$f'(z_0) = \lim_{\Delta z \to 0} \frac{\Delta w}{\Delta z} = \lim_{\Delta z \to 0} \frac{f(z_0 + \Delta z) - f(z_0)}{\Delta z} \qquad (2-1)$$

此时,称 $f(z)$ 在点 z_0 处可导,否则称 $f(z)$ 在点 z_0 处不可导.

在式(2-1)中,若记 $z_0 + \Delta z = z$,则函数 $f(z)$ 在点 z_0 处的导数又可以写成

$$f'(z_0) = \lim_{z \to z_0} \frac{f(z) - f(z_0)}{z - z_0}$$

需要指出的是,式(2-1)中 $z_0 + \Delta z \to z_0$(即 $\Delta z \to 0$)的方式是任意的,当 $z_0 + \Delta z$ 在区域 D 内以任何方式趋于 z_0 时,极限 $\lim\limits_{\Delta z \to 0} \dfrac{f(z_0 + \Delta z) - f(z_0)}{\Delta z}$ 都存在且相等. 对于复变函数的这一限制,要比实变元函数的类似限制严格得多. 事实上,实变函数导数存在性的要求意味着当点 $x_0 + \Delta x$ 由左($\Delta x < 0$)及右($\Delta x > 0$)两个方向趋于 x_0 时,比值 $\dfrac{\Delta y}{\Delta x}$ 的极限都存在且相等.

导数的定义也可用"$\varepsilon - \delta$"语言叙述如下:

设函数 $w = f(z)$ 在区域 D 内有定义,$z_0 \in D$,$z_0 + \Delta z \in D$,若对于任意给定的 $\varepsilon > 0$,相应地有一个 $\delta(\varepsilon) > 0$,使得当 $0 < |\Delta z| < \delta$ 时,不等式

$$\left| \frac{f(z_0 + \Delta z) - f(z_0)}{\Delta z} - A \right| < \varepsilon$$

恒成立,则称常数 A 为函数 $f(z)$ 在点 z_0 处的导数.

如果$f(z)$在区域D内处处可导,那么称$f(z)$在D内可导.复变函数微分概念在形式上与一元实函数微分定义一致.

设函数$w = f(z)$在点z_0处可导,则

$$\lim_{\Delta z \to 0} \frac{\Delta w}{\Delta z} = f'(z_0)$$

由此得

$$\frac{\Delta w}{\Delta z} = f'(z_0) + \rho(\Delta z)$$

其中,$\lim_{\Delta z \to 0} \rho(\Delta z) = 0$,于是

$$\Delta w = f'(z_0)\Delta z + \rho(\Delta z)\Delta z$$

其中,$|\rho(\Delta z)\Delta z|$是比$|\Delta z|$高阶的无穷小.

称$f'(z_0)\Delta z$为函数$w = f(z)$在点z_0处的微分,记为$\mathrm{d}w$,即

$$\mathrm{d}w = f'(z_0)\Delta z \qquad\qquad (2-2)$$

此时也称函数$f(z)$在点z_0处可微.

特别地,当$f(z) = z$时,$\mathrm{d}f(z) = \mathrm{d}z = \Delta z$.于是式$(2-2)$又可以写成

$$\mathrm{d}w = f'(z)\mathrm{d}z$$

于是,得

$$f'(z) = \frac{\mathrm{d}w}{\mathrm{d}z}$$

由此可见,函数$f(z)$在点z_0处可导与函数$f(z)$在点z_0处可微是等价的.

例 2.1 求$f(z) = z^3$的导数.

解 因为

$$\lim_{\Delta z \to 0} \frac{f(z + \Delta z) - f(z)}{\Delta z} = \lim_{\Delta z \to 0} \frac{(z + \Delta z)^3 - z^3}{\Delta z}$$
$$= \lim_{\Delta z \to 0} \left[3z^2 + 3z\Delta z + (\Delta z)^2 \right] = 3z^2$$

所以$f'(z) = 3z^2$.

例 2.2 证明函数$f(z) = \bar{z}$在复平面上处处连续,但处处不可导.

证明 因为$f(z) = \bar{z} = x - \mathrm{i}y$,$u(x,y) = x$和$v(x,y) = -y$在复平面上处处连续,所以$f(z) = \bar{z}$在复平面上处处连续.

而

$$\lim_{\Delta z \to 0} \frac{f(z + \Delta z) - f(z)}{\Delta z} = \lim_{\Delta z \to 0} \frac{\overline{z + \Delta z} - \bar{z}}{\Delta z} = \lim_{\Delta z \to 0} \frac{\overline{\Delta z}}{\Delta z} = \lim_{\Delta z \to 0} \frac{\Delta x - \mathrm{i}\Delta y}{\Delta x + \mathrm{i}\Delta y}$$

当Δz沿着实轴的方向趋于0时(图2.1),其极限

$$\lim_{\Delta z \to 0} \frac{\Delta x - \mathrm{i}\Delta y}{\Delta x + \mathrm{i}\Delta y} = \lim_{\Delta x \to 0} \frac{\Delta x}{\Delta x} = 1$$

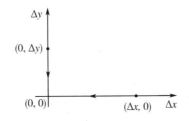

图 2.1　Δz 沿实轴或虚轴方向趋于 0

当 Δz 沿着虚轴的方向趋于 0 时,其极限

$$\lim_{\Delta z \to 0} \frac{\Delta x - \mathrm{i}\Delta y}{\Delta x + \mathrm{i}\Delta y} = \lim_{\Delta y \to 0} \frac{-\mathrm{i}\Delta y}{\mathrm{i}\Delta y} = -1$$

可见,Δz 沿着两个不同的特殊方向趋于 0 时,$\dfrac{\overline{\Delta z}}{\Delta z}$ 有不同的极限值,所以当 $\Delta z \to 0$ 时,$\dfrac{\overline{\Delta z}}{\Delta z}$ 的极限不存在,即 $f(z) = \bar{z}$ 在点 z 处不可导,由 z 的任意性可知,$f(z) = \bar{z}$ 在复平面上处处不可导.

例 2.3　讨论函数 $f(z) = |z|^2$ 的可导性.

解　由导数的定义,有

$$\lim_{\Delta z \to 0} \frac{f(z + \Delta z) - f(z)}{\Delta z} = \lim_{\Delta z \to 0} \frac{|z + \Delta z|^2 - |z|^2}{\Delta z}$$

$$= \lim_{\Delta z \to 0} \frac{(z + \Delta z)(\bar{z} + \overline{\Delta z}) - z\bar{z}}{\Delta z}$$

$$= \lim_{\Delta z \to 0} \left(\bar{z} + \overline{\Delta z} + z\frac{\overline{\Delta z}}{\Delta z} \right)$$

当 $z = 0$ 时,该极限值为零. 故在点 $z = 0$ 处函数 $f(z) = |z|^2$ 可导且 $f'(0) = 0$,但当 $z \neq 0$ 时,Δz 沿着平行于实轴的方向趋于 0,则

$$\lim_{\Delta z \to 0} \left(\bar{z} + \overline{\Delta z} + z\frac{\overline{\Delta z}}{\Delta z} \right) = \lim_{\substack{\Delta x \to 0 \\ \Delta y = 0}} \left(\bar{z} + \Delta x + z\frac{\Delta x}{\Delta x} \right) = \bar{z} + z$$

当 Δz 沿着平行于虚轴的方向趋于 0 时,则

$$\lim_{\Delta z \to 0} \left(\bar{z} + \overline{\Delta z} + z\frac{\overline{\Delta z}}{\Delta z} \right) = \lim_{\substack{\Delta y \to 0 \\ \Delta x = 0}} \left[\bar{z} + (-\mathrm{i}\Delta y) + z\frac{-\mathrm{i}\Delta y}{\mathrm{i}\Delta y} \right] = \bar{z} - z$$

由于 $z \neq 0$,所以 $\bar{z} + z \neq \bar{z} - z$,因而 $f(z) = |z|^2$ 在 $z \neq 0$ 的点处处不可导.

2.1.2　可导与连续的关系

由例 2.2 可以看出,函数 $f(z) = \bar{z}$ 在复平面内处处连续,但处处不可导. 然而反过来我们却容易证明,若函数 $f(z)$ 在点 z_0 处可导,则 $f(z)$ 必在点 z_0 处连续. 事实上,由

$$\lim_{z \to z_0}[f(z) - f(z_0)] = \lim_{z \to z_0}(z - z_0)\frac{f(z) - f(z_0)}{z - z_0}$$

$$= \lim_{z \to z_0}(z - z_0)\lim_{z \to z_0}\frac{f(z) - f(z_0)}{z - z_0}$$

$$= 0f'(z_0) = 0$$

得

$$\lim_{z \to z_0}f(z) = f(z_0)$$

故 $f(z)$ 在点 z_0 处连续.

2.1.3 柯西 – 黎曼方程

函数 $f(z) = u(x,y) + iv(x,y)$ 连续的充要条件为 $u(x,y)$ 和 $v(x,y)$ 作为 x 和 y 的二元函数是连续的. 如果函数 $u(x,y)$ 和 $v(x,y)$ 没有直接关系,那么即使 $u(x,y)$ 及 $v(x,y)$ 的所有偏导数都存在且连续,复函数 $f(z)$ 可能仍是不可导的. 例如 $f(z) = \bar{z}$ 在复平面内处处连续,并且 $u(x,y) = x, v(x,y) = -y$ 对 x 和 y 的所有偏导数都存在且为连续函数,但由例 2.2 可知 $f(z) = \bar{z}$ 在复平面内处处不可导. 这就是说,一个复变函数的可导性并不等价于它的实部 $u(x,y)$ 和虚部 $v(x,y)$ 的可微性.

因此,如果函数 $f(z)$ 是可导的,那么它的实部 $u(x,y)$ 和虚部 $v(x,y)$ 应当不是相互独立的,而必须满足一定的条件. 下面我们就来研究这种条件.

若 $f(z) = u(x,y) + iv(x,y)$ 在 $z_0 = x_0 + iy_0$ 处可导,则有

$$f'(z_0) = \lim_{\Delta z \to 0}\frac{f(z_0 + \Delta z) - f(z_0)}{\Delta z} \tag{2-3}$$

设 $\Delta z = \Delta x + i\Delta y, f(z_0 + \Delta z) - f(z_0) = \Delta u + i\Delta v$,其中 $\Delta u = u(x_0 + \Delta x, y_0 + \Delta y) - u(x_0, y_0)$, $\Delta v = v(x_0 + \Delta x, y_0 + \Delta y) - v(x_0, y_0)$. 则式 $(2-3)$ 变为

$$f'(z_0) = \lim_{\substack{\Delta x \to 0 \\ \Delta y \to 0}}\frac{\Delta u + i\Delta v}{\Delta x + i\Delta y} \tag{2-4}$$

因为 $\Delta z = \Delta x + i\Delta y$ 无论按何种方式趋于 0,式 $(2-4)$ 总是成立的,则设 $\Delta y = 0, \Delta x \to 0$(即 Δz 沿着平行于实轴方向趋于 0),此时式 $(2-4)$ 为

$$f'(z_0) = \lim_{\Delta x \to 0}\left[\frac{u(x_0 + \Delta x, y_0) - u(x_0, y_0)}{\Delta x} + i\frac{v(x_0 + \Delta x, y_0) - v(x_0, y_0)}{\Delta x}\right]$$

$$= \frac{\partial u}{\partial x}\bigg|_{(x_0, y_0)} + i\frac{\partial v}{\partial x}\bigg|_{(x_0, y_0)}$$

同样设 $\Delta x = 0, \Delta y \to 0$(即 Δz 沿着平行于虚轴方向趋于 0),此时式 $(2-4)$ 为

$$f'(z_0) = \lim_{\Delta y \to 0}\left[\frac{u(x_0, y_0 + \Delta y) - u(x_0, y_0)}{i\Delta y} + i\frac{v(x_0, y_0 + \Delta y) - v(x_0, y_0)}{i\Delta y}\right]$$

$$= -\mathrm{i}\,\frac{\partial u}{\partial y}\bigg|_{(x_0,y_0)} + \frac{\partial v}{\partial y}\bigg|_{(x_0,y_0)}$$

于是可知,在(x_0,y_0)点,$u(x,y)$和$v(x,y)$应满足

$$\frac{\partial u}{\partial x} = \frac{\partial v}{\partial y}, \quad \frac{\partial u}{\partial y} = -\frac{\partial v}{\partial x}$$

这是关于u,v的偏微分方程组,称为柯西 – 黎曼(Cauchy-Riemann)方程,简称 C – R 方程.

定理 2.1 设函数$f(z) = u(x,y) + \mathrm{i}v(x,y)$在区域$D$内有定义,$z = x + \mathrm{i}y \in D$,那么$f(z)$在点$z$可微的充要条件是:

(1) 实部$u(x,y)$和虚部$v(x,y)$在(x,y)处可微;

(2) $u(x,y)$和$v(x,y)$满足柯西 – 黎曼方程:

$$\frac{\partial u}{\partial x} = \frac{\partial v}{\partial y}, \quad \frac{\partial u}{\partial y} = -\frac{\partial v}{\partial x}$$

证明 (必要性)设$f(z)$在$z = x + \mathrm{i}y \in D$有导数$\alpha = a + \mathrm{i}b$,根据导数的定义,当$z + \Delta z \in D$时($\Delta z \neq 0$)有

$$f(z + \Delta z) - f(z) = \alpha \Delta z + \rho(\Delta z) = (a + \mathrm{i}b)(\Delta x + \mathrm{i}\Delta y) + \rho(\Delta z) \qquad (2-5)$$

其中,$\Delta z = \Delta x + \mathrm{i}\Delta y$.

比较式$(2-5)$的实部与虚部,可得

$$u(x + \Delta x, y + \Delta y) - u(x,y) = a\Delta x - b\Delta y + \rho(\Delta z)$$
$$v(x + \Delta x, y + \Delta y) - v(x,y) = b\Delta x + a\Delta y + \rho(\Delta z)$$

因此,由实变二元函数的可微性定义知,$u(x,y),v(x,y)$在点(x,y)处可微,并且有

$$\frac{\partial u}{\partial x} = a, \frac{\partial u}{\partial y} = -b, \frac{\partial v}{\partial x} = b, \frac{\partial v}{\partial y} = a$$

因此,柯西 – 黎曼方程成立.

(充分性)设$u(x,y),v(x,y)$在点(x,y)处可微,并且有柯西 – 黎曼方程成立:

$$\frac{\partial u}{\partial x} = \frac{\partial v}{\partial y}, \quad \frac{\partial u}{\partial y} = -\frac{\partial v}{\partial x}$$

设$\frac{\partial u}{\partial x} = a, \frac{\partial v}{\partial x} = b$,则由可微性的定义,有

$$u(x + \Delta x, y + \Delta y) - u(x,y) = a\Delta x - b\Delta y + \rho(\Delta z)$$
$$v(x + \Delta x, y + \Delta y) - v(x,y) = b\Delta x + a\Delta y + \rho(\Delta z)$$

$\rho(\Delta z) \to 0$. 令$\Delta z = \Delta x + \mathrm{i}\Delta y$,当$z + \Delta z \in D(\Delta z \neq 0)$时,有

$$f(z + \Delta z) - f(z) = \alpha \Delta z + \rho(\Delta z) = (a + \mathrm{i}b)(\Delta x + \mathrm{i}\Delta y) + \rho(\Delta z)$$

令$\alpha = a + \mathrm{i}b$,则有

$$f'(z) = \lim_{\Delta z \to 0} \frac{f(z + \Delta z) + f(z)}{\Delta z} = \lim_{\Delta z \to 0}\left[\alpha + \frac{\rho(\Delta z)}{\Delta z}\right] = \alpha$$

所以,$f(z)$ 在点 $z = x + iy \in D$ 是可微的,且

$$f'(z) = \alpha = a + ib = \frac{\partial u}{\partial x} + i\frac{\partial v}{\partial x} = \frac{\partial v}{\partial y} - i\frac{\partial u}{\partial y} \tag{2-6}$$

可以看出,此定理的价值在于可以根据实函数 $u(x,y)$ 和 $v(x,y)$ 的性质,判别复变函数的可导性并提供了计算导数的公式,即式(2-6).用它求导数,可以避免计算极限式(2-1)所带来的困难.

推论 设函数 $f(z) = u(x,y) + iv(x,y)$ 在区域 D 内有定义,$z = x + iy \in D$,那么 $f(z)$ 在点 z 处可导的充分条件是:$\frac{\partial u}{\partial x}, \frac{\partial v}{\partial y}, \frac{\partial u}{\partial y}, \frac{\partial v}{\partial x}$ 在点 (x,y) 处连续,且 $u(x,y)$ 和 $v(x,y)$ 在点 (x,y) 处满足柯西-黎曼方程 $\frac{\partial u}{\partial x} = \frac{\partial v}{\partial y}, \quad \frac{\partial u}{\partial y} = -\frac{\partial v}{\partial x}$.

例 2.4 证明函数 $f(z) = z^2$ 在复平面内处处可导.

证明 由 $f(z) = z^2 = (x + iy)^2 = x^2 - y^2 + i2xy$ 可得

$$u(x,y) = x^2 - y^2, v(x,y) = 2xy$$

以及

$$\frac{\partial u}{\partial x} = \frac{\partial v}{\partial y} = 2x, \quad \frac{\partial u}{\partial y} = -\frac{\partial v}{\partial x} = -2y$$

又由于 $u(x,y)$ 和 $v(x,y)$ 处处有连续的偏导数,所以由推论知 $f(z)$ 在复平面内处处可导.

例 2.5 讨论函数 $f(z) = x + iy^2$ 的可导性.

解 因为 $u(x,y) = x, v(x,y) = y^2$,所以

$$\frac{\partial u}{\partial x} = 1, \frac{\partial u}{\partial y} = 0, \frac{\partial v}{\partial x} = 0, \frac{\partial v}{\partial y} = 2y$$

则 $u(x,y)$ 和 $v(x,y)$ 在复平面上处处有连续的偏导数,要使 $u(x,y)$ 和 $v(x,y)$ 满足柯西-黎曼方程

$$\frac{\partial u}{\partial x} = 1 = \frac{\partial v}{\partial y} = 2y, \quad \frac{\partial u}{\partial y} = -\frac{\partial v}{\partial x} = 0$$

当且仅当 $y = \frac{1}{2}$.因此,$f(z) = x + iy^2$ 仅在直线 $\text{Im}z = \frac{1}{2}$ 上的各点可导.

例 2.6 讨论函数 $f(z) = \sqrt{|xy|}$ 在 $z = 0$ 的可微性.

解 由于 $u(x,y) = \sqrt{|xy|}, v(x,y) \equiv 0$,所以

$$u_x(0,0) = \lim_{\Delta x \to 0} \frac{u(\Delta x, 0) - u(0,0)}{\Delta x} = 0 = v_y(0,0)$$

$$u_y(0,0) = \lim_{\Delta y \to 0} \frac{u(0, \Delta y) - u(0,0)}{\Delta y} = 0 = -v_x(0,0)$$

但是由于

$$\frac{f(\Delta z) - f(0)}{\Delta z} = \frac{\sqrt{|\Delta x \Delta y|}}{\Delta x + \mathrm{i}\Delta y}$$

因此当 Δz 沿着射线 $\Delta y = k\Delta x (\Delta x > 0)$ 随着 $\Delta x \to 0$ 时,有

$$\frac{\sqrt{|\Delta x \Delta y|}}{\Delta x + \mathrm{i}\Delta y} \to \frac{\sqrt{|k|}}{1 + k\mathrm{i}}$$

它是一个与 k 有关的值,故不存在,即 $f(z)$ 在 $z = 0$ 不可微.

可以看出,例 2.6 中函数满足柯西 – 黎曼方程,并且两个实值函数的偏导数也存在,但仍然在零点不可导. 这也说明定理 2.1 中对两个实值函数的可微性是必不可少的.

例 2.7 设 $f(z) = \begin{cases} \dfrac{x^3 - y^3 + \mathrm{i}(x^3 + y^3)}{x^2 + y^2} & (z \neq 0) \\ 0 & (z = 0) \end{cases}$,试证 $f(z)$ 在原点满足柯西 – 黎曼方程,

但却不可微.

证明 $u(x,y) = \begin{cases} \dfrac{x^3 - y^3}{x^2 + y^2} & (x,y) \neq (0,0) \\ 0 & (x,y) = (0,0) \end{cases}$, $v(x,y) = \begin{cases} \dfrac{x^3 + y^3}{x^2 + y^2} & (x,y) \neq (0,0) \\ 0 & (x,y) = (0,0) \end{cases}$,于是

$$u_x(0,0) = \lim_{x \to 0} \frac{u(x,0) - u(0,0)}{x} = \lim_{x \to 0} \frac{x}{x} = 1$$

$$u_y(0,0) = \lim_{y \to 0} \frac{u(0,y) - u(0,0)}{y} = \lim_{x \to 0} \frac{-y}{y} = -1$$

$$v_x(0,0) = \lim_{x \to 0} \frac{v(x,0) - v(0,0)}{x} = \lim_{x \to 0} \frac{x}{x} = 1$$

$$v_y(0,0) = \lim_{y \to 0} \frac{v(0,y) - v(0,0)}{y} = \lim_{x \to 0} \frac{y}{y} = 1$$

从而在原点 $f(z)$ 满足柯西 – 黎曼方程,但在原点处有

$$\lim_{z \to 0} \frac{f(z) - f(0)}{z} = \lim_{z \to 0} \frac{f(z)}{z} = \lim_{z \to 0} \frac{x^3 - y^3 + \mathrm{i}(x^3 + y^3)}{(x + \mathrm{i}y)(x^2 + y^2)}$$

当 z 沿 x 轴趋近于原点时

$$\lim_{z \to 0} \frac{f(z) - f(0)}{z} = \frac{x^3 + \mathrm{i}x^3}{x^3} = 1 + \mathrm{i}$$

当 z 沿 $y = x$ 趋近于原点时

$$\lim_{z \to 0} \frac{f(z) - f(0)}{z} = \frac{2x^3 \mathrm{i}}{2x^3(1 + \mathrm{i})} = \frac{\mathrm{i}}{1 + \mathrm{i}} = \frac{1 + \mathrm{i}}{2}$$

故 $f(z)$ 在原点不可导,从而不可微.

2.1.4 柯西 – 黎曼方程的极坐标形式

设 $z = re^{\mathrm{i}\theta}, r > 0, -\pi < \theta \leqslant \pi, f(z) = u(r,\theta) + \mathrm{i}v(r,\theta)$,不难求出极坐标形式的柯西 – 黎曼

方程为

$$\begin{cases} \dfrac{\partial u}{\partial r} = \dfrac{1}{r}\dfrac{\partial v}{\partial \theta} \\[2mm] \dfrac{\partial v}{\partial r} = -\dfrac{1}{r}\dfrac{\partial u}{\partial \theta} \end{cases}$$

而且导数 $f'(z)$ 可表达为

$$f'(z) = \left(\frac{\partial u}{\partial r} + \mathrm{i}\frac{\partial v}{\partial r}\right)\mathrm{e}^{\mathrm{i}\theta} = -\frac{1}{r}\left(\frac{\partial u}{\partial \theta} + \mathrm{i}\frac{\partial v}{\partial \theta}\right)\mathrm{e}^{\mathrm{i}\theta}$$

$$= (\cos\theta - \mathrm{i}\sin\theta)\left(\frac{\partial u}{\partial r} + \mathrm{i}\frac{\partial v}{\partial r}\right) = \frac{r}{z}\left(\frac{\partial u}{\partial r} + \mathrm{i}\frac{\partial v}{\partial r}\right)$$

事实上,设 $z = x + \mathrm{i}y = re^{\mathrm{i}\theta}$,则 $x = r\cos\theta, y = r\sin\theta$,从而

$$u_r = u_x\cos\theta + u_y\sin\theta, u_\theta = -u_x r\sin\theta + u_y r\cos\theta$$

$$v_r = u_x\cos\theta + v_y\sin\theta, v_\theta = -v_x r\sin\theta + v_y r\cos\theta$$

再由 $u_r = \dfrac{1}{r}v_\theta, v_r = -\dfrac{1}{r}u_\theta$ 可得

$$u_x = v_y, u_y = -v_x$$

因此,可得 $f(z)$ 在点 z 可微,且

$$f'(z) = u_x - \mathrm{i}u_y = (r\cos u_r - \sin\theta u_\theta)\frac{1}{r} - \mathrm{i}(r\sin\theta u_r + \cos\theta u_\theta)\frac{1}{r}$$

$$= (\cos\theta - \mathrm{i}\sin\theta)u_r - \frac{1}{r}(\sin\theta + \mathrm{i}\cos\theta)u_\theta$$

$$= (\cos\theta - \mathrm{i}\sin\theta)u_r + (\sin\theta + \mathrm{i}\cos\theta)v_r$$

$$= (\cos\theta - \mathrm{i}\sin\theta)(u_r + \mathrm{i}v_r)$$

$$= \frac{1}{\cos\theta + \mathrm{i}\sin\theta}(u_r + \mathrm{i}v_r) = \frac{r}{z}(u_r + \mathrm{i}v_r)$$

2.1.5　求导的运算法则

复变函数的导数定义,形式上和微积分中的一元实变函数的导数定义一致. 因此,微分学中几乎所有的求导基本公式,都可不加更改地推广到复变函数上来. 简述如下:

(1) $(c)' = 0$,其中 c 为复常数;

(2) $[f_1(z) \pm f_2(z)]' = f'_1(z) \pm f'_2(z)$;

(3) $[f_1(z) \cdot f_2(z)]' = f'_1(z) \cdot f_2(z) + f_1(z) \cdot f'_2(z)$;

(4) $\left[\dfrac{f_1(z)}{f_2(z)}\right]' = \dfrac{f'_1(z) \cdot f_2(z) - f_1(z) \cdot f'_2(z)}{[f_2(z)]^2}$ $(f_2(z) \neq 0)$;

(5) $\{f[\phi(z)]\}' = f'(w) \cdot \phi'(z)$ $(w = \phi(z))$;

(6) $f'(z) = \dfrac{1}{\phi'(w)}$，其中 $w = f(z)$ 和 $z = \phi(w)$ 是两个互为反函数的单值函数，且 $\phi'(w) \neq 0$.

例2.8 $f(z) = z^2 + 3z + \dfrac{1}{z}$，求 $f'(\mathrm{i})$.

解 根据导数的运算性质有 $f'(z) = 2z + 3 - \dfrac{1}{z^2}$，所以

$$f'(\mathrm{i}) = 2\mathrm{i} + 3 - \frac{1}{\mathrm{i}^2} = 4 + 2\mathrm{i}$$

2.2 函数的解析性

在复变函数论中，重要的不是仅在个别点可导的函数，而是在某个区域内任意一点可导的函数，即解析函数.

2.2.1 解析函数的概念

定义2.2（解析） 如果 $f(z)$ 在 z_0 及 z_0 的某个邻域内处处可导，则称 $f(z)$ 在 z_0 处解析，并称 z_0 是函数 $f(z)$ 的解析点.

如果 $f(z)$ 在区域 D 内处处解析，则我们称 $f(z)$ 在 D 内解析，也称 $f(z)$ 是 D 内的解析函数（全纯函数或正则函数）.

如果 $f(z)$ 在 z_0 不解析，那么称 z_0 是函数 $f(z)$ 的奇点.

由定义可知，函数在区域内解析与在区域内可导是等价的. 需要指出的是，解析必可导，但反之未必正确，即在一个点的可导不一定解析. 这说明可导性是一个局部概念，而解析性是一个整体概念.

例2.9 讨论函数 $f(z) = \dfrac{1}{z}$ 的解析性.

解 因为在复平面内除 $z = 0$ 外，$f(z)$ 处处可导，且 $\dfrac{\mathrm{d}w}{\mathrm{d}z} = \dfrac{1}{z^2}$，所以在除 $z = 0$ 外的复平面上，函数 $f(z) = \dfrac{1}{z}$ 处处解析，而 $z = 0$ 是 $f(z)$ 的一个奇点.

2.2.2 函数解析的充分必要条件

由定理2.1可得函数解析的充分必要条件.

定理2.2 设函数 $f(z) = u(x, y) + \mathrm{i}v(x, y)$ 在区域 D 内有定义，那么 $f(z)$ 在区域 D 内解析的充要条件是：

（1）实部 $u(x, y)$ 和虚部 $v(x, y)$ 在 D 内任意一点 (x, y) 处可微；

（2）$u(x,y)$ 和 $v(x,y)$ 满足柯西 - 黎曼方程 $\frac{\partial u}{\partial x} = \frac{\partial v}{\partial y}, \frac{\partial u}{\partial y} = -\frac{\partial v}{\partial x}$.

需要说明的是,在定理 2.2 中,只要把"D 内任意一点"改为"D 内某一点",那么定理中的条件也是函数 $f(z)$ 在 D 内某一点解析的充要条件,证明步骤完全一样. 因而它也可以用来判断一个函数在某一点是否解析.

定理 2.3　设函数 $f(z) = u(x,y) + iv(x,y)$ 在区域 D 内有定义,$z_0 \in D$,那么 $f(z)$ 在 z_0 点解析的充要条件是:存在 z_0 的一个邻域,在此邻域内:

（1）实部 $u(x,y)$ 和虚部 $v(x,y)$ 可微;

（2）$u(x,y)$ 和 $v(x,y)$ 满足柯西 - 黎曼方程 $\frac{\partial u}{\partial x} = \frac{\partial v}{\partial y}, \frac{\partial u}{\partial y} = -\frac{\partial v}{\partial x}$.

例 2.10　讨论函数 $f(z) = \frac{1}{3}x^3 + 3y^3 i$ 在何处可导,在何处解析.

解　由 $f(z) = \frac{1}{3}x^3 + 3y^3 i$ 可得 $u(x,y) = \frac{1}{3}x^3, v(x,y) = 3y^3, \frac{\partial u}{\partial x} = x^2, \frac{\partial u}{\partial y} = 0, \frac{\partial v}{\partial x} = 0,$ $\frac{\partial v}{\partial y} = 9y^2$. 由柯西 - 黎曼条件可得 $x^2 = 9y^2, 0 = 0$. 从而解得 $x = \pm 3y$,即 $f(z)$ 仅在 $x \pm 3y = 0$ 的两条直线上可导,无处解析.

例 2.11　讨论 $f(z) = |z|^2$ 的解析性.

解　显然有 $u(x,y) = x^2 + y^2, v(x,y) \equiv 0$,所以 $u_x = 2x, u_y = 2y, v_x = v_y = 0$. $u(x,y), v(x,y)$ 只在 $z = 0$ 处满足柯西 - 黎曼方程,故 $f(z)$ 只在 $z = 0$ 处可微,因此 $f(z)$ 在 z 平面上处处不解析.

例 2.12　试证:$f(z) = z^2 + z$ 在复平面内解析.

证明　设 $f(z) = u(x,y) + iv(x,y)$,则
$$u(x,y) = x^2 - y^2 + x, \quad v(x,y) = 2xy + y$$
于是
$$\frac{\partial u}{\partial x} = 2x + 1, \frac{\partial u}{\partial y} = -2y, \frac{\partial v}{\partial x} = 2y, \frac{\partial v}{\partial y} = 2x + 1$$
显然 $u(x,y)$ 和 $v(x,y)$ 在复平面内处处有连续的偏导数,且 $u(x,y)$ 和 $v(x,y)$ 满足柯西 - 黎曼方程,所以由定理 2.2 得知 $f(z)$ 在复平面内解析.

2.2.3　解析函数的运算法则

定理 2.4　（1）在区域 D 内两个解析函数的和、差、积、商(除去分母为零的点外)在 D 内解析.

（2）设 $h = g(z)$ 在 z 平面内的区域 D 内解析,$w = f(h)$ 在 w 平面内的区域 G 内解析,且当 $z \in D$ 时,$h = g(z) \in G$,则 $w = f(g(z))$ 在 D 内解析.

由导数的运算法则可证明定理 2.4.

还可以推知,多项式函数在复平面上是解析的;任何有理函数(即两个多项式的商)除去使分母为零的点外都是解析的.

2.3 调 和 函 数

我们知道,解析函数的实部和虚部可以看作两个实变量的实值函数,并且它满足柯西 – 黎曼方程. 本节将进一步研究它们的性质.

定义 2.3（调和函数） 如果二元实变函数 $\varphi(x,y)$ 在区域 D 内具有二阶连续的偏导数,而且满足拉普拉斯方程 $\dfrac{\partial^2 \varphi}{\partial x^2} + \dfrac{\partial^2 \varphi}{\partial y^2} = 0$,则称 $\varphi(x,y)$ 为区域 D 内的调和函数.

调和函数在流体力学、电磁场理论等学科中都有重要应用. 解析函数与调和函数有密切联系,调和函数的许多重要性质是由研究解析函数而得到的,而解析函数的实际应用,则要以调和函数作为桥梁.

显然,例 2.12 中解析函数 $z^2 + z$ 的实部、虚部均为复平面内的调和函数. 人们自然会想,实部、虚部均为调和函数是否是解析函数所固有的特征呢?

经过探索,在承认第 3 章的结论(区域 D 内的解析函数具有各阶导数)的前提下有下述定理成立.

定理 2.5 区域 D 内的解析函数的实部和虚部都是 D 内的调和函数.

证明 设 $w = f(z) = u + iv$ 为 D 内的解析函数,则由定理 2.2 可知,函数 u 和 v 满足柯西 – 黎曼方程

$$\frac{\partial u}{\partial x} = \frac{\partial v}{\partial y}, \quad \frac{\partial u}{\partial y} = -\frac{\partial v}{\partial x}$$

因此有

$$\frac{\partial^2 u}{\partial x^2} = \frac{\partial^2 v}{\partial y \partial x}, \quad \frac{\partial^2 u}{\partial y^2} = -\frac{\partial^2 v}{\partial x \partial y}$$

由解析函数高阶导数公式可知,u 和 v 具有任意阶的连续偏导数,所以

$$\frac{\partial^2 v}{\partial y \partial x} = \frac{\partial^2 v}{\partial x \partial y}$$

从而

$$\frac{\partial^2 u}{\partial x^2} + \frac{\partial^2 u}{\partial y^2} = 0$$

同理可证 v 是调和函数.

需要指出的是,由定理 2.5 知解析函数的实部与虚部均为调和函数,并且由定理 2.2 知解析函数的实部与虚部还受柯西 – 黎曼方程约束,即解析函数的实部与虚部并非是两个不相干的调和函数.

定义 2.4（共轭调和函数） 若在区域 D 内，$u(x,y)$ 和 $v(x,y)$ 均为调和函数，且满足柯西 – 黎曼方程 $\dfrac{\partial u}{\partial x}=\dfrac{\partial v}{\partial y}$，$\dfrac{\partial u}{\partial y}=-\dfrac{\partial v}{\partial x}$，则称 v 为 u 的共轭调和函数.

需要指出的是，区域 D 内的解析函数的虚部是实部的共轭调和函数，但其实部不一定是虚部的共轭调和函数. 下面我们通过例题给出求已知调和函数的共轭调和函数的方法.

1. 偏积分法

例 2.13 已知 $u=2(x-1)y$，求其共轭调和函数 v.

解 由 $\dfrac{\partial v}{\partial x}=-\dfrac{\partial u}{\partial y}=2(1-x)$ 可得

$$v=\int\frac{\partial v}{\partial x}\mathrm{d}x=\int 2(1-x)\mathrm{d}x=2x-x^2+C(y)$$

又 $\dfrac{\partial u}{\partial x}=\dfrac{\partial v}{\partial y}=2y=C'(y)$，所以

$$C(y)=\int C'(y)\mathrm{d}y=y^2+C$$

故

$$v=2x-x^2+y^2+C$$

注意，例 2.13 告诉我们共轭调和函数是不唯一的.

2. 线积分法

设 u 是区域 D 内的解析函数 $f(z)$ 的实部，由于它是调和函数，故有 $u_{xx}+u_{yy}=0$，即有 $(-u_y)_y=(u_x)_x$. 由此可知 $-u_y\mathrm{d}x+u_x\mathrm{d}y$ 必为某一个二元函数 v 的全微分，即

$$\mathrm{d}v=(-u_y)\mathrm{d}x+u_x\mathrm{d}y=v_x\mathrm{d}x+v_y\mathrm{d}y$$

于是有 $u_x=v_y$，$v_x=-u_y$，从而 $u+iv$ 为一调和函数，因此可得

$$v=\int_{(x_0,y_0)}^{(x,y)}-u_y\mathrm{d}x+u_x\mathrm{d}y+C$$

其中，(x_0,y_0) 为 D 内任意一点.

例 2.14 已知 $u=\mathrm{e}^x\cos y$，求其共轭调和函数 v.

解 $v=\displaystyle\int_{(x_0,y_0)}^{(x,y)}\mathrm{e}^x\sin y\mathrm{d}x+\mathrm{e}^x\cos y\mathrm{d}y+C$，由于积分与路径无关，不妨取如图 2.2 所示的积分路线，从而有

$$v=\int_0^y\mathrm{e}^x\cos y\mathrm{d}y+C=\mathrm{e}^x\sin y+C$$

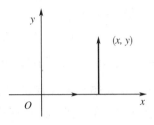

图 2.2　积分路线

例 2.15　设 u 及 v 是解析函数 $f(z) = u + iv$ 的实部和虚部,且 $u - v = (x + y)(x^2 - 4xy + y^2)$,求 $f(z) = u + iv$.

解　因为

$$u_x - v_x = (x^2 - 4xy + y^2) + (x + y)(2x - 4y) \tag{2-7}$$

$$u_y - v_y = (x^2 - 4xy + y^2) + (x + y)(2y - 4x) \tag{2-8}$$

且

$$\frac{\partial u}{\partial x} = \frac{\partial v}{\partial y}, \frac{\partial u}{\partial y} = -\frac{\partial v}{\partial x}$$

式(2-7)和式(2-8)分别相加减,可得

$$u_x = 3x^2 - 3y^2, u_y = -6xy$$

因此

$$
\begin{aligned}
v(x,y) &= \int_{(x_0,y_0)}^{(x,y)} -u_y dx + u_x dy + C \\
&= \int_{(x_0,y_0)}^{(x,y)} -6xy dx + (3x^2 - 3y^2) dy + C \\
&= 3x^2 y - y^3 + C \quad (C \text{ 为任意常数})
\end{aligned}
$$

故 $u(x,y) = -3xy^2 + x^3 + C(C$ 为任意常数$)$.

3. 不定积分法

我们知道解析函数 $f(z) = u + iv$ 的导数 $f'(z)$ 仍为解析函数,且

$$f'(z) = u_x + iv_x = u_x - iu_y = v_y + iv_x$$

若已知 $u(x,y)$ 或 $v(x,y)$,则可把 $f'(z)$ 还原成 z 的函数(即用 z 表示),得

$$f'(z) = u_x - iu_y \triangleq U(z) \text{ 或 } f'(z) = v_y + iv_x \triangleq V(z)$$

等式两边积分得

$$f(z) = \int f'(z) dz = \int U(z) dz \text{ 或 } f(z) = \int f'(z) dz = \int V(z) dz$$

由于上式中涉及复变函数的不定积分,因此这种方法称为不定积分法.关于复变函数的积分将在第 3 章讨论.

例 2.16　已知 $v = x^3 - 3xy^2$，构造解析函数 $f(z) = u + iv$.

解　由于 $f'(z) = v_y + iv_x = -6xy + i(3x^2 - 3y^2) = i3z^2$，所以

$$f(z) = \int f'(z)\mathrm{d}z = \int i3z^2 \mathrm{d}z = iz^3 + C$$

下面我们说明怎样把 $f'(z)$ 关于 x, y 的函数还原成关于 z 的函数. 我们知道，$f(z)$ 是全平面上有定义的解析函数，当然 $f(z)$ 在实轴上有定义，而 $f(z)$ 的表达式的形式不因 z 的取值而变化，进而 $f'(z)$ 的表达式的形式不因 z 的取值而变化. 特别当 z 取实数时，$f'(z)$ 的表达式的形式不变. 所以，我们不妨在 $f'(z)$ 关于 x, y 的函数表达式中取 $x = z, y = 0$，可把 $f'(z)$ 还原成关于 z 的函数.

例 2.17　已知 $v(x, y) = \arctan \dfrac{y}{x}(x > 0)$，构造解析函数 $f(z) = u + iv$.

解　由于 $f'(z) = v_y + iv_x = \dfrac{x}{x^2 + y^2} - i\dfrac{y}{x^2 + y^2} = \dfrac{1}{z}$，所以

$$f(z) = \int f'(z)\mathrm{d}z = \int \frac{1}{z}\mathrm{d}z = \ln z + C$$

例 2.18　已知 $u + v = (x - y)(x^2 + 4xy + y^2) - 2(x + y)$，试确定解析函数 $f(z) = u + iv$.

解　因为

$$u_x + v_x = (x^2 + 4xy + y^2) + (x - y)(2x + 4y) - 2 \qquad (2-9)$$
$$u_y + v_y = -(x^2 + 4xy + y^2) + (x - y)(2y + 4x) - 2 \qquad (2-10)$$

且

$$\frac{\partial u}{\partial x} = \frac{\partial v}{\partial y}, \frac{\partial u}{\partial y} = -\frac{\partial v}{\partial x}$$

式 $(2-9)$ 和式 $(2-10)$ 分别相加减，可得

$$f'(z) = v_y + iv_x = 3(x^2 - y^2) - 2 + i6xy = 3z^2 - 2$$

故

$$f(z) = \int f'(z)\mathrm{d}z = \int (3z^2 - 2)\mathrm{d}z = z^3 - 2z + C$$

2.4　初　等　函　数

这一节我们把实变函数中一些常用的基本初等函数推广到复数域中，讨论这些函数的性质及解析性.

2.4.1　指数函数

定义 2.5（指数函数）　对于任何复数 $z = x + iy$，我们用关系式

$$e^z = e^{x+iy} = e^x(\cos y + i\sin y)$$

来规定指数函数 $w = e^z$.

指数函数 $w = e^z$ 具有如下性质:

(1) 对于 $z = x(y = 0)$,我们的定义与通常实指数函数的定义是一致的.

(2) 指数函数 $w = e^z$ 在整个复平面内有定义并且解析,且 $(e^z)' = e^z$,因此,指数函数 $w = e^z$ 是实指数函数在整个复平面内的解析推广.

(3) 指数函数 $w = e^z$ 是单值函数,这是因为对于给定的 $z = x + iy$,e^x,$\cos y$,$\sin y$ 均取唯一值.

(4) 对任意的复数 z_1,z_2,有 $e^{z_1}e^{z_2} = e^{z_1+z_2}$.

事实上,由 $z_1 = x_1 + iy_1$,$z_2 = x_2 + iy_2$,可得

$$\begin{aligned}
e^{z_1}e^{z_2} &= e^{x_1}(\cos x_1 + i\sin y_1)e^{x_2}(\cos x_2 + i\sin y_2)\\
&= e^{x_1+x_2}(\cos x_1 + i\sin y_1)(\cos x_2 + i\sin y_2)\\
&= e^{x_1+x_2}[\cos(x_1+x_2) + i\sin(y_1+y_2)]\\
&= e^{z_1+z_2}
\end{aligned}$$

(5) $|e^z| = e^x > 0$,在复平面上 $e^z \neq 0$.

(6) e^z 是以 $2\pi i$ 为周期的周期函数,因为按定义 $e^{2\pi i} = 1$,所以由 $e^{z_1}e^{z_2} = e^{z_1+z_2}$ 得 $e^{z+2\pi i} = e^z e^{2\pi i} = e^z$.

(7) $\lim\limits_{z\to\infty} e^z$ 不存在,即 e^∞ 无意义,因为 z 沿实轴趋于 $+\infty$ 时,$e^\infty \to \infty$;当 z 沿实轴趋于 $-\infty$ 时,$e^\infty \to 0$.

(8) 指数函数的几何映射性质为由于指数函数有周期 $2\pi i$,所以研究当 z 在带形区域

$$B = \{z \mid z \in \mathbf{C}, 0 < \text{Im} z < 2\pi\}$$

中变化时,函数 $w = e^z$ 的映射性质.

设 w 的实部及虚部分别为 u 及 v. 设 z 从左到右描出一条直线 $L: \text{Im} z = y_0$,那么 $w = e^{x+iy_0}$,于是 $|w|$ 从 0(不包括 0)增大到 $+\infty$,而 $\arg w = y_0$ 保持不变,因此 w 描出一条射线 $L_1: \arg w = y_0$,L 和 L_1 上的点之间构成一个双射.

让 y_0 从 0(不包括 0)递增到 2π(不包括 2π),那么直线 L 扫过 B,而相应的射线按逆时针方向从 w 平面上的正实轴(不包括它)变到正实轴(不包括它).

因此,$w = e^z$ 确定从带形区域 B 到 w 平面除去原点及正实轴的一个双射.

显然,函数 $w = e^z$ 把直线 $\text{Re} z = x_0$ 在 B 上的一段映射成 w 平面上的一个圆 $|w| = e^{x_0}$ 除去 u 轴上的一点 e^{x_0}.

同理可以证明,函数 $w = e^z$ 把任何带形区域 $B_a = \{z \mid z \in \mathbf{C}, a \in \mathbf{R}, a < \text{Im} z < a + 2\pi\}$ 双射为 w 平面除去原点及射线 $\arg w = a$. 特别地,它确定从带形区域 $B_{2n\pi}(n \in \mathbf{Z}, B_0 = B)$ 到 w 平面除去原点及正实轴的一个双射,如图 2.3 所示.

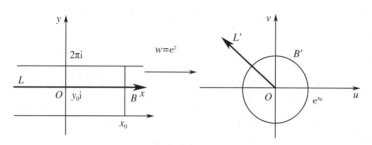

图 2.3   把带形区域 B 双射为 w 平面除去原点及射线

需要指出的是:

(1) 实指数函数无周期;

(2) e^z 仅仅是一个符号,它没有幂的意义;

(3) 虽然在复平面上,$e^z = e^{z+2\pi i}$,但 $(e^z)' = e^z \neq 0$,即不满足罗尔(Rolle)定理,故高等数学中的微分中值定理不能直接推广到复变函数中.

2.4.2   对数函数

定义 2.6(对数函数)   对数函数是指数函数的反函数. 若 $z = e^w(z \neq 0, z \neq -\infty)$,则称 w 为复变量 z 的对数函数,记作 $w = \mathrm{Ln}z$.

令 $w = u + iv, z = re^{i\theta}$,则 $e^{u+iv} = re^{i\theta}$,从而

$$e^u = r, v = \theta + 2k\pi \quad (k = 0, \pm 1, \pm 2, \cdots)$$

即

$$u = \ln r = \ln|z|, v = \mathrm{Arg}z$$

从而

$$\mathrm{Ln}z = \ln|z| + i\mathrm{Arg}z = \ln|z| + i(\arg z + 2k\pi) \quad (k = 0, \pm 1, \pm 2, \cdots) \quad (2-11)$$

由于 $\mathrm{Arg}z$ 是无穷多值的,因而 $\mathrm{Ln}z = \ln|z| + i\mathrm{Arg}z$ 也是无穷多值的,且每两个相邻分支相差 $2\pi i$. 如果规定式(2-11)中的 $\mathrm{Arg}z$ 取主值 $\arg z$,那么 $\mathrm{Ln}z$ 为一个单值函数,称为 $\mathrm{Ln}z$ 的主值,记为 $\ln z$. 则有

$$\ln z = \ln|z| + i\arg z$$

这样,$\mathrm{Ln}z = \ln z + 2k\pi i (k = 0, \pm 1, \pm 2, \cdots)$. 对于每一个固定的 k,$\mathrm{Ln}z = \ln z + 2k\pi i$ 为一个单值函数,称为 $\mathrm{Ln}z$ 的一个单值分支.

当 $z = x > 0$ 时,$\mathrm{Ln}z$ 的主值 $\ln z = \ln x$ 就是实变函数中的自然对数函数. 对数函数的性质为

$$\mathrm{Ln}(z_1 z_2) = \mathrm{Ln}z_1 + \mathrm{Ln}z_2$$

$$\mathrm{Ln}\left(\frac{z_1}{z_2}\right) = \mathrm{Ln}z_1 - \mathrm{Ln}z_2$$

对数函数具有解析性. 令 $z = x + iy$,则主值

$$\ln z = \ln |z| + i \arg z = \frac{1}{2} \ln(x^2 + y^2) + i \arg z$$

其中, $\ln |z| = \frac{1}{2} \ln(x^2 + y^2)$ 在复平面内, 除原点外, 处处连续; $\arg z$ 在原点处无定义, 所以不连续. 在负实轴上的点, 设 $z = x + iy$, 则当 $x < 0$ 时, 有

$$\lim_{y \to 0^+} \arg z = \pi, \quad \lim_{y \to 0^-} \arg z = -\pi$$

因此, $\lim_{y \to 0} \arg z$ 不存在, $\arg z$ 在负实轴上不连续.

综上所述, $\ln z$ 在除去原点及负实轴的复平面内处处连续. 由反函数的求导法则可得

$$(\ln z)' = \frac{1}{(e^w)'} = \frac{1}{e^w} = \frac{1}{z}$$

所以, $\ln z$ 在除去原点及负实轴的复平面内是解析的.

因为 $\mathrm{Ln} z = \ln z + 2k\pi i (k = 0, \pm 1, \pm 2, \cdots)$, 所以 $\mathrm{Ln} z$ 的各分支在除去原点及负实轴的复平面内也解析, 并且有相同的导数值. 以后, 在应用对数函数 $w = \mathrm{Ln} z$ 时, 都应指明它是除去原点及负实轴的复平面内的某一单值解析分支.

例 2.19　求 $\mathrm{Ln}(i)$, $\mathrm{Ln}(3 + 4i)$ 和它们的主值.

解　$\mathrm{Ln}(i) = \ln |i| + i\mathrm{Arg}(i) = i\left(\frac{\pi}{2} + 2k\pi\right) = \left(2k + \frac{1}{2}\right)\pi i$　$(k = 0, \pm 1, \pm 2, \cdots)$, 主值为 $\ln(i) = \frac{\pi}{2}i$.

$\mathrm{Ln}(3 + 4i) = \ln |3 + 4i| + i\mathrm{Arg}(3 + 4i) = \ln 5 + i\left(\arg\tan\frac{4}{3} + 2k\pi\right)$　$(k = 0, \pm 1, \pm 2, \cdots)$, 主值为 $\ln(3 + 4i) = \ln 5 + i\arg\tan\frac{4}{3}$.

例 2.20　说明 $\ln(z_1 z_2) = \ln z_1 + \ln z_2$ 不一定成立.

解　若取 $z_1 = z_2 = -1$, 则 $\ln(z_1 z_2) = \ln 1 = 0$, 则有

$$\ln(z_1) + \ln(z_2) = \ln(-1) + \ln(-1) = \ln 1 + i\arg(-1) + \ln 1 + i\arg(-1) = 2\pi i$$

则 $\ln(-1)(-1) \neq \ln(-1) + \ln(-1)$.

2.4.3　一般指数函数与一般幂函数

定义 2.7 (一般指数函数)　$w = \alpha^z = e^{z \mathrm{Ln} \alpha}$ (α 为一复数, 且 $\alpha \neq 0, \infty$) 称为 z 的一般指数函数. 此定义是实数域中等式 $x^\alpha = e^{\alpha \ln x}$　$(x > 0, \alpha$ 为实数). 在复数域中的推广. 由于 $\mathrm{Ln} \alpha = \ln |\alpha| + i(\arg \alpha + 2k\pi)$ 是多值的, 因而一般来说, α^z 也是多值的, 且有

$$\alpha^z = e^{z \mathrm{Ln} \alpha} = e^{z[\ln |\alpha| + i(\arg \alpha + 2k\pi)]}$$

它具有如下性质:

(1) 当 z 为整数时, 有

$$\alpha^z = e^{z\mathrm{Ln}\alpha} = e^{z(\ln|\alpha| + i\arg\alpha)} = e^{z\ln\alpha}$$

这时, α^z 是单值的;

（2）当 z 为有理数时,即 $\left(z = \dfrac{p}{q}\right)$, p 和 q 为互质的整数, $q > 0$ 时,有

$$\alpha^z = e^{\frac{p}{q}\ln|\alpha| + i\frac{p}{q}(\arg\alpha + 2k\pi)} = e^{\frac{p}{q}\ln|\alpha|}\left[\cos\frac{p}{q}(\arg\alpha + 2k\pi) + i\sin\frac{p}{q}(\arg\alpha + 2k\pi)\right] \quad (2-12)$$

α^z 具有 q 个值,即当 $k = 0, 1, \cdots, q-1$ 时相应的各个值,如式（2-12）所给出的,当 k 取其他整数时,重复出现上面的 q 个值;

（3）当 z 为无理数或虚数时,幂函数 α^z 是一个无穷值多值函数.

定义2.8（一般幂函数） $w = z^{\alpha} = e^{\alpha\mathrm{Ln}z}(z \neq 0, \infty, \alpha$ 为任意复常数）称为 z 的一般幂函数.

它具有如下性质:

（1）当 $\alpha = n$ 时（幂函数 z^n）, $w = z^n$ 为在复平面上的单值解析函数,且 $(w)' = nz^{n-1}$;

（2）当 $\alpha = \dfrac{1}{n}$ 时（根式函数 $\sqrt[n]{z}$）, $z^{\frac{1}{n}}$ 为多值函数,有 n 个根,在每一个分支上都是单值函数,

且 $(z^{\frac{1}{n}})' = \dfrac{1}{n}z^{\frac{1}{n}-1}$ （除去原点,负实轴）;

（3）当 α 为其他情况（ z^{α} 有无穷多值）时, $w = z^{\alpha}$ 为多值函数,有无穷多个根,在每一个分支上, $(z^{\alpha})' = \alpha z^{\alpha-1}$.

设在区域 D 内,我们可以把 $\mathrm{Ln}z$ 分成无穷个解析分支. 对于 $\mathrm{Ln}z$ 的一个解析分支,相应地 z^{α} 有一个单值连续分支. 根据复合函数求导法则, $w = z^{\alpha}$ 的这个单值连续分支在 D 内解析,并且

$$\frac{\mathrm{d}w}{\mathrm{d}z} = \alpha\frac{1}{z}e^{\alpha\ln z} = \alpha z^{\alpha-1}$$

其中, z^{α} 应当理解为对它求导数的那个分支; $\mathrm{Ln}z$ 应当理解为对数函数相应的分支. 对应于 $\mathrm{Ln}z$ 在 D 内任一解析分支:当 α 是整数时, z^{α} 在 D 内是同一解析函数;当 $\alpha = \dfrac{m}{n}$ 时, z^{α} 在 D 内有 n 个解析分支;当 α 是无理数或虚数时,幂函数 z^{α} 在 D 内有无穷多个解析分支,是一个无穷值多值函数.

例如,当 n 是大于1的整数时, $w = z^{\frac{1}{n}} = \sqrt[n]{z}$ 称为根式函数,它是 $w = z^{\alpha}$ 的反函数. 当 $z = 0$ 时,有

$$w = \sqrt[n]{z} = \sqrt[n]{|z|}\,e^{i\frac{1}{n}(\arg z + 2k\pi)} \quad (-\pi < \arg z \leqslant \pi; k \in \mathbf{Z})$$

这是一个 n 值函数. 在复平面上以负实轴（包括0）为割线而得到的区域内,它有不同的解析分支:

$$w = \sqrt[n]{|z|}\,e^{i\frac{1}{n}(\arg z + 2k\pi)} \quad (-\pi < \arg z < \pi; k = 0, 1, \cdots, n-1)$$

它们也可以记作

$$w = \sqrt[n]{|z|}\,e^{i\frac{1}{n}(\arg z + 2k\pi)}$$

这些分支在负实轴的上沿与下沿所取的值,与相应的连续分支在该处所取的值一致.

当 α 不是整数时,原点及无穷远点是 $w = z^{\alpha}$ 的支点. 但按照 α 是有理数或者 α 不是有理

数,这两个支点具有完全不同的性质.

为了理解这些结论,我们在 0 或无穷远点的充分小的邻域内,任作一条简单闭曲线 C 围绕 0 或无穷远点. 在 C 上任取一点 z_1,确定 $\mathrm{Arg}z$ 在 z_1 的一个值 $\arg z_1 = \theta_1$;相应地确定 $w = z^\alpha = \mathrm{e}^{\alpha(\ln z + \mathrm{i}\mathrm{Arg}z)}$ 在 z_1 的一个值 $\mathrm{e}^{\alpha(\ln z_1 + \mathrm{i}\arg z_1)} = \mathrm{e}^{\alpha \ln z_1}$. 考虑下列两种情况:

(1) α 是有理数 $\dfrac{m}{n}$,当一点 z 从 z_1 出发按反时针或顺时针方向连续变动 n 周时,$\arg z$ 从 θ_1 连续变动到 $\theta_1 + 2n\pi$,而 $w = z^{\frac{m}{n}}$ 则从 $\mathrm{e}^{\frac{m}{n}\ln z_1} = \mathrm{e}^{\frac{m}{n}(\ln|z_1| + \mathrm{i}\theta_1)}$ 相应地连续变动到 $\mathrm{e}^{\frac{m}{n}(\ln z_1 + 2n\pi)} = \mathrm{e}^{\frac{m}{n}\ln z_1}$. 也即第一次回到了它从 z_1 出发时的值. 这时,我们称原点和无穷远点是 $w = z^{\frac{m}{n}}$ 的 $n-1$ 阶支点,也称 $n-1$ 为阶代数支点.

(2) α 不是有理数时,容易验证原点和无穷远点是 $w = z^\alpha$ 的无穷阶支点。

当 α 不是整数时,由于原点和无穷远点是 $w = z^\alpha$ 的支点,所以任取连接这两个支点的一条简单连续曲线作为割线 K_1,得一个区域 D_1. 在 D_1 内,可以把 $w = z^\alpha$ 分解成解析分支.

关于幂函数 $w = z^\alpha$,当 α 为正实数时的映射性质,有下面的结论:

设 w 是一个实数,并且 $0 < w$,$\alpha w < 2\pi$. 在 z 平面上取正实数轴(包括原点)作为割线,得到一个区域 D^*. 考虑 D^* 内的角形 $A: 0 < \arg z < w$,并取 $w = z^\alpha$ 在 D^* 内的一个解析分支

$$w = z^\alpha \quad (1^\alpha = 1)$$

当 z 描出 A 内的一条射线 $l: \arg z = \theta_0$ 时(不包括 0),w 在 w 平面描出一条射线 $l_1: \arg z = \alpha\theta_0$. 让 θ_0 从 0 增加到 w(不包括 0 及 w),那么射线 l 扫过角形 A,而相应的射线 l_1 扫过角形 $A_1: 0 < \arg z < \alpha w$,因此 $w = z^\alpha(1^\alpha = 1)$ 把夹角为 w 的角形双射成一个夹角为 $w\alpha$ 的角形,同时,这个函数把 A 中以原点为心的圆弧映射成 A_1 中以原点为心的圆弧.

类似地,当 $n(>1)$ 是正整数时,$w = z^{\frac{1}{n}} = \sqrt[n]{z}$ 的 n 个分支

$$w = \sqrt[n]{z}\left(\sqrt[n]{1} = \mathrm{e}^{\frac{\mathrm{i}2k\pi}{n}}\right) \quad (k = 0, 1, 2, \cdots, n-1)$$

分别把区域 D^* 双射成 w 平面的 n 个角形

$$\frac{2k\pi}{n} < \arg w < \frac{2(k+1)\pi}{n}$$

例 2.21 作出一个含 i 的区域,使得函数 $w = \sqrt{z(z-1)(z-2)}$ 在这个区域内可以分解成解析分支;求一个分支在 i 点的值.

解 由于

$$w = |z(z-1)(z-2)|^{\frac{1}{2}} \mathrm{e}^{\frac{\mathrm{i}}{2}[\mathrm{Arg}z + \mathrm{Arg}(z-1) + \mathrm{Arg}(z-2)]}$$

我们先求函数 w 的支点. 因为 $z^{\frac{1}{2}}$ 的支点是 0 及无穷远点,所以函数 w 可能的支点是 $0, 1, 2$ 及无穷远点. 任作一条简单连续闭曲线 C_1(图 2.4),使其不经过 $0, 1, 2$,并使其内区域包含 0,但不包含 1 及 2. 设 z_1 是 C_1 上一点,我们确定 $\mathrm{Arg}z, \mathrm{Arg}(z-1)$ 及 $\mathrm{Arg}(z-2)$ 在这点的值分别为

$\arg z_1, \arg(z_1 - 1), \arg(z_1 - 2)$.

当 z 从 z_1 按反时针方向沿 C_1 连续变动一周时,通过连续变动可以看到 $\arg z_1$ 增加了 2π,而 $\arg(z_1 - 1), \arg(z_1 - 2)$ 没有变化,于是 w 在 z_1 的值就从

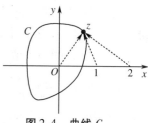

图 2.4　曲线 C_1

$$|z_1(z_1 - 1)(z_1 - 2)|^{\frac{1}{2}} e^{\frac{i}{2}[\arg z_1 + \arg(z_1 - 1) + \arg(z_1 - 2)]} = w_1$$

连续变动到

$$|z_1(z_1 - 1)(z_1 - 2)|^{\frac{1}{2}} e^{\frac{i}{2}[\arg z_1 + 2\pi + \arg(z_1 - 1) + \arg(z_1 - 2)]} = -w_1$$

因此 0 是函数 w 的一个支点.

同时,任作一条简单连续闭曲线 C_2(图 2.5)使其不经过 0,1,2,并使其内区域包含 1,但不包含 0 及 2. 设 z_1 是 C_2 上一点,我们确定 $\mathrm{Arg}\, z_1, \mathrm{Arg}(z - 1)$ 及 $\mathrm{Arg}(z - 2)$ 在这点的值分别为 $\arg z_1$,$\arg(z_1 - 1), \arg(z_1 - 2)$. 当 z 从 z_1 按反时针方向沿 C_2 连续变动一周时,通过连续变动可以看到,$\arg(z_1 - 1)$ 增加了 2π,而 $\arg z_1$,$\arg(z_1 - 2)$ 没有变化,于是 w 在 z_1 的值就从

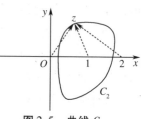

图 2.5　曲线 C_2

$$|z_1(z_1 - 1)(z_1 - 2)|^{\frac{1}{2}} e^{\frac{i}{2}[\arg z_1 + \arg(z_1 - 1) + \arg(z_1 - 2)]} = w_1$$

连续变动到

$$|z_1(z_1 - 1)(z_1 - 2)|^{\frac{1}{2}} e^{\frac{i}{2}[\arg z_1 + \arg(z_1 - 1) + \arg(z_1 - 2)]} = -w_1$$

因此 1 也是函数 w 的一个支点.

同理,2 和无穷远点也是它的支点.

支点确定后,我们作区域,把函数分解成单值解析分支.

首先,在复平面内作一条连接 0,1,2 及无穷远点的任意无界简单连续曲线作为割线,在所得区域内,可以把 w 分解成连续分支. 例如可取 $[0, +\infty)$ 作为复平面上这样的割线,得区域 D. 其次,任作一条简单连续闭曲线 C_1,使其不经过 0,1,2,并使其内区域包含这三个点中的两个,但不包含另外一点.

设 z_2 是 C_1 上一点,确定 w 在 z_2 的一个值,同样,当 z 从 z_2 沿 C_1 连续变化一周回到 z_2 时,连续变化而得的值没有变化. 所以,我们可以作如下割线,取线段 $[0,1]$ 及从 2 出发且不与 $[0,1]$ 相交的射线为割线,也可以把 w 分解成连续分支. 例如取在所得区域内,可以把 w 分解成连续分支. 例如可取 $[0,1]$ 及 $[0, +\infty)$ 作为复平面上的割线,得区域 D_1.

求 w 在上述区域中的一个解析分支

$$w = \sqrt{z(z-1)(z-2)} \quad (w(-1) = -\sqrt{6}\,\mathrm{i})$$

在 $z = \mathrm{i}$ 的值.

在 $z = -1$ 处取 $\arg z = \pi, \arg(z-1) = \pi, \arg(z-2) = \pi$,于是在 D 或 D_1 内,w 可以分解成两个解析分支. 由于所求的分支在 $z = -1$ 处的值为 $-\sqrt{6}\,\mathrm{i}$,可见这个分支是

$$w = \left| z(z-1)(z-2) \right|^{\frac{1}{2}} e^{\frac{i}{2}\left[\arg z + \arg(z-1) + \arg(z-2) \right]}$$

可以得到,在 D 或 D_1 内 $z = \mathrm{i}$ 处,有 $\arg z = \dfrac{\pi}{2}$,$\arg(z-1) = \dfrac{3\pi}{4}$,$\arg(z-2) = \pi - \arctan\dfrac{1}{2}$. 因此 w 的所求分支在 $z = \mathrm{i}$ 的值是

$$-\sqrt[4]{10}\, e^{\frac{i}{2}(\frac{\pi}{4} - \arctan\frac{1}{2})} = -\sqrt[4]{10}\, e^{\frac{i}{2}\arctan\frac{1}{3}}$$

例 2.22 验证函数 $w = \sqrt[4]{z(1-z)^3}$ 在区域 $D = C - [0,1]$ 内可以分解成解析分支;求出这个函数在 $(0,1)$ 上沿取正实值的一个分支在 $z = -1$ 处的值及函数在 $(0,1)$ 下沿的值.

证明 由已知得

$$w = \left| z(1-z)^3 \right|^{\frac{1}{4}} e^{\frac{i}{2}\left[\mathrm{Arg}\, z + 3\mathrm{Arg}(1-z) \right]}$$

则 1 是 w 的三阶支点,而无穷远点不是它的支点.

事实上,任作一条简单连续闭曲线 C^*,使其内区域包含 0,1,设 z^* 是 C^* 上一点,确定 w 在 z^* 的一个值. 当 z 从 z^* 沿 C^* 连续变化一周回到 z^* 时,w 连续变化而得的值没有变.

因此,在区域 $D = C - [0,1]$ 内,可以把 w 分解成解析分支. 现在选取在 $(0,1)$ 上沿取正实值的那一支,即在 $(0,1)$ 上沿,有

$$\arg w = 0, \quad w = \sqrt[4]{x(1-x)^3}$$

其中,$0 < x < 1$,根号表示算术根,求这一支在 $z = -1$ 的值.

在 $(0,1)$ 上沿,取 $\arg z = 0$,$\arg(1-z) = 0$. 于是所求的一支为

$$w = \left| z(1-z)^3 \right|^{\frac{1}{4}} e^{\frac{i}{2}\left[\arg z + 3\arg(1-z) \right]}$$

其中,$0 < x < 1$,根号表示算术根. 求这一支在 $z = -1$ 的值在 D 内 $z = -1$ 处有

$$\arg z = \pi, \quad \arg(1-z) = 0$$

于是 w 的指定的一支在 $z = -1$ 处的值是

$$\sqrt[4]{8}\, e^{i\frac{\pi}{4}} = \sqrt[4]{2}\,(1 + \mathrm{i})$$

最后,考虑上述单值分支在 $(0,1)$ 下沿取值的情况. 在区域 D 内,当 z 沿右边的曲线从 $(0,1)$ 上沿变动到 $(0,1)$ 下沿时,$\arg z$ 没有变化,而 $\arg(1-z)$ 减少了 2π,于是在 $(0,1)$ 的下沿,有

$$\arg w = \frac{1}{4}\left[\arg z + 3\arg(1-z) \right] = -\frac{3}{2}\pi$$

当 z 沿左边的曲线从 $(0,1)$ 上沿变动到 $(0,1)$ 下沿时,$\arg z$ 增加了 2π,而 $\arg(1-z)$ 没有变化,于是在 $(0,1)$ 的下沿,有

$$\arg w = \frac{1}{4}\left[\arg z + 3\arg(1-z) \right] = \frac{1}{2}\pi$$

因此,无论怎样,当 $z = x$ 在 $(0,1)$ 的下沿时,上述单值分支的值为

$$w = \mathrm{i}\sqrt[4]{x(1-x)^3}$$

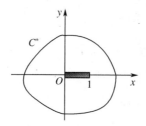

图 2.6   曲线 C^*

例 2.23   求 3^i 和 $(1+i)^i$ 的值.

解
$$3^i = e^{i Ln3} = e^{i(\ln3 + i2k\pi)} = e^{-2k\pi}[\cos(\ln3) + i\sin(\ln3)]$$

$$(1+i)^i = e^{i Ln(1+i)} = e^{i[\ln\sqrt{2} + i(2k\pi + \frac{\pi}{4})]} = e^{-(2k + \frac{1}{4})\pi}[\cos(\ln\sqrt{2}) + i\sin(\ln\sqrt{2})]$$

例 2.24   试解方程 $\ln z + \dfrac{\pi}{6}i = 2$.

解   将原方程变为

$$\ln z = 2 - \frac{\pi}{6}i$$

由对数函数的定义应有

$$z = e^{2 - \frac{\pi}{6}i} = e^2\left(\cos\frac{\pi}{6} - i\sin\frac{\pi}{6}\right) = e^2\frac{\sqrt{3} - i}{2}$$

2.4.4   三角函数

当 y 是实数时,由欧拉公式

$$e^{iy} = \cos y + i\sin y, e^{-iy} = \cos y - i\sin y$$

可得

$$\cos y = \frac{1}{2}(e^{iy} + e^{-iy}), \sin y = \frac{1}{2i}(e^{iy} - e^{-iy})$$

将 y 换为复数 z 时,我们定义 z 的正弦函数和余弦函数分别为

$$\sin z = \frac{1}{2i}(e^{iz} - e^{-iz}), \cos z = \frac{1}{2}(e^{iz} + e^{-iz})$$

根据指数函数性质可以推出正弦函数和余弦函数具有下列性质:

(1)当 z 取实数时,$\sin z,\cos z$ 与实值正弦函数和余弦函数是一致的;

(2)$\sin z,\cos z$ 在复平面内解析函数,且

$$(\sin z)' = \cos z, (\cos z)' = -\sin z$$

(3)$\sin z$ 为奇函数,$\cos z$ 为偶函数,并且满足三角公式

$$\sin(z_1 + z_2) = \sin z_1 \cos z_2 + \cos z_1 \sin z_2$$

$$\cos(z_1 + z_2) = \cos z_1 \cos z_2 - \sin z_1 \sin z_2$$

$$\sin^2 z + \cos^2 z = 1$$

$$\sin\left(\frac{\pi}{2} - z\right) = \cos z$$

$$\vdots$$

（4）$\sin z, \cos z$ 是以 2π 为周期的周期函数，即

$$\sin(z + 2\pi) = \sin z, \cos(z + 2\pi) = \cos z$$

事实上，由定义可得

$$\cos(z + 2\pi) = \frac{1}{2}\left[e^{i(z+2\pi)} + e^{-i(z+2\pi)} \right] = \frac{1}{2}\left(e^{iz} e^{2\pi i} + e^{-iz} e^{-2\pi i} \right)$$

$$= \frac{1}{2}\left(e^{iz} + e^{-iz} \right) = \cos z$$

（5）$\sin z$ 的零点（即 $\sin z = 0$ 的根）为

$$z = n\pi \quad (n = 0, \pm 1, \pm 2, \cdots)$$

$\cos z$ 的零点为

$$z = \left(n + \frac{1}{2} \right)\pi \quad (n = 0, \pm 1, \pm 2, \cdots)$$

这是因为 $\sin z = \frac{1}{2i}(e^{iz} - e^{-iz}) = \frac{e^{2iz} - 1}{2ie^{iz}}$，则 $\sin z = 0$ 等价于 $e^{2iz} = 1$. 方程的解为

$$z = n\pi \quad (n = 0, \pm 1, \pm 2, \cdots)$$

同理可知，$\cos z$ 的零点是 $z = \left(n + \frac{1}{2} \right)\pi (n = 0, \pm 1, \pm 2, \cdots)$.

（6）在复数范围内 $|\sin z| \leqslant 1$，$|\cos|z \leqslant 1$ 不成立.

因为 $|\sin z| = \left| \frac{1}{2i}(e^{iz} - e^{-iz}) \right| = \frac{1}{2}|e^{iz} - e^{-iz}| \geqslant \frac{1}{2}\left| |e^{iz}| - |e^{-iz}| \right|$，再设 $z = x + iy$，则

$$|\sin z| \geqslant \frac{1}{2}\left| |e^{-y+ix}| - |e^{y-ix}| \right| = \frac{1}{2}|e^{-y} - e^{y}| \to \infty \ (y \to \infty)$$

同理可知

$$|\cos z| \geqslant \frac{1}{2}|e^{-y} - e^{y}| \to \infty \ (y \to \infty)$$

定义 2.9（三角函数） $\tan z = \frac{\sin z}{\cos z}, \cot z = \frac{\cos z}{\sin z}, \sec z = \frac{1}{\cos z}, \csc z = \frac{1}{\sin z}$ 分别称为 z 的正切、余切、正割、余割函数，这些函数都在复平面上除使分母为零的点外是解析的，且

$$(\tan z)' = \sec^2 z, (\cot z)' = -\csc^2 z, (\sec z)' = \sec z \tan z, (\csc z)' = -\csc z \cot z$$

可仿照 $\sin z$ 与 $\cos z$ 讨论它们的性质. 例如，正切和余切的周期为 π，正割及余割的周期为

2π. 另外,就正切函数 $\tan z$ 而言,它在 $z \neq \left(n + \dfrac{1}{2}\right)\pi (n = 0, \pm 1, \pm 2, \cdots)$ 的各点处解析,且有

$\tan(z + \pi) = \tan z$(因为 $\tan(z + \pi) = \dfrac{\sin(z + \pi)}{\cos(z + \pi)} = \dfrac{-\sin z}{-\cos z} = \tan z$).

反三角函数作为三角函数的反函数定义如下:

设 $z = \cos w$,称 w 为 z 的反余弦函数,记作 $w = \mathrm{Arccos}z$.

由 $z = \cos w = \dfrac{1}{2}(e^{iw} + e^{-iw})$ 可得

$$2ze^{iw} = e^{2iw} + 1$$

即

$$(e^{iw})^2 - 2ze^{iw} + 1 = 0$$

则

$$e^{iw} = z + \sqrt{z^2 - 1}$$

其中,$\sqrt{z^2 - 1}$ 应理解为双值函数,两端取对数得

$$\mathrm{Arccos}z = -i\mathrm{Ln}(z + \sqrt{z^2 - 1})$$

由此可见,反余弦函数是多值函数,它的多值性正是 $\cos w$ 的周期性和奇偶性的反映.

类似地还可以定义反正弦函数和反正切函数:

$$\mathrm{Arcsin}z = -i\mathrm{Ln}(iz + \sqrt{1 - z^2})$$

$$\mathrm{Arctan}z = -\dfrac{i}{2}\mathrm{Ln}\dfrac{1 + iz}{1 - iz}$$

定义 2.10(双曲函数) $\mathrm{sh}z = \dfrac{e^z - e^{-z}}{2}$,$\mathrm{ch}z = \dfrac{e^z + e^{-z}}{2}$,$\mathrm{th}z = \dfrac{\mathrm{sh}z}{\mathrm{ch}z} = \dfrac{e^z - e^{-z}}{e^z + e^{-z}}$,$\mathrm{ch}z = \dfrac{1}{\mathrm{th}z} = $

$\dfrac{e^z + e^{-z}}{e^z - e^{-z}}$ 分别称为双曲正弦、双曲余弦、双曲正切和双曲余切函数.

双曲函数具有下列性质:

(1) $\mathrm{sh}z$,$\mathrm{ch}z$ 在复平面内解析,且 $(\mathrm{sh}z)' = \mathrm{ch}z$,$(\mathrm{ch}z)' = \mathrm{sh}z$;

(2) $\mathrm{sh}z$,$\mathrm{ch}z$ 是以 $2\pi i$ 为周期的周期函数,$\mathrm{th}z$,$\mathrm{cth}z$ 是以 πi 为周期的周期函数;

(3) $\mathrm{sh}z = -i\sin(iz)$,$\mathrm{ch}z = \cos(iz)$ 及 $\mathrm{ch}(x + iy) = \mathrm{ch}x\cos y + i\mathrm{sh}x\sin y$,$\mathrm{sh}(x + iy) = \mathrm{sh}x\cos y + i\mathrm{ch}x\sin y$.

将反双曲函数定义为双曲函数的反函数.

定义 2.11(反双曲函数) $\mathrm{Arch}z = \mathrm{Ln}(z + \sqrt{z^2 + 1})$,$\mathrm{Arch}z = \mathrm{Ln}(z + \sqrt{z^2 - 1})$,$\mathrm{Arth}z = \dfrac{1}{2}\mathrm{Ln}\dfrac{1 + z}{1 - z}$,$\mathrm{Arch}z = \dfrac{1}{2}\mathrm{Ln}\dfrac{z + 1}{z - 1}$,分别称之为反双曲正弦函数,反双曲余弦函数,反双曲正切函数和反双曲余切函数.

2.5 平面向量场——解析函数的应用*

本节我们要讨论平行于一个平面的定常向量场. 这就是说,第一,向量场中的向量是与时间无关的;第二,这个向量场中的向量都平行于某一个平面 s_0,并且在垂直于 s_0 的任何一条直线上所有的点处,这个场中的向量(就大小与方向来说)都是相等的. 显然,在所有的平行于 s_0 的平面内,这个向量场的情形都完全一样. 因此,这个向量场可以由位于平面 s_0 内的向量所构成的一个平面向量场完全表示出来. 这时,说到平面向量场 s_0 的一个点 z_0,我们在心中便要记起在那个平行于平面的向量场中的一条无限直线,它通过所说的那个点 z_0 而垂直于平面 s_0;说到 s_0 内的一条曲线 C,则是意味着一个以 C 为基线的柱面;说到 s_0 的一个区域 D,则是意味着以 D 为底边的一个柱体.

我们把平面 s_0 取作 z 平面,于是向量场中每个向量便可以用复数来表示.

由于解析函数的发展是与流体力学密切相关的,因此,在下面讲平面向量场与解析函数的关系时,我们常采用流体力学中的术语,尽管所讲的内容,都是关系着各种不同物理特性的向量场的.

假设流体是质量均匀的,并且具有不可压缩性,也就是说密度不因流体所处的位置以及受到的压力而改变. 我们就假设密度为 1. 流场的形式是定常的(即与时间无关)平面流动(所谓平面流动是指流体在垂直于某一固定平面的直线上各点均有相同的流动情况)(图 2.7). 流场的厚度可以不考虑,或者认为是一个单位长.

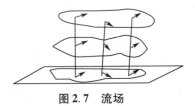

图 2.7 流场

2.5.1 流量与环量

设流体在 z 平面上某一区域 D 内流动,$v(z) = p + iq$ 是在点 $z \in D$ 处的流速,其中 $p = p(x,y)$,$q = q(x,y)$ 分别为 $v(z)$ 的水平及垂直分速,并且假设它们都是连续的.

今考查流体在单位时间内流过以 A 为起点,B 为终点的有向曲线 r(图 2.8)一侧的流量(实际上是流体层的质量). 为此取弧元 ds,n 为其单位法向量,它指向曲线 r 的右边(顺着 A 到 B 的方向看). 显然,在单位时间内流过 ds 的流量为 $v_n ds$(v_n 是 v 在 n 上的投影),这里 ds 为切向量 $dz = dx + idy$ 之长. 当 v 与 n 夹锐角时,流量 $v_n ds$ 为正;夹钝角时为负.

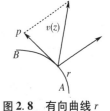

图 2.8 有向曲线 r

令 $\tau = \dfrac{dx}{ds} + i\dfrac{dy}{ds}$ 是顺 r 正向的单位切向量. 故 n 恰好可由 τ 旋转 $-\dfrac{\pi}{2}$ 得到,即

$$n = e^{-\frac{\pi}{2}}\tau = -i\tau = \frac{dy}{ds} - i\frac{dx}{ds}$$

于是即得 v 在 n 上的投影为

$$v_n = vn = p\frac{dy}{ds} - q\frac{dx}{ds}$$

以 N_r 表示单位时间内流过 r 的流量,则

$$N_r = \int_r \left(p\frac{dx}{ds} - q\frac{dy}{ds}\right)ds = \int_r -qdx + pdy$$

在流体力学中,还有一个重要的概念,即流速的环量. 它的定义为流速在曲线 r 上的切线分速沿着该曲线的积分,以 Γ_r 表示. 于是

$$\Gamma_r = \int_r \left(p\frac{dx}{ds} + q\frac{dy}{ds}\right)ds = \int_r pdx + qdy$$

现在我们可以借助于复积分来表示环量和流量. 为此,我们以 i 乘 N_r,再与 Γ_r 相加即得

$$\Gamma_r + N_r = \int_r pdx + qdy + i\int_r -qdx + pdy = \int_r (p - qi)(dx + idy)$$

即

$$\Gamma_r + iN_r = \int_r \overline{v(z)}dz$$

我们称 $\overline{v(z)}$ 为复速度.

2.5.2 无源、汇的无旋流动

我们可以假设在流动过程中没有流体自 D 内任何一处涌出或者漏掉,用术语来说,即 D 内无源、汇. 即使有源、汇,为了研究方便,我们也可以把 D 适当缩小,使源、汇从研究的区域中排除. 这样一来,在 D 内任作一围线 C,只要其内部均含于 D,由于不可压缩性,则经过 C 而流进 C 内的流量,恰好等于经过 C 而流出的流量,即 $N_C = 0$. 并且,在源点邻域内 $N_C > 0$;在汇点邻域内 $N_C < 0$. 如图 2.9 所示.

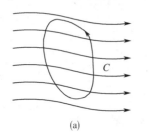

(a)

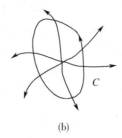

(b)

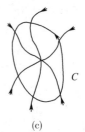

(c)

图 2.9

(a) $N_C = 0$;(b) $N_C > 0$;(c) $N_C < 0$

在流体力学中,对于无旋转流动的研究是很重要的. 这里它可以定义为 $\Gamma_C = 0$,只要 C 及其内部均含于 D.

这样,如果流体在 D 内作无源、汇的无旋流动,其充要条件为

$$\int_C \overline{v(z)}\mathrm{d}z = 0$$

无源、汇的无旋流动特征是 $\overline{v(z)}$ 在该流动区域 D 内解析.

2.5.3　复势

设在区域 D 内有一无源、汇的无旋流动,从以上的讨论,即知其对应的复速度为解析函数 $\overline{v(z)}$. 我们称函数 $f(z)$ 为对应与此流动的复势,如果 $f(z)$ 在 D 内处处符合条件

$$f'(z) = \overline{v(z)}$$

那么对于无源、汇的无旋流动,复势总是存在的;如果略去常数不计,它还是唯一的. 这是因为 $\overline{v(z)}$ 解析,由下式确定的 $f(z)$,即

$$f(z) = \int_{z_0}^{z} \overline{v(z)}\mathrm{d}z$$

就是复势,z_0 属于 D. 当 D 为单连通区域时,$f(z)$ 为单值解析函数. 当 D 为多连通区域时,$f(z)$ 可能为多值解析函数. 但它在 D 内任何一个单连通子区域均能分出单值解析分支.

今设 $f(z) = \varphi(x,y) + \mathrm{i}\psi(x,y)$ 为某一流动的复势. 我们称 $\varphi(x,y)$ 为所述流动的势函数,称 $\varphi(x,y) = k$(k 为实常数)为势线;称 $\psi(x,y)$ 为所述流动的流函数,称 $\psi(x,y) = k$(k 为实常数)为流线.

由于 $\varphi_x + \mathrm{i}\psi(x,y) = f'(z) = \overline{v(z)} = p - \mathrm{i}q$,从而

$$p = \varphi_x = \psi_y, q = -\psi_x = \varphi_y$$

又因流线上点 p,q 的速度方向与该点方向一致,即流线的微分方程为

$$\psi_x \mathrm{d}x + \psi_y \mathrm{d}y = 0$$

而 $\psi(x,y)$ 为调和函数,我们有 $\psi_{xy} = \psi_{yx}$,于是 $\mathrm{d}\psi(x,y) = 0$. 所以 $\psi(x,y) = k$ 就是流线方程的积分曲线.

流线与势线在流速不为零的点处互相正交.

我们用复势来刻画流动比用复速度方便. 因为由复势求复速度只用到求导数,反之则要用积分. 另一方面,复势容易求流线和势线,这样就可以了解流动的情况.

例 2.25　考查复势为 $f(z) = az$ 的流动情况.

解　设 $a > 0$,则势函数和流函数分别为 $\varphi(x,y) = ax, \psi(x,y) = ay$. 故势线是 $x = C_1$;流线是 $y = C_2$(C_1, C_2 均为实常数). 这种流动称为均匀常流,如图 2.10 所示.

当 a 为复数时,情况相仿,势线和流线也是直线,只是方向有了改变,这时的速度为 $\bar{a}$.

例 2.26 设复势 $f(z) = z^2$，试确定其流线、势线和速度.

解 势函数和流函数分别为 $\varphi(x,y) = x^2 - y^2$，$\psi(x,y) = 2xy$，势线及流线是互相正交的两族等轴双曲线（图 2.11）. 在点 z 处的速度 $v(z) = \overline{f'(z)} = 2\bar{z}$.

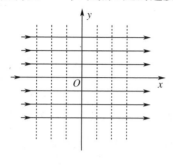

图 2.10 均匀常流   图 2.11 等轴双曲线

小 结

本章重点是理解复变函数的导数、解析函数和调和函数的基本概念，掌握判断复变函数可导、解析和调和的方法. 学习本章时应注意以下几点.

1. 复变函数的可导性与解析性的关系

复变函数的可导性与解析性这两个概念之间有密切联系，但又有区别. 函数在一个区域内解析与在一个区域内可导是等价的，但函数在一点可导却不能保证函数在该点解析，而函数若在一点解析则在该点一定可导.

2. 解析函数与调和函数的关系

解析函数与调和函数有着密切的关系. 若复变函数在一个区域内解析，那么它的实部和虚部均是该区域内的调和函数，并且虚部是实部的共轭调和函数，但实部不一定是虚部的共轭调和函数.

3. 复变函数可导与解析的判别方法

可以直接利用定义来判别，也可以利用可导与解析的充分条件，即将复变函数 $f(z) = u + iv$ 的可导与解析转化成研究两个二元实变函数 u, v，要求 u, v 可微并满足柯西 – 黎曼方程，只要其中一个条件不满足，则 $f(z)$ 既不可导也不解析，它是判断复变函数可导与解析的常用方法.

4. 掌握解析函数的求导方法

（1）利用导数定义的求导方法.

（2）利用导数公式和求导法则求导数.

（3）利用下面的求导公式求导：

$$f'(z) = \frac{\partial u}{\partial x} + i\,\frac{\partial v}{\partial x} = \frac{\partial v}{\partial y} - i\,\frac{\partial u}{\partial y}$$

5. 已知解析函数的实部或虚部求解析函数的方法

（1）线积分法；

（2）偏微分法；

（3）不定积分法.

6. 熟练掌握复变初等函数的定义、性质等

复变初等函数与实变量的同名函数不同，但当复变初等函数中的自变量取实数时，二者又是一致的. 因此前者可以看作后者的推广. 推广后的复变初等函数由于自变量的取值范围扩大，所以它除了保留原实变量初等函数的某些性质外，还具有自身的一些性质. 例如，复指数函数是以 $2\pi i$ 为周期的周期函数，而实指数函数不是周期函数. 再如，实正弦函数与实余弦函数具有有界性，而复正弦函数与复余弦函数是无界的，等等. 因此，学习时要特别注意复变初等函数与实变初等函数之间的区别.

习　　题

1. 下列函数在何处可导，在何处解析？

（1）$f(z) = x^2 - iy$；　　　　　（2）$f(z) = 2x^3 + i3y^3$；

（3）$f(z) = xy^2 + ix^2 y$；　　　　（4）$f(z) = x^3 - 3xy^2 + i(3x^2 y - y^3)$.

2. 设 $my^3 + nx^2 y + i(x^3 + lxy^2)$ 为解析函数，试确定 l, m, n 的值.

3. 求下列函数的奇点.

（1）$\dfrac{z+2}{z(z^2+1)}$　　　　　　　（2）$\dfrac{2z-2}{(z+1)^2(z^2+1)}$

4. 如果 $f(z) = u + iv$ 是解析函数，证明：

（1）$\left(\dfrac{\partial}{\partial x}|f(z)|\right)^2 + \left(\dfrac{\partial}{\partial y}|f(z)|\right)^2 = |f'(z)|^2$；

（2）$-u$ 是 v 的共轭调和函数；

（3）$\dfrac{\partial^2 |f(z)|^2}{\partial x^2} + \dfrac{\partial^2 |f(z)|^2}{\partial y^2} = 4(u_x^2 + v_x^2) = 4|f'(z)|^2.$

5. 如果 $f(z)$ 在区域 D 内解析，试证：$i\overline{\overline{f(z)}}$ 在 D 内也解析.

6. 由下列各已知调和函数 u 求解析函数 $f(z) = u + iv$.

（1）$u = \dfrac{y}{x^2 + y^2}, f(2) = 0$；

（2）$u = 2(x-1)y, f(0) = -i$；

（3）$u = \arctan \dfrac{y}{x}, x > 0$；

（4）$u = x^2 + xy - y^2.$

7. 求具有下列形式的所有调和函数 u.

（1）$u = f(ax + by)$，a 与 b 为常数；

（2）$u = f\left(\dfrac{y}{x}\right).$

8. 证明：一对共轭调和函数的乘积仍为调和函数.

9. 设 $z = x + iy$，试求：

（1）$|e^{i-2x}|$；　　　　　（2）$|e^{z^2}|$；　　　　　（3）$\mathrm{Re}(e^{\frac{1}{z}}).$

10. 下列关系是否正确？

（1）$\overline{e^z} = e^{\bar{z}}$；　　　　　（2）$\overline{\cos z} = \cos \bar{z}.$

11. 求下列方程的解.

（1）$\sin z = 0$；　　　（2）$e^z = 1 + \sqrt{3}\,i$；　　　（3）$1 + e^z = 0.$

12. 计算下列各式的值.

（1）$\cos(1 + i)$；　　　（2）$\sin(3 + 2i)$；　　　（3）$e^{\frac{1 + \pi i}{3}}$；

（4）i^{i+1}；　　　　　（5）2^i；　　　　　（6）$\mathrm{Ln}(-3 + 4i).$

13. 证明对数函数的性质.

（1）$\mathrm{Ln}(z_1 z_2) = \mathrm{Ln}z_1 + \mathrm{Ln}z_2$；　　（2）$\mathrm{Ln}\left(\dfrac{z_1}{z_2}\right) = \mathrm{Ln}z_1 - \mathrm{Ln}z_2.$

14. 说明下列等式是否正确.

（1）$\mathrm{Ln}(z^2) = 2\mathrm{Ln}z$；　　　　（2）$\mathrm{Ln}\sqrt{z} = \dfrac{1}{2}\mathrm{Ln}z.$

15. 证明：

（1）$\mathrm{sh}^2 z + \mathrm{ch}^2 z = \mathrm{ch}2z$；　　（2）$\mathrm{sh}(z_1 + z_2) = \mathrm{sh}z_1\mathrm{ch}z_2 + \mathrm{ch}z_1\mathrm{sh}z_2.$

16. 设 $z = re^{i\theta}$. 试证：$\mathrm{Re}[\ln(z-1)] = \dfrac{1}{2}\ln(1 + r^2 - 2r\cos\theta).$

17. 解下列方程.

（1）$\text{sh}z = 0$；　　　　　　　　（2）$\text{sh}z = \text{i}$.

18. 证明：$\text{sh}z$ 的反函数 $\text{Arsh}z = \text{Ln}(z + \sqrt{z^2 + 1})$.

19. 证明：如果 $f(z) = u + \text{i}v$ 在区域 D 内解析，并且满足下列条件之一，那么 $f(z)$ 是常数.

（1）$\overline{f(z)}$ 在 D 内解析；

（2）$\left|f(z)\right|$ 在 D 内是一个常数；

（3）$\text{arg}f(z)$ 在 D 内是一个常数.

第3章 复变函数的积分

在第 2 章中,我们介绍了复变函数的微分. 本章中,我们需要建立复变函数的积分. 这不仅是高等数学中微积分基本定理的类比,而且也是研究复变函数的一个重要工具.

复积分的研究将积分路径从轴上的直线段推广为平面上的一般曲线. 微积分中的一些技巧是可以直接应用的,例如,利用原函数计算积分值,然后建立的柯西积分定理及柯西积分公式是复变函数的基本定理和基本公式,在解析函数性质的研究中起了重要的作用.

3.1 曲线积分

3.1.1 曲线的方向

在微积分中,$\int_a^b$ 表示的含义非常清楚,但是如果我们把它推广到复平面,问题在于如何由 a 走到 b. 在 R 中只有一个途径,但现在 a 和 b 都是平面上的点,所以必须指定一条道路以便"沿此道路积分". 因此我们先对复平面上的曲线方向进行约定.

如图 3.1 所示的光滑曲线 C 的参数方程为

$$z = z(t) = x(t) + iy(t) \quad (\alpha \leqslant t \leqslant \beta)$$

由图 3.1 可知光滑曲线 C 上的点的确存在着两种顺序,它们由 C 的哪个端点作为起点来决定. 我们把被确定了点的顺序的光滑曲线称为有向光滑曲线. 点的顺序用箭头表示,如图 3.2 所示. 特别地,规定由起点到终点的方向为正方向. 从参数方程角度出发,规定参数 t 增加的方向为正方向,即由起点 z_α 到终点 z_β 为正方向.

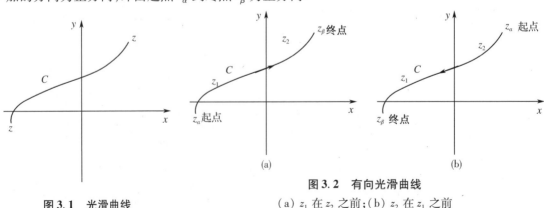

图 3.1 光滑曲线

图 3.2 有向光滑曲线

(a) z_1 在 z_2 之前;(b) z_2 在 z_1 之前

定义 3.1　如果曲线 C 是一条简单闭曲线,设想一个观察者沿着曲线 C 行走时,其内部一直在观察者的左(右)手边时,称此方向为曲线 C 的正(负)方向,记作 $C^+(C^-)$,如图 3.3 所示.

同样可以定义分段光滑闭曲线 Γ 的正(负)方向,如图 3.4 所示. 一般在不引起歧义的情况下,曲线的正方向也是"逆时针方向",并省略上标表示.

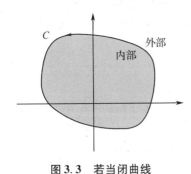

图 3.3　若当闭曲线

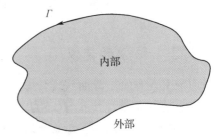

图 3.4　有向分段光滑闭曲线 Γ

定义 3.2　设 C 为一简单闭曲线,$C_1,C_2,\cdots,C_n$ 是在 C 内部的简单闭曲线,它们互不相交也互不包含,则在 C 的内部同时又由 $C_1,C_2,\cdots,C_n$ 外部的点构成一个有界的多连通区域 D,以 $C,C_1,C_2,\cdots,C_n$ 为它的边界. 我们称区域 D 的边界是一条复合闭曲线(又称复合闭路),记作 $\Gamma = C + C_1^- + C_2^- + \cdots + C_n^-$. 复合闭路 Γ 的正方向为 C 取正方向,$C_1,C_2,\cdots,C_n$ 取负方向. 也就是说,假如观察者沿复合闭路 Γ 的正方向前进,区域 D 的内部总在它的左手边(图 3.5 是 $n=2$ 的情形).

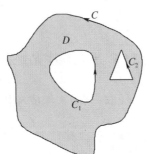

图 3.5　复合闭路 $\Gamma = C + C_1^- + C_2^-$

下面我们讨论分段光滑曲线的长度. 首先考虑一条光滑曲线 C,其参数方程为
$$z(t) = x(t) + \mathrm{i}y(t) \quad (\alpha \leqslant t \leqslant \beta)$$
令 $s(t)$ 为 C 上点 $z(\alpha)$ 到 $z(t)$ 的长度,由高等数学可知
$$\frac{\mathrm{d}s}{\mathrm{d}t} = \sqrt{\left(\frac{\mathrm{d}x}{\mathrm{d}t}\right)^2 + \left(\frac{\mathrm{d}y}{\mathrm{d}t}\right)^2}$$

即 $\dfrac{\mathrm{d}s}{\mathrm{d}t} = \left| \dfrac{\mathrm{d}z}{\mathrm{d}t} \right|$,因此,这条光滑曲线的长度为

$$L(C) = C \text{ 的长度} = \int_{\alpha}^{\beta} \frac{\mathrm{d}s}{\mathrm{d}t} = \int_{\alpha}^{\beta} \left| \frac{\mathrm{d}z}{\mathrm{d}t} \right| \mathrm{d}t = \int_{C} |\mathrm{d}z|$$

分段光滑有向曲线的长度定义为它的所有组成曲线的长度之和.

为了叙述简便,今后我们所提到的曲线(除特别声明外)均是指光滑的或者分段光滑的,因而也是可求长的.

3.1.2　积分的定义

考虑定义在有向光滑曲线 $C: z = z(t) (\alpha \leqslant t \leqslant \beta)$,其中 C 的起点为 $a = z(\alpha)$,终点为 $b = z(\beta)$(可能与 a 重合).$w = f(z)$ 为定义在 C 上的连续函数,沿着 C 从 a 到 b 的方向在 C 上取分点 $z_0, z_1, \cdots, z_n$,其中 $a = z_0, z_n = b$,把曲线 C 分成若干个弧段,如图 3.6 所示.

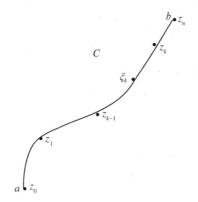

图 3.6　光滑曲线 C 的划分

在每个小弧段 $\overset{\frown}{z_{k-1} z_k} (k = 1, 2, \cdots, n)$ 上任取一点 ξ_k,作成和数,即

$$S_n = \sum_{k=1}^{n} f(\xi_k)(z_k - z_{k-1}) = \sum_{k=1}^{n} f(\xi_k) \Delta z_k \qquad (3-1)$$

当分点无限增多,且这些弧段长度的最大值趋于零时,和数 S_n 的极限存在且唯一,则称函数 $w = f(z)$ 沿着曲线 C(从 a 到 b)可积.而称 S_n 的唯一极限为函数 $w = f(z)$ 沿着曲线 C 的积分,记作

$$\int_{C} f(z) \mathrm{d}z = \lim_{\lambda \to 0} \sum_{k=1}^{n} f(\xi_k) \Delta z_k$$

其中,$\lambda = \max\limits_{1 \leqslant k \leqslant n} \{|\Delta z_k|\}$.曲线 C 称为积分路径.$\int_{C} f(z) \mathrm{d}z$ 表示沿曲线 C 的正方向的积分,$\int_{C^-} f(z) \mathrm{d}z$

表示沿曲线 C 的负方向的积分.

若 C 为简单闭曲线,且为正方向,则沿此闭曲线的积分记为 $\oint_C f(z)\mathrm{d}z$.

3.1.3 积分的计算

定理 3.1 若 $f(z) = u(x,y) + \mathrm{i}v(x,y)$ 在曲线 C 上连续,则 $f(z)$ 沿 C 可积,且

$$\int_C f(z)\mathrm{d}z = \int_C u\mathrm{d}x - v\mathrm{d}y + \mathrm{i}\int_C v\mathrm{d}x + u\mathrm{d}y \tag{3-2}$$

证明 设 $z_k = x_k + \mathrm{i}y_k, \xi_k = \gamma_k + \mathrm{i}\eta_k, \Delta x_k = x_k - x_{k-1}, \Delta y_k = y_k - y_{k-1}, u(\gamma_k, \eta_k) = u_k,$ $v(\gamma_k, \eta_k) = v_k.$ 则由式(3-1),有

$$S_n = \sum_{k=1}^{n} f(\xi_k)(z_k - z_{k-1}) = \sum_{k=1}^{n} (u_k + \mathrm{i}v_k)(\Delta x_k + \mathrm{i}\Delta y_k)$$

$$= \sum_{k=1}^{n} (u_k \Delta x_k - v_k \Delta y_k) + \mathrm{i}\sum_{k=1}^{n} (u_k \Delta y_k + v_k \Delta x_k)$$

注意到 $f(z)$ 在 C 上连续,所以 $u(x,y), v(x,y)$ 分别在 C 上连续,故上式右端的两个和数的极限分别为积分

$$\int_C u(x,y)\mathrm{d}x - v(x,y)\mathrm{d}y$$

和

$$\int_C v(x,y)\mathrm{d}x + u(x,y)\mathrm{d}y$$

因此,$\int_C f(z)\mathrm{d}z$ 存在,且有式(3-2)成立.

式(3-2)说明,计算复变函数 $f(z)$ 的积分可以转化为其实部、虚部两个二元函数的曲线积分的计算.

例 3.1 设 C 是连接复平面上点 a 及点 b 的任一曲线,试证 $\int_C \mathrm{d}z = b - a$.

证明 $f(z) = 1, S_n = \sum_{k=1}^{n} f(\xi_k)(z_k - z_{k-1}) = \sum_{k=1}^{n} (z_k - z_{k-1}) = b - a$

故

$$\lim_{n \to \infty} S_n = b - a$$

即

$$\int_C \mathrm{d}z = b - a$$

例 3.2 计算 $\int_C (y + \mathrm{i}x)\mathrm{d}z$,其中曲线 C 表示从 i 到 1 的直线段,如图 3.7 所示.

解 由已知,曲线 C 的参数方程为

$$\begin{cases} y = 1 - x \\ x = x \end{cases} \quad (0 \leqslant x \leqslant 1)$$

所以

$$\int_C (y + \mathrm{i}x)\,\mathrm{d}z = \int_C y\,\mathrm{d}x - x\,\mathrm{d}y + \mathrm{i}\int_C y\,\mathrm{d}y + x\,\mathrm{d}x$$

$$= \int_0^1 (1 - x)\,\mathrm{d}x + x\,\mathrm{d}x + \mathrm{i}\int_0^1 (x - 1)\,\mathrm{d}x + x\,\mathrm{d}x = 1$$

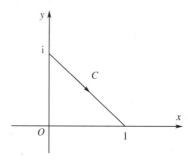

图 3.7　例 3.2 的积分路径

定理 3.2　设有光滑曲线 $C:z = z(t) = x(t) + \mathrm{i}y(t)(\alpha \leqslant t \leqslant \beta)$，$w = f(z)$ 在 C 上连续，则

$$\int_C f(z)\,\mathrm{d}z = \int_\alpha^\beta f(z(t))z'(t)\,\mathrm{d}t \tag{3-3}$$

证明　$w = f(z) = f(z(t)) = u(x(t),y(t)) + \mathrm{i}v(x(t),y(t)) = u(t) + \mathrm{i}v(t)$，由式(3-2)有

$$\int_C f(z)\,\mathrm{d}z = \int_C u\,\mathrm{d}x - v\,\mathrm{d}y + \mathrm{i}\int_C v\,\mathrm{d}x + u\,\mathrm{d}y$$

$$= \int_\alpha^\beta [u(t)x'(t) - v(t)y'(t)]\,\mathrm{d}t + \mathrm{i}\int_\alpha^\beta [u(t)y'(t) + v(t)x'(t)]\,\mathrm{d}t$$

$$= \int_\alpha^\beta [u(t) + \mathrm{i}v(t)][x'(t) + \mathrm{i}y'(t)]\,\mathrm{d}t = \int_\alpha^\beta f(z(t))z'(t)\,\mathrm{d}t$$

需要说明的是：

(1) 用式(3-3)计算积分，是从积分路径 C 的参数方程入手，称为参数方程法.

(2) 式(3-3)中对 C 的所有合适的参数都成立，并且 $f(z)$ 沿 C 的积分与参数的选择无关.

例 3.3　计算积分 $\displaystyle\int_C \frac{\mathrm{d}z}{(z - z_0)^{n+1}}$，其中 C 为以 z_0 为圆心，r 为半径的圆周，n 为整数.

解　C 的参数方程为 $z - z_0 = r\mathrm{e}^{\mathrm{i}\theta} \quad (0 \leqslant \theta \leqslant 2\pi)$.

令 $f(z) = (z - z_0)^{n+1}$，则

$$f(z(\theta)) = (z_0 + r\mathrm{e}^{\mathrm{i}\theta} - z_0)^{n+1} = r^{n+1}\mathrm{e}^{\mathrm{i}(n+1)\theta}$$

故 $z'(\theta) = \mathrm{i}r\mathrm{e}^{\mathrm{i}\theta}$. 因此，由式(3-3)，得

$$\int_C \frac{\mathrm{d}z}{(z-z_0)^{n+1}} = \int_0^{2\pi} \frac{\mathrm{i}r\mathrm{e}^{\mathrm{i}\theta}\mathrm{d}\theta}{r^{n+1}\mathrm{e}^{\mathrm{i}(n+1)\theta}} = \frac{\mathrm{i}}{r^n}\int_0^{2\pi} \mathrm{e}^{-\mathrm{i}n\theta}\mathrm{d}\theta = \begin{cases} 2\pi\mathrm{i} & (n=0) \\ \dfrac{\mathrm{i}}{r^n}\int_0^{2\pi}(\cos n\theta - \mathrm{i}\sin n\theta)\mathrm{d}\theta & (n \neq 0) \end{cases}$$

所以

$$\int_C \frac{\mathrm{d}z}{(z-z_0)^{n+1}} = \begin{cases} 2\pi\mathrm{i} & (n=0) \\ 0 & (n \neq 0) \end{cases} \tag{3-4}$$

需要强调的是:

(1) 式(3-4)中,积分值与 z_0,r 均无关;

(2) C 为任意分段光滑闭曲线时,式(3-4)亦成立.

3.1.4 积分的性质

设 $f(z)$,$g(z)$ 在曲线 C 上连续,则有下列性质成立:

(1) $\displaystyle\int_C f(z)\mathrm{d}z = -\int_{C^-} f(z)\mathrm{d}z$;

(2) $\displaystyle\int_C kf(z)\mathrm{d}z = k\int_C f(z)\mathrm{d}z$ (k 为常数);

(3) $\displaystyle\int_C [f(z) \pm g(z)]\mathrm{d}z = \int_C f(z)\mathrm{d}z \pm \int_C g(z)\mathrm{d}z$;

(4) $\displaystyle\int_C f(z)\mathrm{d}z = \int_{C_1} f(z)\mathrm{d}z + \int_{C_2} f(z)\mathrm{d}z$,其中 C 是由连续曲线 C_1,C_2 首尾相接而成.

例 3.4 计算积分 $\displaystyle\int_C (\bar{z})^2\mathrm{d}z$,其中积分路径 C(图3.8)为:

(1) 连接由点 O 到点 $1+\mathrm{i}$ 的直线段 C_1;

(2) 连接由点 O 到点 1 的直线段 C_2 及连接由点 1 到点 $1+\mathrm{i}$ 的直线段 C_3 组成的折线;

(3) 连接由点 O 到点 1 的直线段 C_2 及连接由点 1 到点 $1+\mathrm{i}$ 的直线段 C_3,及连接点 $1+\mathrm{i}$ 到点 O 的直线段 C_1^- 组成的分段光滑闭曲线.

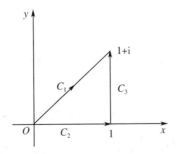

图3.8 例3.4 的积分路径

解 （1）直线段 C_1 的参数方程为

$$z = z(t) = (1+i)t \quad (0 \leqslant t \leqslant 1)$$

故

$$\int_C (\bar{z})^2 \mathrm{d}z = \int_0^1 \left[(1-i)t \right]^2 (1+i)\mathrm{d}t = 2(1-i)\int_0^1 t^2 \mathrm{d}t = \frac{2}{3}(1-i)$$

（2）直线段 C_2 及 C_3 的参数方程分别为

$$C_2 : z = z(t) = t \quad (0 \leqslant t \leqslant 1)$$
$$C_3 : z = z(t) = 1 + it \quad (0 \leqslant t \leqslant 1)$$

$$\int_C (\bar{z})^2 \mathrm{d}z = \int_{C_2} (\bar{z})^2 \mathrm{d}z + \int_{C_3} (\bar{z})^2 \mathrm{d}z = \int_0^1 t^2 \mathrm{d}t + \int_0^1 (1-it)^2 i\mathrm{d}t = \frac{4+2i}{3}$$

（3）由积分性质和（1）（2）的结果，直接得

$$\int_C (\bar{z})^2 \mathrm{d}z = \int_{C_2+C_3} (\bar{z})^2 \mathrm{d}z + \int_{C_1^-} (\bar{z})^2 \mathrm{d}z = \int_{C_2+C_3} (\bar{z})^2 \mathrm{d}z - \int_{C_1} (\bar{z})^2 \mathrm{d}z = \frac{2+4i}{3}$$

由例 3.4 可以看出，积分路径不同，积分结果可以不同. 另外，不难证明，沿着一条分段光滑闭曲线的积分与该曲线的起点、终点的选择无关. 因此，在计算这种曲线积分时，不必关心曲线的起点和终点，只需明确其方向就可以了.

在理论研究中，往往不需要计算曲线积分的确切值，而是给出曲线积分的上界.

定理 3.3 如果函数 $w = f(z)$ 在曲线 C 上连续，若存在正数 M，使得 $|f(z)| \leqslant M(\forall z \in C)$，则

$$\left| \int_C f(z)\mathrm{d}z \right| \leqslant \int_C |f(z)| |\mathrm{d}z| = \int_C |f(z)| \mathrm{d}s \leqslant ML$$

其中，L 为曲线 C 的长度；$|\mathrm{d}z|$ 表示弧长的微分，即 $|\mathrm{d}z| = \sqrt{(\mathrm{d}x)^2 + (\mathrm{d}y)^2} = \mathrm{d}s$.

证明 设 $|\Delta z_k|$ 是 z_k 与 z_{k-1} 两点之间的距离，$|\Delta S_k|$ 为这两点之间的弧线段的长度，所以

$$\left| \sum_{k=1}^n f(\xi_k) \Delta z_k \right| \leqslant \sum_{k=1}^n |f(\xi_k)| |\Delta z_k| \leqslant \sum_{k=1}^n |f(\xi_k)| |\Delta S_k|$$

两端取极限得

$$\left| \int_C f(z)\mathrm{d}z \right| \leqslant \int_C |f(z)| \mathrm{d}s$$

又因为

$$\sum_{k=1}^n |f(\xi_k)| |\Delta S_k| \leqslant M \sum_{k=1}^n |\Delta S_k| = ML$$

所以

$$\int_C |f(z)| \mathrm{d}s \leqslant ML$$

例 3.5 求 $\left| \int_C \dfrac{1}{z-i}\mathrm{d}z \right|$ 的一个上界，其中 C 为从原点到点 $3+4i$ 的直线段.

解 曲线 C 的参数方程为

$$z = z(t) = (3 + 4i)t \quad (0 \leqslant t \leqslant 1)$$

沿曲线 C，$\dfrac{1}{z-i}$ 连续，且

$$\left| \frac{1}{z-i} \right| = \frac{1}{z-i} = \frac{1}{|3t + (4t-1)i|} = \frac{1}{\sqrt{25\left(t - \dfrac{4}{25}\right)^2 + \dfrac{9}{25}}} \leqslant \frac{5}{3}$$

而曲线 C 的长度为 5，则由定理 3.3 得

$$\left| \int_C \frac{1}{z-i} dz \right| \leqslant \frac{5}{3} \int_C ds = \frac{25}{3}$$

例 3.6 证明 $\left| \displaystyle\int_C \dfrac{e^z}{z} dz \right| \leqslant e\pi$，其中 C 为从 1 到 -1 的上半单位圆周.

解 曲线 C 的参数方程为

$$z = z(t) = e^{it} \quad (0 \leqslant t \leqslant \pi)$$

则

$$dz = ie^{it} dt$$

注意到在曲线 C 上

$$\left| \frac{e^z}{z} \right| = \left| \frac{e^{\cos t + i\sin t}}{z} \right| = \frac{|e^{\cos t}|}{1} \leqslant e$$

由定理 3.3 得

$$\left| \int_C \frac{e^z}{z} dz \right| \leqslant \int_C \left| \frac{e^z}{z} \right| |dz| \leqslant e\pi$$

3.2 柯西积分定理

在复变函数的研究中，复积分理论起到了重要的作用，最主要的成果就是柯西积分定理.

定理 3.4（柯西 - 古萨定理） 如果函数 $w = f(z)$ 在单连通区域 D 内解析，C 为 D 内任一条（分段）光滑闭曲线，则

$$\oint_C f(z) dz = 0$$

定理 3.4 的严格证明是比较困难的. 这里我们仅在附加 "$f'(z)$ 在 D 内连续" 的条件下，给出定理的一个非严格证明.

证明 令 $z = x + iy \in C, f(z) = u(x,y) + iv(x,y)$，则由式（3 - 2）得

$$\oint_C f(z) dz = \oint_C (u dx - v dy) + i(v dx + u dy)$$

由于 $f'(z)$ 在 D 内连续，故 u_x, u_y, v_x, v_y 在 D 内连续，且满足柯西 - 黎曼条件，即

$$u_x = v_y, u_y = -v_x$$

因此,应用格林公式可得

$$\oint_C (u\mathrm{d}x - v\mathrm{d}y) = -\iint_D (v_x + u_y)\mathrm{d}x\mathrm{d}y = 0, \quad \oint_C (v\mathrm{d}x + u\mathrm{d}y) = 0$$

所以

$$\oint_C f(z)\mathrm{d}z = 0$$

推论 3.1 若函数 $w = f(z)$ 在简单闭曲线 C 及其内部 D 上处处解析,则 $\oint_C f(z)\mathrm{d}z = 0$.

证明 证明很直接:$f(z)$ 在简单闭曲线 C 及其内部 D 上处处解析,则 $f(z)$ 一定在包含 C 的某个单连通区域内解析. 因此,由定理3.4得 $\oint_C f(z)\mathrm{d}z = 0$.

例 3.7 计算 $\int_C \dfrac{1}{\cos z}\mathrm{d}z$,其中 $C: |z| = 1$.

解 $\dfrac{1}{\cos z}$ 为初等函数,故 $\dfrac{1}{\cos z}$ 只在 $\cos z = 0$ 时不解析,此时解得 $z = k\pi \pm \dfrac{\pi}{2}(k = 0, \pm 1, \pm 2, \cdots)$.

故 $\dfrac{1}{\cos z}$ 在 C 及其内部解析. 由定理3.4得 $\oint_C \dfrac{1}{\cos z}\mathrm{d}z = 0$.

柯西积分定理要求 $f(z)$ 在单连通区域内处处解析. 下面我们考虑将柯西积分定理推广到多连通区域上,以处理函数 $f(z)$ 在区域某些点处不解析的情形.

定理 3.5(复合闭路定理) 设区域 D 是由复合闭路 $\Gamma = C + C_1^- + C_2^- + \cdots + C_n^-$ 所围成的有界多连通区域,$f(z)$ 在 D 内处处解析,则有:

(1) $\oint_\Gamma f(z)\mathrm{d}z = 0$,或写成 $\int_C f(z)\mathrm{d}z + \int_{C_1^-} f(z)\mathrm{d}z + \cdots + \int_{C_n^-} f(z)\mathrm{d}z = 0$;

(2) $\oint_C f(z)\mathrm{d}z = \oint_{C_1} f(z)\mathrm{d}z + \cdots + \oint_{C_n} f(z)\mathrm{d}z = \sum_{k=1}^n \oint_{C_k} f(z)\mathrm{d}z$.

证明 为简单起见,我们就 $n = 1$ 来进行证明. 为证明结论,我们把 C 和 C_1 用辅助曲线连接起来. 这些曲线上除了端点外,其他点均不在 D 的边界上. 如图 3.9 所示,割线 $\overline{AB}$,$\overline{EF}$ 把 C 和 C_1 连接起来,此时我们得到了两条简单闭曲线: $\Gamma_1 = \overline{AMEFPBA}$ 和 $\Gamma_2 = \overline{ENABQFE}$. 显然,区域 D 被分成两个单连通区域,其边界分别为 Γ_1 和 Γ_2. 则由定理3.4,可得

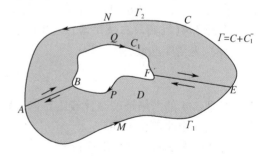

图 3.9 定理 3.5 的复合闭路

$$\oint_{\Gamma_1} f(z)\mathrm{d}z = 0 \quad \text{及} \quad \oint_{\Gamma_2} f(z)\mathrm{d}z = 0$$

(1) 利用积分的性质,有

$$0 = \oint_{\Gamma_1} f(z)\,\mathrm{d}z + \oint_{\Gamma_2} f(z)\,\mathrm{d}z$$

$$= \int_{\overline{AME}} f(z)\,\mathrm{d}z + \int_{\overline{EF}} f(z)\,\mathrm{d}z + \int_{\overline{FPB}} f(z)\,\mathrm{d}z + \int_{\overline{BA}} f(z)\,\mathrm{d}z +$$

$$\int_{\overline{ENA}} f(z)\,\mathrm{d}z + \int_{\overline{AB}} f(z)\,\mathrm{d}z + \int_{\overline{BQF}} f(z)\,\mathrm{d}z + \int_{\overline{FE}} f(z)\,\mathrm{d}z$$

$$= \int_C f(z)\,\mathrm{d}z + \int_{C_1^-} f(z)\,\mathrm{d}z = \oint_\Gamma f(z)\,\mathrm{d}z$$

所以

$$\oint_C f(z)\,\mathrm{d}z = \oint_{C_1} f(z)\,\mathrm{d}z$$

用同样的方法可以证明 $n \neq 1$ 时的情形.

（2）利用积分性质，我们直接可得

$$\oint_\Gamma f(z)\,\mathrm{d}z = \oint_{C+C_1^-+\cdots+C_n^-} f(z)\,\mathrm{d}z = \oint_C f(z)\,\mathrm{d}z + \sum_{k=1}^{n} \oint_{C_k^-} f(z)\,\mathrm{d}z = 0$$

需要指出的是：

（1）若 $n=0$ 时，则 Γ 为简单闭曲线，即为柯西积分定理.

（2）若 $n=1$ 时，$\oint_C f(z)\,\mathrm{d}z = \oint_{C_1} f(z)\,\mathrm{d}z$. 这说明，只要在变形过程中曲线不经过函数的奇点，在区域内的一个解析函数沿闭曲线的积分，不因闭曲线在区域内作连续变形而改变它的值. 所以定理 3.5 又称为闭路变形定理.

注意，上述定理要求 $f(z)$ 在 D 内解析，若 $f(z)$ 在 D 内不解析，则命题不真.

例如，$f(z) = x - \mathrm{i}y$，$C: |z|=2$，$C_1: |z|=1$，下面我们验证

$$\oint_C f(z)\,\mathrm{d}z \neq \oint_{C_1} f(z)\,\mathrm{d}z$$

取 C 的参数方程为

$$\begin{cases} x = 2\cos\theta \\ y = 2\sin\theta \end{cases} \quad (0 \leqslant \theta \leqslant 2\pi)$$

则

$$\oint_C f(z)\,\mathrm{d}z = \oint_C x\,\mathrm{d}x + y\,\mathrm{d}y + \mathrm{i}(x\,\mathrm{d}y - y\,\mathrm{d}x)$$

$$= \int_0^{2\pi} -4\cos\theta\sin\theta\,\mathrm{d}\theta + 4\sin\theta\cos\theta\,\mathrm{d}\theta + \mathrm{i}\int_0^{2\pi} 4\cos^2\theta\,\mathrm{d}\theta + 4\sin^2\theta\,\mathrm{d}\theta = 8\pi\mathrm{i}$$

同理

$$\oint_{C_1} f(z)\,\mathrm{d}z = 2\pi\mathrm{i}$$

所以

$$\oint_C f(z)\,\mathrm{d}z \neq \oint_{C_1} f(z)\,\mathrm{d}z$$

下面我们通过例题来说明复合闭路定理在计算积分中的应用.

例3.8 计算 $\oint_{\Gamma} \dfrac{1}{2z-1}\mathrm{d}z$,其中 Γ 是如图 3.10(a)所示的分段光滑闭曲线.

解 被积函数 $f(z) = \dfrac{1}{2z-1}$ 在曲线 Γ 内部除分母为零的点 $z = \dfrac{1}{2}$ 外均解析. 如图 3.10(b)所示,以 $\dfrac{1}{2}$ 为圆心,r 为半径作圆周 C,使 C 完全在曲线 Γ 的内部,则由复合闭路定理得

$$\oint_{\Gamma} \frac{1}{2z-1}\mathrm{d}z = \int_C \frac{1}{2z-1}\mathrm{d}z = \frac{1}{2}\int_C \frac{1}{z-\dfrac{1}{2}}\mathrm{d}z = \pi\mathrm{i}$$

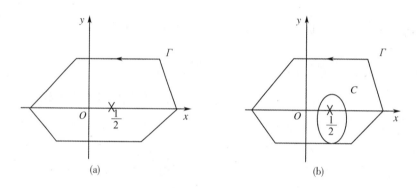

图 3.10　例 3.8 的曲线

(a) 分段光滑曲线 Γ;(b) 复合闭曲线 $\Gamma + C^-$

例3.9 计算 $\oint_{\Gamma} \dfrac{1}{(z+2)(z+1)}\mathrm{d}z$,其中 Γ 为如图 3.11(a)所示的光滑闭曲线.

解 被积函数 $f(z) = \dfrac{1}{(z+2)(z+1)}$ 仅在 $z = -1$ 和 $z = -2$ 处不解析,由图 3.11(a)所示,$z = -1$ 和 $z = -2$ 均存在于 Γ 的内部,故分别以 $z = -1$,$z = -2$ 为圆心,r 为半径作圆 C_1,C_2,使得 C_1,C_2 完全在曲线 Γ 内部,则由复合定理闭路定理得

$$\oint_{\Gamma} \frac{1}{(z+2)(z+1)}\mathrm{d}z = \oint_{C_1} \frac{1}{(z+2)(z+1)}\mathrm{d}z + \oint_{C_2} \frac{1}{(z+2)(z+1)}\mathrm{d}z$$

$$= \oint_{C_1} \frac{1}{z+1}\mathrm{d}z - \oint_{C_1} \frac{1}{z+2}\mathrm{d}z + \oint_{C_2} \frac{1}{z+1}\mathrm{d}z - \oint_{C_2} \frac{1}{z+2}\mathrm{d}z$$

$$= 2\pi\mathrm{i} - 0 + 0 - 2\pi\mathrm{i} = 0$$

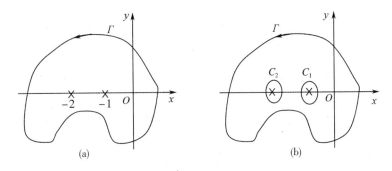

图 3.11 例 3.9 的曲线

（a）光滑曲线 Γ；（b）复合闭曲线 $\Gamma + C_1^- + C_2^-$

例 3.9 说明,在给定光滑闭曲线 Γ 上积分为零的函数不一定在 Γ 的内部处处解析.

例 3.10 计算下列积分:

（1）$\oint\limits_{|z|=\frac{1}{6}} \dfrac{\mathrm{d}z}{z(3z+1)}$;

（2）$\oint\limits_{|z|=1} \dfrac{\mathrm{d}z}{z(3z+1)}$.

解 显然被积函数 $\dfrac{1}{z(3z+1)}=\dfrac{1}{z}-\dfrac{3}{3z+1}$,$z=0$ 和 $z=-\dfrac{1}{3}$ 为被积函数的奇点.

（1）奇点 $z=0$ 在圆周 $|z|=\dfrac{1}{6}$ 的内部, 则由式(3-4)得 $\oint\limits_{|z|=\frac{1}{6}} \dfrac{\mathrm{d}z}{z}=2\pi\mathrm{i}$. 而奇点 $z=-\dfrac{1}{3}$ 在

圆周 $|z|=\dfrac{1}{6}$ 的外部,且函数 $\dfrac{1}{z+\dfrac{1}{3}}$ 在 $|z|\leqslant\dfrac{1}{6}$ 上解析,故,由柯西积分定理得

$$\oint\limits_{|z|=\frac{1}{6}} \frac{3\mathrm{d}z}{3z+1} = \oint\limits_{|z|=\frac{1}{6}} \frac{\mathrm{d}z}{z+\dfrac{1}{3}} = 0$$

因此

$$\oint\limits_{|z|=\frac{1}{6}} \frac{\mathrm{d}z}{z(3z+1)} = \oint\limits_{|z|=\frac{1}{6}} \frac{\mathrm{d}z}{z} - \oint\limits_{|z|=\frac{1}{6}} \frac{3\mathrm{d}z}{3z+1} = 2\pi\mathrm{i}-0=2\pi\mathrm{i}$$

（2）被积函数的奇点 $z=0$ 和 $z=-\dfrac{1}{3}$ 均在圆周 $|z|=1$ 的内部,故分别以 $z=0$,$z=-\dfrac{1}{3}$ 为

圆心,r 为半径作圆 C_1,C_2,使得 C_1,C_2 完全在圆周 $|z|=1$ 的内部,则由复合定理闭路定理得

$$\oint_{|z|=1} \frac{\mathrm{d}z}{z(3z+1)} = \oint_{C_1} \frac{\mathrm{d}z}{z(3z+1)} + \oint_{C_2} \frac{\mathrm{d}z}{z(3z+1)}$$

$$= \oint_{C_1} \frac{1}{z}\mathrm{d}z - \oint_{C_1} \frac{3}{3z+1}\mathrm{d}z + \oint_{C_2} \frac{1}{z}\mathrm{d}z - \oint_{C_2} \frac{3}{3z+1}\mathrm{d}z$$

$$= 2\pi\mathrm{i} - 0 + 0 - 2\pi\mathrm{i} = 0$$

3.3　不　定　积　分

复变函数中的一个重要结果是把微积分基本定理推广到曲线积分上. 这意味着在特定条件下函数的积分同连接起点与终点的路径无关. 事实上,柯西积分定理已经回答了积分与路径无关的问题.

定理 3.6　如果函数 $f(z)$ 在单连通区域 D 内处处解析,C 为 D 内任一光滑曲线,那么积分 $\int_C f(z)\mathrm{d}z$ 只与 C 的起点 z_1 和终点 z_2 有关,而与连接这两点的路径无关.

证明　设 C_1,C_2 是 D 内任意两条有公共起点 z_1 和终点 z_2 的曲线(图 3.12),令 $C = C_1$,定义 $\Gamma = C_1 + C_2^-$ 是 D 内一条正向分段光滑闭曲线,则,由柯西积分定理有

$$0 = \int_\Gamma f(z)\mathrm{d}z = \int_{C_1} f(z)\mathrm{d}z + \int_{C_2^-} f(z)\mathrm{d}z = \int_{C_1} f(z)\mathrm{d}z - \int_{C_2} f(z)\mathrm{d}z$$

即

$$\int_{C_1} f(z)\mathrm{d}z = \int_{C_2} f(z)\mathrm{d}z$$

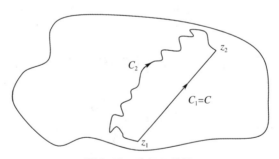

图 3.12　路径无关性

例 3.11　计算积分 $\int_C (2z^2 + 8z + 2)\mathrm{d}z$,其中 C 是摆线 $\begin{cases} x = a(\theta - \sin\theta) \\ y = a(1 - \cos\theta) \end{cases}$ $(0 \leqslant \theta \leqslant 2\pi)$ 的一段.

解　由于被积函数 $f(z) = 2z^2 + 8z + 2$ 在整个复平面内解析,故由定理 3.6 可知,积分与路径无关. 故取积分路径为 L,如图 3.13 所示,则

$$\int_C (2z^2 + 8z + 2)\,dz = \int_L (2z^2 + 8z + 2)\,dz = \int_0^{2\pi a}(2x^2 + 8x + 2)\,dx$$

$$= 4\pi a\left(\frac{4}{3}\pi^2 a^2 + 4\pi a + 1\right)$$

由定理 3.6 可知,解析函数在单连通区域 D 内,沿任一曲线 C 的积分 $\int_C f(z)\,dz$ 只与起点 z_1 和终点 z_2 有关. 此时,记为

$$\int_C f(z)\,dz = \int_{z_1}^{z_2} f(z)\,dz$$

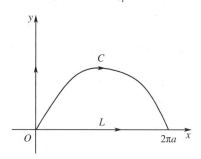

图 3.13　例 3.11 的积分路径

另一方面,固定起点 z_1,让终点 z_2 在 D 内变动,因此获得了 D 内一个变上限的单值函数,记为

$$F(z) = \int_{z_0}^{z} f(z)\,dz \quad (\forall z \in D, z_0 \text{ 为 } D \text{ 内一固定点}) \tag{3-5}$$

$F(z)$ 类似于实变函数中的变上限积分. 我们知道变上限积分 $\int_{x_0}^{x} f(t)\,dt$ 的导数为 $f(x)$. 在复变函数中也有类似的定理.

定理 3.7　若函数 $f(z)$ 在单连通区域 D 内处处解析,则由式(3-5)定义的函数 $F(z)$ 在 D 内解析,且 $F'(z) = f(z)$.

证明　设 z 是 D 内任意一点,如图 3.14 所示,以 z 为圆心作一个含于 D 内的圆 K,使得 $z + \Delta z$ 在 K 内,于是考虑

$$F(z + \Delta z) - F(z) = \int_{z_0}^{z + \Delta z} f(\xi)\,d\xi - \int_{z_0}^{z} f(\xi)\,d\xi$$

由定理 3.6 可知积分与路径无关. 因此 $\int_{z_0}^{z+\Delta z} f(\xi)\,d\xi$ 的积分路径可取为先沿 z_0 到 z,再沿 z 到 $z + \Delta z$ 的直线段.

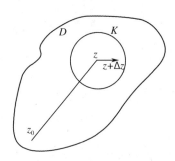

图 3.14　定理 3.7 的区域

所以

$$\frac{F(z+\Delta z)-F(z)}{\Delta z}-f(z)=\frac{1}{\Delta z}\int_z^{z+\Delta z}f(\xi)\,\mathrm{d}\xi-f(z)=\frac{1}{\Delta z}\int_z^{z+\Delta z}\left[f(\xi)-f(z)\right]\mathrm{d}\xi$$

注意到 $f(z)$ 在 D 内解析,故 $f(z)$ 在 D 内连续,即对任意的 $\varepsilon>0$,存在 $\delta>0$,当 $|\xi-z|<\delta$,即 $|\Delta z|<\delta$ 时,总有 $|f(\xi)-f(z)|<\varepsilon$ 成立.

因此

$$\left|\frac{F(z+\Delta z)-F(z)}{\Delta z}-f(z)\right|=\frac{1}{|\Delta z|}\left|\int_z^{z+\Delta z}\left[f(\xi)-f(z)\right]\mathrm{d}\xi\right|\leqslant\frac{1}{|\Delta z|}\varepsilon|\Delta z|=\varepsilon$$

即

$$\lim_{\Delta z\to0}\left|\frac{F(z+\Delta z)-F(z)}{\Delta z}-f(z)\right|=0$$

也就是 $F'(z)=f(z)$.

由于 z 的任意性,我们证得了定理的结论.

定义 3.3　在区域 D 内,如果 $f(z)$ 连续,则称满足

$$F'(z)=f(z)\qquad(z\in D)\tag{3-6}$$

的函数 $F(z)$ 为 $f(z)$ 的一个原函数或不定积分.

容易证得,$f(z)$ 在区域 D 内的任意两个原函数相差一个常数,即 $f(z)$ 在区域 D 内的所有原函数可表示为 $F(z)+C$,其中 C 为常数.

定理 3.8　如果函数 $f(z)$ 在单连通区域 D 内解析,$F(z)$ 是 $f(z)$ 在 D 内的一个原函数,则对于 D 内任意起点为 z_1,终点为 z_2 的曲线 C,有

$$\int_C f(z)\,\mathrm{d}z=\int_{z_1}^{z_2}f(z)\,\mathrm{d}z=F(z_2)-F(z_1)\tag{3-7}$$

证明　由于 $f(z)$ 在 D 内解析,$f(z)$ 在 D 内曲线 C 上的积分与路径无关.对任意 $z_0\in D$,令 $F(z)=\int_{z_0}^z f(\xi)\,\mathrm{d}\xi$ 为 $f(z)$ 的一个原函数,则

$$\int_C f(z)\,\mathrm{d}z=\int_{z_1}^{z_2}f(z)\,\mathrm{d}z=\int_{z_0}^{z_2}f(z)\,\mathrm{d}z-\int_{z_0}^{z_1}f(z)\,\mathrm{d}z=F(z_2)-F(z_1)$$

例 3.12 计算积分 $\int_C \cos z \, dz$，其中 C 为如图 3.15 所示的分段光滑曲线.

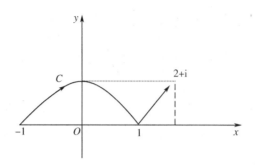

图 3.15 例 3.12 的分段光滑曲线

解 $f(z) = \cos z$ 在整个复平面内解析，且 $F(z) = \sin z$ 是 $f(z)$ 的一个原函数，则由定理 3.8，有

$$\int_C \cos z \, dz = \int_{-1}^{2+i} \cos z \, dz = F(2+i) - F(-1) = \sin(2+i) - \sin(-1)$$

3.4 柯西积分公式及其推论

本节主要介绍使用柯西积分定理(复合闭路定理)研究解析函数的基本性质，即解析函数在区域内的值完全由边界上的值所给出. 这一性质在复变函数的研究中是非常重要的.

定理 3.9（柯西积分公式） 设 D 是由复合闭路 $\Gamma = C + C_1^- + C_2^- + \cdots + C_n^-$ 所围成的有界区域. 函数 $f(z)$ 在 D 及边界 Γ 所组成的闭区域 $\overline{D}$ 上解析，z 为 D 内任意一点，则

$$f(z) = \frac{1}{2\pi i} \oint_\Gamma \frac{f(\xi)}{\xi - z} d\xi \qquad (3-8)$$

式(3-8)称为柯西积分公式.

证明 设 $z \in D$，被积函数 $F(\xi) = \dfrac{f(\xi)}{\xi - z}$ 在 $\overline{D}$ 上除点 z 外处处解析. 以点 z 为圆心，r 为半径，作正向圆周 C_r，使 C_r 及其内部均含于 $\overline{D}$. 考虑复合闭路 $\Gamma + C_r^-$，将函数 $F(\xi)$ 应用于复合闭路定理，可得

$$\oint_\Gamma \frac{f(\xi)}{\xi - z} d\xi = \oint_{C_r} \frac{f(\xi)}{\xi - z} d\xi$$

注意到

$$\oint_{C_r} \frac{f(\xi)}{\xi - z} d\xi = \oint_{C_r} \frac{f(\xi) - f(z) + f(z)}{\xi - z} d\xi$$

$$= \oint_{C_r} \frac{f(\xi) - f(z)}{\xi - z} d\xi + \oint_{C_r} \frac{f(z)}{\xi - z} d\xi$$

$$= f(z) \oint_{C_r} \frac{1}{\xi - z} d\xi + \oint_{C_r} \frac{f(\xi) - f(z)}{\xi - z} d\xi$$

$$= 2\pi i f(z) + \oint_{C_r} \frac{f(\xi) - f(z)}{\xi - z} d\xi \qquad (3-9)$$

因为 $f(\xi)$ 在 z 点连续，即对于任意 $\varepsilon > 0$，存在 $\delta > 0$，当 $|\xi - z| < \delta$ 时，有 $|f(\xi) - f(z)| < \varepsilon$，故在圆周 C_r 上，亦有 $|f(\xi) - f(z)| < \varepsilon$. 所以

$$\left| \oint_{C_r} \frac{f(\xi) - f(z)}{\xi - z} d\xi \right| \leqslant \oint_{C_r} \frac{|f(\xi) - f(z)|}{|\xi - z|} |d\xi| < \frac{\varepsilon}{r} 2\pi r = 2\pi\varepsilon$$

这说明式 $(3-9)$ 中，$\lim\limits_{r \to 0^+} \oint_{C_r} \frac{f(\xi) - f(z)}{\xi - z} d\xi = 0$.

故

$$\oint_{C_r} \frac{f(\xi)}{\xi - z} d\xi = 2\pi i f(z)$$

即

$$\frac{1}{2\pi i} \oint_{\Gamma} \frac{f(\xi)}{\xi - z} d\xi = f(z) \qquad (\forall z \in D)$$

柯西积分公式的重要之处在于，只要知道了解析函数 $f(z)$ 在 Γ 上的值，那么通过计算沿边界的积分，就可以得到 Γ 内部的全部值.

推论 3.2 若函数 $f(z)$ 在简单闭曲线 C 及其内部 D 内解析，$z_0 \in D$，则

$$\oint_C \frac{f(\xi)}{z - z_0} dz = 2\pi i f(z_0) \qquad (3-10)$$

推论 3.3（解析函数的平均值定理） 若函数 $f(z)$ 在圆 $|z - z_0| < R$ 内部解析，则

$$f(z_0) = \frac{1}{2\pi} \int_0^{2\pi} f(z_0 + Re^{i\theta}) d\theta \qquad (3-11)$$

即 $f(z)$ 在圆心 z_0 的值等于它在圆周上的值的算术平均数.

定理 3.9 可直接得到推论 3.2 的结果，下面仅证明推论 3.3.

证明 令 C 表示圆周 $|z - z_0| = R$，则

$$z - z_0 = Re^{i\theta} \qquad 0 \leqslant \theta \leqslant 2\pi$$

因此

$$z = z_0 + Re^{i\theta} \qquad dz = iRe^{i\theta} d\theta$$

由柯西积分式 $(3-8)$，得

$$f(z_0) = \frac{1}{2\pi i} \oint_{C_r} \frac{f(z)}{z - z_0} dz = \frac{1}{2\pi i} \int_0^{2\pi} \frac{f(z_0 + Re^{i\theta}) iRe^{i\theta} d\theta}{Re^{i\theta}} = \frac{1}{2\pi} \int_0^{2\pi} f(z_0 + Re^{i\theta}) d\theta$$

下面我们给出一些应用柯西积分公式计算某些积分的例子.

例 3. 13 计算积分 $\oint_C \dfrac{\cos z}{z^2-4} \mathrm{d}z$,其中曲线 C 如图 3. 16 所示.

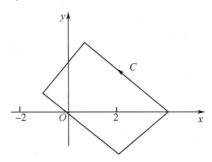

图 3.16 例 3.13 的曲线 C

解 被积函数 $\dfrac{\cos z}{z^2-4}$ 的奇点为 ± 2,但只有 $z=2$ 在曲线 C 的内部.

记

$$f(z) = \frac{\cos z}{z+2}$$

则 $f(z)$ 在曲线 C 及其内部解析,由式(3 - 10)得

$$\oint_C \frac{\cos z}{z^2-4} \mathrm{d}z = \oint_C \frac{f(z)}{z-2} \mathrm{d}z = 2\pi \mathrm{i} f(2) = \frac{\pi \mathrm{i} \cos 2}{2}$$

例 3. 14 计算积分 $\oint_C \dfrac{\mathrm{e}^z}{2z+\mathrm{i}} \mathrm{d}z$,其中 C 为以顺时针方向绕单位圆周 $|z|=1$ 旋转一周的曲线.

解 应用柯西积分公式. 首先,将被积函数变形为

$$\frac{\mathrm{e}^z}{2z+\mathrm{i}} = \frac{\frac{1}{2}\mathrm{e}^z}{z+\frac{\mathrm{i}}{2}}$$

记

$$f(z) = \frac{1}{2}\mathrm{e}^z$$

$f(z)$ 在 C 及其内部解析,被积函数的奇点 $z = -\dfrac{\mathrm{i}}{2}$ 在 C 的内部.

其次,曲线 C 的方向为负,由式(3 - 10),我们有

$$\oint_C \frac{\mathrm{e}^z}{2z+\mathrm{i}} \mathrm{d}z = -\oint_{C^-} \frac{\mathrm{e}^z}{2z+\mathrm{i}} \mathrm{d}z = -\oint_{C^-} \frac{f(z)}{z+\frac{\mathrm{i}}{2}} \mathrm{d}z = -2\pi \mathrm{i} f\left(-\frac{\mathrm{i}}{2}\right) = -\pi \mathrm{i} \mathrm{e}^{-\frac{\mathrm{i}}{2}}$$

例 3.15 计算积分 $\oint_C \dfrac{1}{(z+1)(z+2)}dz$,其中曲线 C 为 $|z| = 3$.

解 被积函数 $f(z) = \dfrac{1}{(z+1)(z+2)}$ 在曲线 C 的内部有奇点 $z = -1$,$z = -2$. 因此,分别以 $z = -1$,$z = -2$ 为圆心,r 为半径作圆 C_1,C_2,使 C_1,C_2 完全在曲线 C 的内部,再利用复合闭路定理和柯西积分公式得

$$\oint_C \frac{1}{(z+1)(z+2)}dz = \oint_{C_1} \frac{1}{(z+1)(z+2)}dz + \oint_{C_2} \frac{1}{(z+1)(z+2)}dz$$

$$= \oint_{C_1} \frac{\dfrac{1}{z+2}}{z+1}dz + \oint_{C_2} \frac{\dfrac{1}{z+1}}{z+2}dz$$

$$= 2\pi i \frac{1}{z+2}\bigg|_{z=-1} + 2\pi i \frac{1}{z+1}\bigg|_{z=-2} = 0$$

下面我们考虑将柯西积分式(3-8)两边同时关于 z 求导,形式上可得

$$f'(z) = \frac{1}{2\pi i}\oint_C \frac{f(\xi)}{(\xi-z)^2}d\xi \quad z \in D \qquad (3-12)$$

再继续对式(3-12)两边同时关于 z 求导,形式上可得

$$f''(z) = \frac{2!}{2\pi i}\oint_C \frac{f(\xi)}{(\xi-z)^3}d\xi \quad z \in D \qquad (3-13)$$

由式(3-12)和式(3-13)可推测出下列结果.

定理 3.10(高阶导数公式) 函数 $f(z)$ 在简单闭曲线 C 及其内部 D 内解析,z 为 D 内任意一点,则函数 $f(z)$ 在 D 内有任意阶导数,并且

$$f^{(n)}(z) = \frac{n!}{2\pi i}\oint_C \frac{f(\xi)}{(\xi-z)^{n+1}}d\xi(z \in D \quad n = 1,2,\cdots) \qquad (3-14)$$

式(3-14)被称为高阶导数公式.

证明 为简单起见,我们就 $n = 1$ 的情形进行证明.

设 $z \in D$,为证明 $f'(z)$ 的存在性及式(3-12),我们应证明

$$\lim_{\Delta z \to 0}\frac{f(z+\Delta z)-f(z)}{\Delta z} = \frac{1}{2\pi i}\oint_C \frac{f(\xi)}{(\xi-z)^2}d\xi$$

由柯西积分公式,得

$$f(z) = \frac{1}{2\pi i}\oint_C \frac{f(\xi)}{\xi-z}d\xi$$

$$f(z+\Delta z) = \frac{1}{2\pi i}\oint_C \frac{f(\xi)}{\xi-(z+\Delta z)}d\xi$$

于是

$$\frac{f(z+\Delta z)-f(z)}{\Delta z} - \frac{1}{2\pi i}\oint_C \frac{f(\xi)}{(\xi-z)^2}d\xi = \frac{1}{2\pi i}\oint_C \Big[f(\xi)\frac{1}{(\xi-z)(\xi-z-\Delta z)} - \frac{1}{(\xi-z)(\xi-z)}\Big]d\xi$$

$$= \frac{\Delta z}{2\pi i} \oint_C \frac{f(\xi)}{(\xi - z)^2 (\xi - z - \Delta z)} d\xi \qquad (3-15)$$

我们要证明,当 $\Delta z \to 0$ 时,式(3-15)右端积分趋于 0.

设以 z 为圆心,$2r$ 为半径的圆盘全部含于 D 中,并取 $|\Delta z| < d$,则当 $\xi \in C$ 时,有 $|\xi - z| > d$,$|\xi - z - \Delta z| \geqslant |\xi - z| - |\Delta z| > d$.

由于 $f(z)$ 在 C 及其内部解析,所以 $f(z)$ 在 C 上有界. 设其一个上界为 M,并设曲线 C 的长度为 L,则

$$\left| \frac{\Delta z}{2\pi i} \oint_C \frac{f(\xi)}{(\xi - z)^2 (\xi - z - \Delta z)} d\xi \right| \leqslant \left| \frac{\Delta z}{2\pi} \right| \frac{2ML}{d^3} = |\Delta z| \frac{ML}{d^3}$$

因此,当 $\Delta z \to 0$ 时,式(3-15)右端积分趋于 0. 故

$$f'(z) = \lim_{\Delta z \to 0} \frac{f(z + \Delta z) - f(z)}{\Delta z} = \frac{1}{2\pi i} \int_C \frac{f(\xi)}{(\xi - z)^2} d\xi$$

要完成定理证明,只要应用数学归纳法即可,方法和证明 $n = 1$ 时相似,不过稍微复杂些,留给读者完成.

注意,由定理 3.10 可得,解析函数的导数还是解析函数. 函数 $f(z)$ 在区域 D 内解析,则它在 D 内的各阶导数 $f', f'', \cdots, f^{(n)}, \cdots$ 存在且解析,即解析函数 $f(z)$ 在简单闭曲线 C 及其内部解析,$z \in D$,则

$$f^{(n)}(z) = \frac{n!}{2\pi i} \oint_C \frac{f(\xi)}{(\xi - z)^{n+1}} d\xi \qquad (z \in D; n = 1, 2, \cdots) \qquad (3-16)$$

例 3.16 计算积分 $\oint_C \frac{e^z}{(z-1)^5} dz$,其中 $C: |z| = 2$.

解 $f(z) = e^z$ 在 C 及其内部解析,应用高阶导数式(3-16)可得

$$\oint_C \frac{e^z}{(z-1)^5} dz = \frac{2\pi i}{4!} e^z \bigg|_{z=1} = \frac{e\pi i}{12}$$

由复合闭路定理,可把定理 3.10 作如下推广:

推论 3.4 设 D 是由复合闭路 Γ 所围成的有界区域,函数 $f(z)$ 在 D 及边界 Γ 所组成的闭区域 $\overline{D}$ 上解析,z 为 D 内任意一点,则函数 $f(z)$ 在 D 内有任意阶导数,并且

$$f^{(n)}(z) = \frac{n!}{2\pi i} \oint_\Gamma \frac{f(\xi)}{(\xi - z)^{n+1}} d\xi \qquad (z \in D; n = 1, 2, \cdots)$$

利用高阶导数公式可得到一个有用的导数估计,进而获得许多有趣的结果.

定理 3.11(柯西不等式) 若函数 $f(z)$ 在 z_0 为圆心,R 为半径的圆周 C_R 上及其内部解析,如果对任意的 $z \in C_R$,有 $|f(z)| \leqslant M$,则

$$|f^{(n)}(z_0)| \leqslant \frac{n! M}{R^n} \qquad (n = 1, 2, 3, \cdots) \qquad (3-17)$$

不等式(3-17)称为柯西不等式.

证明 应用定理 3.10,可得

$$f^{(n)}(z_0) = \frac{n!}{2\pi i} \oint_{C_R} \frac{f(\xi)}{(\xi - z)^{n+1}} d\xi$$

则

$$|f^{(n)}(z_0)| \leqslant \frac{n!}{2\pi} \frac{M}{R^{n+1}} 2\pi R = \frac{n! M}{R^n} \quad (n = 1,2,3,\cdots)$$

这一看上去似乎无关紧要的定理实际上对解析函数加上了相当严格的限制. 例如在式 (3 - 17) 中,令 $n = 1, R \to \infty$,我们可得到一个著名的结果.

定理 3.12（刘维尔定理） 有界整函数一定恒为常数.

证明 在整个复平面上解析的函数称为整函数,设有界整函数 $f(z)$ 的上界为 M,则对任意的 z_0 和 R,令 $n = 1$,应用柯西不等式(3 - 17),可得 $|f'(z_0)| \leqslant \dfrac{M}{R}$.

当 $R \to \infty$ 时,可知 $f'(z_0) = 0$. 由 z_0 的任意性,故 $f(z)$ 在整个复平面上的导数为零,即 $f(z)$ 必是一个常数.

引理 3.1 设函数 $f(z)$ 在以 z_0 为圆心的圆盘内解析,且有最大值 $|f(z_0)|$,则 $|f(z)|$ 在圆盘内是常数.

证明 假设 $|f(z)|$ 在圆盘内不是常数,则圆盘内一定存在一点 z_1,使得

$$|f(z_0)| > |f(z_1)|$$

设 C_r 是以 z_0 为圆心且通过 z_1 的圆,由假设得

$$|f(z_0)| \geqslant |f(z)| \quad (\forall z \in C_r)$$

而注意到 $f(z)$ 在 C_r 上的连续性,可知 $f(z)$ 在 C_r 的包含 z_1 的一段圆弧上有严格不等式成立,$|f(z_0)| > |f(z)|$. 但这与平均值定理式(3 - 11)矛盾. 证毕.

引理表明除非解析函数的模 $|f(z)|$ 是常数,否则 $|f(z)|$ 不能在圆盘中心达到最大值.

定理 3.13（最大值原理） 若 $f(z)$ 在区域 D 内解析且 $|f(z)|$ 在 D 内一点 z_0 达到最大值,则 $f(z)$ 在 D 内是常数.

证明 只需证明 $|f(z)|$ 在 D 内不是常数,假设 $|f(z)|$ 在 D 内不是常数,那么 D 内一定存在一点 z_1,使得

$$|f(z_0)| > |f(z_1)|$$

设 C 是 D 内连接由 z_0 到 z_1 的一条路径,如图 3.17 所示. 以 z_0 为起点,考虑 $|f(z)|$ 在 C 上的值. 那么 C 上一定存在一点 w 具有以下性质:

（1）对于 C 上 w 之前的所有点 z,有 $|f(z)| = |f(z_0)|$;

（2）存在 C 上任意接近 w 的点 z,使 $|f(z)| < |f(z_0)|$.

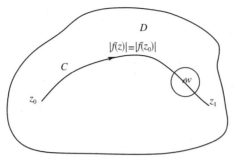

图 3.17 定理 3.13 的区域

由性质(1)及 $f(z)$ 的连续性,我们有 $|f(w)| = |f(z_0)|$.

由于区域内的任何点都是内点,从而一定存在一个以 w 为心的圆盘含在 D 内. 由引理 3.1 可知, $|f(z)|$ 在此圆盘内是常数,这与性质(2)矛盾.

因此, $|f(z)|$ 在 D 上是常数,从而 $f(z)$ 在 D 上是常数.

由定理 3.13,我们进一步可得:有界区域内的不恒为常数的解析函数在区域内及边界上连续,则它的最大模一定在边界上达到.

例 3.17 求 $|z^2 + 3z + 2|$ 在圆盘 $|z| \leq 1$ 的最大值.

解 有三角不等式

$$|z^2 + 3z + 2| \leq |z^2| + 3|z| + 2 \leq 6 \quad (|z| \leq 1)$$

下面说明它的最大值等于 6.

令 $f(z) = z^2 + 3z + 2$,则 $f(z)$ 在 $|z| \leq 1$ 上解析,则 $f(z)$ 的最大值一定在圆盘的边界 $|z| = 1$ 上取得. 设 $|z| = 1$ 的参数方程为: $z = e^{i\theta}, 0 \leq \theta \leq 2\pi$,则

$$\begin{aligned}
|z^2 + 3z + 2|^2 &= (e^{i2\theta} + 3e^{i\theta} + 2)(e^{-i2\theta} + 3e^{-i\theta} + 2) \\
&= 1 + 3e^{i\theta} + 2e^{i2\theta} + 3e^{-i\theta} + 9 + 6e^{i\theta} + 2e^{-i2\theta} + 6e^{-i\theta} + 4 \\
&= 13 + 3\cos\theta + i\sin\theta + 2\cos2\theta + i2\sin2\theta + 3\cos\theta - 3i\sin\theta + \\
&\quad 6\cos\theta + i\sin\theta + 2\cos2\theta - 2i\sin2\theta + 6\cos\theta - i6\sin\theta \\
&= 13 + 18\cos\theta + 4\cos2\theta \\
&= 8\cos^2\theta + 18\cos\theta + 9
\end{aligned}$$

所以 $|z^2 + 3z + 2|$ 的最大值 6 在 $z = 1$ 处取得.

小 结

1. 复积分的定义与计算

复函数的积分是复函数在复平面上的简单光滑曲线或分段光滑曲线(本书统称曲线)上

的积分. 设 $f(z) = u(x,y) + \mathrm{i}v(x,y)$ 在曲线 C 上连续, 则基本的积分计算方法为:

(1) 化为关于坐标的曲线积分

$$\int_C f(z)\,\mathrm{d}z = \int_C u\,\mathrm{d}x - v\,\mathrm{d}y + \mathrm{i}\int_C v\,\mathrm{d}x + u\,\mathrm{d}y$$

(2) 化为关于参数的定积分(参数方程法)

$$\int_C f(z)\,\mathrm{d}z = \int_\alpha^\beta f(z(t))z'(t)\,\mathrm{d}t$$

其中, 曲线 $C : z = z(t) = x(t) + \mathrm{i}y(t)\ (\alpha \leqslant t \leqslant \beta)$

2. 复积分的基本性质

设 $f(z), g(z)$ 在曲线 C 上连续, 则:

(1) $\displaystyle\int_C f(z)\,\mathrm{d}z = -\int_{C^-} f(z)\,\mathrm{d}z$;

(2) $\displaystyle\int_C kf(z)\,\mathrm{d}z = k\int_C f(z)\,\mathrm{d}z$, ($k$ 为常数);

(3) $\displaystyle\int_C [f(z) \pm g(z)]\,\mathrm{d}z = \int_C f(z)\,\mathrm{d}z \pm \int_C g(z)\,\mathrm{d}z$;

(4) $\displaystyle\int_C f(z)\,\mathrm{d}z = \int_{C_1} f(z)\,\mathrm{d}z + \int_{C_2} f(z)\,\mathrm{d}z$, 其中 C 是由连续曲线 C_1, C_2 首尾相接而成;

(5) (积分估值定理) 函数 $w = f(z)$ 在曲线 C 上连续, 若存在正数 M, 使得 $|f(z)| \leqslant M$ ($\forall z \in C$), 则 $\left| \displaystyle\int_C f(z)\,\mathrm{d}z \right| \leqslant \int_C |f(z)|\,|\mathrm{d}z| = \int_C |f(z)|\,\mathrm{d}s \leqslant ML$.

3. 一个重要的常用积分

$$\int_C \frac{\mathrm{d}z}{(z - z_0)^{n+1}} = \begin{cases} 2\pi\mathrm{i}, & n = 0 \\ 0, & n \neq 0 \end{cases}$$

其中, C 可为任意分段光滑闭曲线, n 为整数.

4. 柯西积分定理(柯西 – 古萨定理)

如果函数 $w = f(z)$ 在单连通区域 D 内解析, C 为 D 内任一条(分段)光滑闭曲线, 则

$$\oint_C f(z)\,\mathrm{d}z = 0$$

5. 复合闭路定理

设区域 D 是由复合闭路 $\Gamma = C + C_1^- + C_2^- + \cdots + C_n^-$ 所围成的有界多连通区域, $f(z)$ 在 D 内处处解析, 则

$$\oint_{\Gamma} f(z)\,\mathrm{d}z = 0$$

$$\oint_{C} f(z)\,\mathrm{d}z = \oint_{C_1} f(z)\,\mathrm{d}z + \cdots + \oint_{C_n} f(z)\,\mathrm{d}z = \sum_{k=1}^{n} \oint_{C_k} f(z)\,\mathrm{d}z$$

6. 不定积分与原函数

（1）如果函数 $f(z)$ 在单连通区域 D 内处处解析，C 为 D 内任一光滑曲线，那么积分 $\int_{C} f(z)\,\mathrm{d}z$ 只与 C 的起点 z_1 和终点 z_2 有关，而与连接这两点的路径无关．

（2）若函数 $f(z)$ 在单连通区域 D 内处处解析，则由式（3-5）定义的函数 $F(z)$ 在 D 内解析，且 $F'(z) = f(z)$．

（3）在区域 D 内，如果 $f(z)$ 连续，则称满足 $F'(z) = f(z)\,(z \in D)$ 的函数 $F(z)$ 为 $f(z)$ 的一个原函数或不定积分．对于 D 内任意起点为 z_1，终点为 z_2 的曲线 C，有

$$\int_{C} f(z)\,\mathrm{d}z = \int_{z_1}^{z_2} f(z)\,\mathrm{d}z = F(z_2) - F(z_1)$$

7. 柯西积分公式

设 D 是由复合闭路 $\Gamma = C + C_2^- + C_1^-$ 所围成的有界区域．函数 $f(z)$ 在 D 及边界 Γ 所组成的闭区域 $\overline{D}$ 上解析，z 为 Γ 内任意一点，则

$$f(z) = \frac{1}{2\pi \mathrm{i}} \int_{\Gamma} \frac{f(\xi)}{\xi - z}\,\mathrm{d}\xi$$

柯西积分公式表明解析函数 $f(z)$ 在曲线 Γ 内任意一点的值可以用沿边界的积分值来表示．

8. 高阶导数公式

设 D 是由复合闭路 $\Gamma = C + C_1^- + C_2^-$ 所围成的有界区域，函数 $f(z)$ 在 D 及边界 Γ 所组成的闭区域 $\overline{D}$ 上解析，z 为 Γ 内任意一点，则函数 $f(z)$ 在 D 内任意阶导数，并且

$$f^{(n)}(z) = \frac{n!}{2\pi \mathrm{i}} \int_{\Gamma} \frac{f(\xi)}{(\xi - z)^{n+1}}\,\mathrm{d}\xi \quad (z \in D; n = 1, 2, \cdots)$$

本章中的定理和公式在计算函数沿闭曲线的积分中是非常有用的．计算时以柯西积分定理和复合闭路定理作为基础，以柯西积分公式和高阶导数公式作为主要工具．被积函数形式多样，需作适当变形以符合定理条件．

9. 几个重要结论

（1）平均值公式：若函数 $f(z)$ 在圆 $|z - z_0| < R$ 内部解析，则

$$f(z_0) = \frac{1}{2\pi} \int_0^{2\pi} f(z_0 + Re^{i\theta}) \, d\theta$$

（2）柯西不等式：若函数 $f(z)$ 在 z_0 为圆心，R 为半径的圆周 C_R 上及其内部解析，如果对 $\forall z \in C_R$，有 $|f(z)| \leqslant M$，则

$$|f^{(n)}(z_0)| \leqslant \frac{n! \, M}{R^n} \quad (n = 1, 2, 3, \cdots)$$

（3）刘维尔定理：有界整函数一定恒为常数.

（4）最大值原理：若 $f(z)$ 在区域 D 内解析且 $|f(z)|$ 在 D 内一点 z_0 达到最大值，则 $f(z)$ 在 D 内是常数.

习　　题

1. 沿下列路径计算积分 $\int_L z^2 \, dz$.

（1）L 为自原点至 $1 + i$ 的直线段；

（2）L 自原点沿实轴至 1，再由 1 铅直向上至 $1 + i$；

（3）L 自原点沿虚轴至 i，再由 i 沿水平方向向右至 $1 + i$.

2. 计算积分 $\int_L \mathrm{Im} z \, dz$，$L$ 自原点沿实轴至 2，再由 2 垂直向上至 $2 + i$.

3. 计算积分 $\oint_C \frac{\bar{z}}{|z|^2} \, dz$，其中 C 是正向圆周.

（1）$|z| = 1$；　　　　　　　　（2）$|z| = 2$.

4. 试用观察法得出下列积分的值，并说明观察的依据，其中 C 是正向圆周 $|z| = 1$.

（1）$\oint_C \frac{dz}{z^2 + 2z + 2}$；　　　　　（2）$\oint_C \frac{e^z dz}{z^2 + 5z + 6}$；

（3）$\oint_C z^2 \cos z \, dz$；　　　　　（4）$\oint_C \frac{dz}{2z - 1}$.

5. 沿指定曲线的正向计算下列积分.

（1）$\oint_C \frac{dz}{z^2 - a^2}$，$C: |z - a| = a$；

（2）$\oint_C \frac{dz}{(z^2 - 1)(z^3 - 1)}$，$C: |z| = r < 1$；

（3）$\oint_C \frac{dz}{(z^2 + 1)(z^2 + 4)}$，$C: |z| = \frac{3}{2}$；

（4）$\oint_C \frac{\sin z}{z - i} \, dz$，$C: |z - i| = 1$；

(5) $\oint_C \dfrac{\mathrm{d}z}{z^2+4}, C: |z-2\mathrm{i}|=1$;

(6) $\oint_C \dfrac{\tan z}{z}\mathrm{d}z, C: |z|=1$.

6. 计算下列各题.

(1) $\displaystyle\int_{-2}^{-2+\mathrm{i}} (z+2)^2\mathrm{d}z$;

(2) $\displaystyle\int_0^{\mathrm{i}} z^2\cos z\mathrm{d}z$;

(3) $\displaystyle\int_{-\pi}^{\pi} \sin^2 z\mathrm{d}z$;

(4) $\displaystyle\int_0^{\mathrm{i}} (z-\mathrm{i})\mathrm{e}^{-z}\mathrm{d}z$.

7. 计算下列积分.

(1) $\oint_C \dfrac{\sin z\mathrm{d}z}{(z-1)^2}, C: |z|=2$;

(2) $\oint_{C_1+C_2} \dfrac{\cos z}{z^3}\mathrm{d}z, C_1: |z|=1$ 为正向,$C_2: |z|=2$ 为负向;

(3) $\oint_C \dfrac{\mathrm{e}^z}{(z-\mathrm{i})^3}\mathrm{d}z, C: |z|=2$;

(4) $\oint_C \dfrac{\mathrm{e}^z}{(z-1)^2(z+1)^2}\mathrm{d}z, C: |z|=2$;

(5) $\oint_C \dfrac{\mathrm{d}z}{(z^2+4)^2}, C: |z|=3$;

(6) $\oint_C \dfrac{\mathrm{d}z}{(z^2+9)^2}, C: |z-2\mathrm{i}|=2$;

8. 证明:当 C 为任意不通过原点的简单闭曲线时,$\oint_C \dfrac{1}{z^2}\mathrm{d}z=0$.

9. 设 $f(z)$ 在以简单闭曲线 C 为边界的有界闭区域 D 上解析,且对于 D 内任一点 z_0,都有 $\oint_C \dfrac{f(z)}{(z-z_0)^2}\mathrm{d}z=0$,试证:$f(z)$ 在 D 内为一常数.

10. 设函数 $f(z)$ 在闭区域 D 内解析,D 的边界 C 是由光滑或分段光滑曲线所组成的. 若 $f(z)$ 在 C 上恒为常数,证明 $f(z)$ 在 D 上恒为常数.

11. 设 $f(z)$ 与 $g(z)$ 在区域 D 内处处解析,C 为 D 内的任意一条简单闭曲线,它的内部全含于 D,如果 $f(z)=g(z)$ 在 C 上所有的点处成立,试证 $f(z)=g(z)$ 在 C 内所有点处成立.

12. 设 C_1 与 C_2 为相交于 M,N 两点的简单闭曲线,它们所围成的区域分别为 B_1 与 B_2. B_1

与 B_2 的公共部分为 B，如果 $f(z)$ 在 $B_1 - B$ 与 $B_2 - B$ 内解析，在 C_1，C_2 上也解析，证明：

$$\oint_{C_1} f(z)\,\mathrm{d}z = \oint_{C_2} f(z)\,\mathrm{d}z.$$

13. 设 $f(z)$ 在区域 D 内解析，C 为 D 内的任意一条正向简单闭曲线，证明：对在 D 内但不在 C 上的任意一点 z_0，等式 $\displaystyle\int_C \frac{f'(z)}{z - z_0}\mathrm{d}z = \int_C \frac{f(z)}{(z - z_0)^2}\,\mathrm{d}z$ 成立.

14. 设 $f(z)$ 在 $|z| \leqslant r$ 内解析且有界 M，证明：$\displaystyle |f^{(n)}(z)| \leqslant \frac{n!\,M}{(r - |z|)^n}$ （$|z| < r$）.

15. 设 $f(z)$ 是整函数并假定对于所有的 z 有 $\mathrm{Re}f(z) \leqslant M$. 证明 $f(z)$ 一定是常数.

第4章 级 数

在高等数学中,无穷级数是我们研究函数的重要工具.同样,复变函数项级数在研究复变函数中起着非常重要的作用,它是研究解析函数的重要工具.级数与数列紧密相关,都体现了"有限与无限相互转化"的哲学思想.本章我们首先将级数推广至复数域中,从而得到复变函数项级数的概念,进而得到一类最简单的级数——幂级数;其次研究幂级数的收敛域及其和函数,并讨论在圆形区域内,解析函数如何展开成泰勒级数;最后探讨如何把在圆环域内解析的函数唯一地展开成洛朗级数.

4.1 复数项级数

4.1.1 复数列

定义 4.1 一列有次序的复数 $z_n = a_n + ib_n (n = 1, 2, \cdots)$,称为复数列.

定义 4.2 设 $z_0 = a + ib$ 是一个确定的复常数,对于一个给定的复数列 $\{z_n\} = \{a_n + ib_n\}$,如果对任意给定的正数 ε,总存在一个 $N(\varepsilon)$,使得对一切满足 $n > N(\varepsilon)$ 的 z_n,不等式 $|z_n - z_0| < \varepsilon$ 恒成立.则称复常数 z_0 是复数列 $\{z_n\}$ 的极限,或称复数列 $\{z_n\}$ 收敛于 z_0,记为 $\lim_{n \to \infty} z_n = z_0$.反之,如果复数列没有极限,则说复数列是发散的.

定理 4.1 复数列 $\{z_n\}$ 收敛于 z_0 的充分必要条件是 $\lim_{n \to \infty} a_n = a$,$\lim_{n \to \infty} b_n = b$.

证明 必要性.若 $\{z_n\}$ 收敛于 z_0,则对任意的正数 $\varepsilon > 0$,总存在一个正整数 N,当 $n > N$ 时,有

$$|z_n - z_0| = |(a_n - a) + i(b_n - b)| < \varepsilon$$

成立.而

$$|a_n - a| \leqslant |(a_n - a) + i(b_n - b)|$$

故

$$|a_n - a| < \varepsilon$$

所以

$$\lim_{n \to \infty} a_n = a$$

同理可证 $\lim_{n \to \infty} b_n = b$.

充分性.若 $\lim_{n \to \infty} a_n = a$,$\lim_{n \to \infty} b_n = b$ 成立.则对任意正数 $\varepsilon > 0$,总存在一个正整数 N,当 $n > N$ 时,有

$$|a_n - a| < \frac{\varepsilon}{2}, \quad |b_n - b| < \frac{\varepsilon}{2}$$

成立. 而

$$|z_n - z_0| = |(a_n - a) + \mathrm{i}(b_n - b)| \leqslant |a_n - a| + |b_n - b| < \varepsilon$$

所以

$$\lim_{n \to \infty} z_n = z_0$$

对于一个给定的复数列 $\{z_n\} = \{a_n + \mathrm{i}b_n\}$，可以确定两个实数列 $\{a_n\}$ 及 $\{b_n\}$；反之，给定两个实数列 $\{a_n\}$ 和 $\{b_n\}$，也可以确定一个复数列 $\{z_n\} = \{a_n + \mathrm{i}b_n\}$. 因此由定理 4.1 可知，判断复数列的收敛性问题时，可以转化成判断两个实数列的敛散性问题. 从而，我们有关实数列收敛的一些定理可以应用到复数列上来.

例 4.1 判断下面复数列的敛散性；如果收敛，则求出它的极限.

（1）$z_n = \dfrac{1 + \mathrm{i}n}{1 - \mathrm{i}n}$；（2）$z_n = \left(1 + \dfrac{\mathrm{i}}{2}\right)^{-n}$；（3）$z_n = \sin \mathrm{i}n$.

解 （1）由于

$$z_n = \frac{(1 + \mathrm{i}n)^2}{(1 - \mathrm{i}n)(1 + \mathrm{i}n)} = \frac{1 - n^2}{1 + n^2} + \frac{2n}{1 + n^2}\mathrm{i}$$

于是

$$a_n = \frac{1 - n^2}{1 + n^2}, \quad b_n = \frac{2n}{1 + n^2}$$

而根据实数列极限的知识有

$$\lim_{n \to \infty} a_n = -1, \lim_{n \to \infty} b_n = 0$$

所以该复数列收敛，且有 $\lim\limits_{n \to \infty} z_n = -1$.

（2）由于

$$z_n = \left(\frac{\sqrt{5}}{2}\right)^{-n}(\cos\theta + \mathrm{i}\sin\theta)^{-n} = \left(\frac{2}{\sqrt{5}}\right)^n(\cos n\theta - \mathrm{i}\sin n\theta)$$

其中

$$\cos\theta = \frac{2}{\sqrt{5}}, \sin\theta = \frac{1}{\sqrt{5}}$$

相应地

$$a_n = \left(\frac{2}{\sqrt{5}}\right)^n \cos n\theta, \quad b_n = -\left(\frac{2}{\sqrt{5}}\right)^n \sin n\theta$$

易知

$$\lim_{n \to \infty} a_n = 0, \lim_{n \to \infty} b_n = 0$$

所以复数列收敛，且有 $\lim\limits_{n \to \infty} z_n = 0$.

（3）由于

$$z_n = \sin in = \frac{e^{-n} - e^n}{2i} = \frac{e^n - e^{-n}}{2} i$$

因为 $\lim\limits_{n \to \infty} b_n = \dfrac{e^n - e^{-n}}{2} = \infty$，故复数列发散。

4.1.2 复数项级数

定义 4.3 给定一个复数列 $\{z_n\}$，由复数列构成的表达式

$$\sum_{n=1}^{\infty} z_n = z_1 + z_2 + \cdots + z_n + \cdots \tag{4-1}$$

称为复数项级数.

以下都是在复数范围内讨论级数.

定义 4.4 若复数项级数的前 n 项和的极限

$$\lim_{n \to \infty} S_n = \lim_{n \to \infty} (z_1 + z_2 + \cdots + z_n) \tag{4-2}$$

存在,则称级数 $\sum\limits_{n=1}^{\infty} z_n$ 是收敛的. 若 $\lim\limits_{n \to \infty} S_n = S$,则称此极限值 S 为级数 $\sum\limits_{n=1}^{\infty} z_n$ 的和. 反之,称此复数项级数是发散的.

定理 4.2 若 $z_n = a_n + ib_n$,则级数 $\sum\limits_{n=1}^{\infty} z_n$ 收敛的充分必要条件是 $\sum\limits_{n=1}^{\infty} a_n$ 与 $\sum\limits_{n=1}^{\infty} b_n$ 都收敛.

证明 必要性. 如果 $\sum\limits_{n=1}^{\infty} z_n$ 收敛,那么由级数收敛定义知

$$\lim_{n \to \infty} S_n = \lim_{n \to \infty} (z_1 + z_2 + \cdots + z_n) = \lim_{n \to \infty} (\sigma_n + i\tau_n) \tag{4-3}$$

存在,其中 $\sigma_n = a_1 + a_2 + \cdots + a_n$ 与 $\tau_n = b_1 + b_2 + \cdots + b_n$ 分别是 $\sum\limits_{n=1}^{\infty} a_n$ 和 $\sum\limits_{n=1}^{\infty} b_n$ 的部分和.

根据定理 4.1 可知 $\lim\limits_{n \to \infty} \sigma_n$ 与 $\lim\limits_{n \to \infty} \tau_n$ 都存在,从而 $\sum\limits_{n=1}^{\infty} a_n$ 与 $\sum\limits_{n=1}^{\infty} b_n$ 都收敛.

充分性. 上述关于必要性的证明过程是可逆的,故得证.

有了这个定理,我们就可以将判断复数项级数收敛的问题转化为判断两个实数项级数收敛的问题了.

定理 4.3 复数项级数收敛的必要条件是如果级数 $\sum\limits_{n=1}^{\infty} z_n$ 收敛,那么 $\lim\limits_{n \to \infty} z_n = 0$.

证明 如果 $\sum\limits_{n=1}^{\infty} z_n$ 收敛,那么由定理 4.2 知道,$\sum\limits_{n=1}^{\infty} a_n$ 与 $\sum\limits_{n=1}^{\infty} b_n$ 都收敛,再由实数项级数收敛的性质有

$$\lim_{n \to \infty} a_n = 0, \quad \lim_{n \to \infty} b_n = 0 \tag{4-4}$$

故 $\lim_{n \to \infty} z_n = 0.$

4.1.3 绝对收敛与条件收敛

定义 4.5 若级数 $\sum_{n=1}^{\infty} |z_n|$ 收敛,则称复数项级数 $\sum_{n=1}^{\infty} z_n$ 是绝对收敛的.

定义 4.6 若级数 $\sum_{n=1}^{\infty} z_n$ 收敛,而 $\sum_{n=1}^{\infty} |z_n|$ 发散,则称此复数项级数 $\sum_{n=1}^{\infty} z_n$ 是条件收敛的.

定理 4.4 若 $z_n = a_n + ib_n$,则级数 $\sum_{n=1}^{\infty} z_n$ 绝对收敛的充分必要条件是实数项级数 $\sum_{n=1}^{\infty} a_n$ 与 $\sum_{n=1}^{\infty} b_n$ 都绝对收敛.

证明 必要性. 由已知级数 $\sum_{n=1}^{\infty} |z_n| = \sum_{n=1}^{\infty} \sqrt{a_n^2 + b_n^2}$ 收敛,而

$$|a_n| \leqslant \sqrt{a_n^2 + b_n^2}, \quad |b_n| \leqslant \sqrt{a_n^2 + b_n^2} \tag{4-5}$$

由正项级数的比较判别法可知 $\sum_{n=1}^{\infty} |a_n|$ 与 $\sum_{n=1}^{\infty} |b_n|$ 都收敛,即 $\sum_{n=1}^{\infty} a_n$ 与 $\sum_{n=1}^{\infty} b_n$ 都绝对收敛.

充分性. 已知 $\sum_{n=1}^{\infty} |a_n|$ 与 $\sum_{n=1}^{\infty} |b_n|$ 都收敛,而由收敛级数的性质可知 $\sum_{n=1}^{\infty} (|a_n| + |b_n|)$ 收敛. 而

$$\sqrt{a_n^2 + b_n^2} \leqslant |a_n| + |b_n| \tag{4-6}$$

由正项级数的比较判别法可知 $\sum_{n=1}^{\infty} |z_n| = \sum_{n=1}^{\infty} \sqrt{a_n^2 + b_n^2}$ 收敛,故 $\sum_{n=1}^{\infty} z_n$ 绝对收敛.

由实数项级数中"绝对收敛必收敛"的结论以及本节定理 4.2 和定理 4.4,不难推出以下结论:

推论 4.1 如果级数 $\sum_{n=1}^{\infty} |z_n|$ 收敛,则级数 $\sum_{n=1}^{\infty} z_n$ 收敛.

由定理 4.4 可知,在研究复变函数项级数的绝对收敛性问题时,可用两种方法:

(1) 直接判断 $\sum_{n=1}^{\infty} |z_n|$ 是否收敛,而 $\sum_{n=1}^{\infty} |z_n|$ 是正项级数;

(2) 判断 $\sum_{n=1}^{\infty} a_n$ 与 $\sum_{n=1}^{\infty} b_n$ 是否绝对收敛.

不管哪种方法都是把它们转化成实数项级数进行判断,这就可以利用微积分课程中有关级数的结论进行判断.

例 4.2　判断下列级数是否收敛. 若收敛,判断它是绝对收敛还是条件收敛.

(1) $\displaystyle\sum_{n=1}^{\infty} \frac{1}{n}\left[(-1)^n + \frac{i}{n}\right]$;　　(2) $\displaystyle\sum_{n=1}^{\infty} \frac{(3+4i)^n}{n!}$;

(3) $\displaystyle\sum_{n=1}^{\infty} \frac{\cos in}{2^n}$;　　　　　　　(4) $\displaystyle\sum_{n=1}^{\infty} \frac{i^n}{n}$.

解　(1) 因为 $\displaystyle\sum_{n=1}^{\infty} \frac{1}{n}\left[(-1)^n + \frac{i}{n}\right] = \sum_{n=1}^{\infty}\left[\frac{(-1)^n}{n} + \frac{i}{n^2}\right]$,而 $\displaystyle\sum_{n=1}^{\infty} a_n = \sum_{n=1}^{\infty} \frac{(-1)^n}{n}$ 与

$\displaystyle\sum_{n=1}^{\infty} b_n = \sum_{n=1}^{\infty} \frac{1}{n^2}$ 都收敛,故原级数收敛. 又因为级数 $\displaystyle\sum_{n=1}^{\infty} a_n$ 是条件收敛的,由定理 4.4 知原级数

条件收敛.

(2) 因为 $\displaystyle\sum_{n=1}^{\infty}\left|\frac{(3+4i)^n}{n!}\right| = \sum_{n=1}^{\infty} \frac{5^n}{n!}$,由正项级数比值判别法可知它收敛,故原级数绝对

收敛.

(3) 因为 $\displaystyle\sum_{n=1}^{\infty} \frac{\cos in}{2^n} = \sum_{n=1}^{\infty} \frac{e^{-n}+e^n}{2^{n+1}}$,而 $\displaystyle\lim_{n\to\infty} \frac{e^{-n}+e^n}{2^{n+1}} \neq 0$,故知原级数发散.

(4) $\displaystyle\sum_{n=1}^{\infty} \frac{i^n}{n} = \sum_{n=1}^{\infty} \frac{\left(\cos\frac{\pi}{2} + i\sin\frac{\pi}{2}\right)^n}{n} = \sum_{n=1}^{\infty} \frac{\left(\cos\frac{n\pi}{2} + i\sin\frac{n\pi}{2}\right)}{n}$,而 $\displaystyle\sum_{n=1}^{\infty} a_n = \sum_{n=1}^{\infty} \frac{\cos\frac{n\pi}{2}}{n}$

与 $\displaystyle\sum_{n=1}^{\infty} b_n = \sum_{n=1}^{\infty} \frac{\sin\frac{n\pi}{2}}{n}$ 都收敛,故原级数收敛. 又因为 $\displaystyle\sum_{n=1}^{\infty}\left|\frac{i^n}{n}\right| = \sum_{n=1}^{\infty} \frac{1}{n}$ 发散,故原级数条件

收敛.

4.2　幂　级　数

4.2.1　基本概念

定义 4.7(复变函数项级数)　给定一个定义在区域 D 上的复变函数列 $\{f_n(z)\}$ $(n=1,$ $2,\cdots)$,由它构成的表达式

$$\sum_{n=1}^{\infty} f_n(z) = f_1(z) + f_2(z) + \cdots + f_n(z) + \cdots \tag{4-7}$$

称之为复变函数项级数.

如果对 D 内的某一点 z_0 ,复数项级数

$$\sum_{n=1}^{\infty} f_n(z_0) = f_1(z_0) + f_2(z_0) + \cdots + f_n(z_0) + \cdots \tag{4-8}$$

收敛,则称复变函数项级数 $\sum\limits_{n=1}^{\infty} f_n(z)$ 在 z_0 处收敛,或称 z_0 是复变函数项级数 $\sum\limits_{n=1}^{\infty} f_n(z)$ 的收敛点. 否则称 z_0 是复变函数项级数的发散点. 收敛点的全体称为收敛域,发散点的全体称为发散域.

若 $f(z)$ 是定义在收敛域上的某函数,且对收敛域内任意一点 z_0,都有 $f(z_0) = \sum\limits_{n=1}^{\infty} f_n(z_0)$,则称 $f(z)$ 是复变函数项级数在其收敛域内的和函数.

定义 4.8 形如

$$\sum_{n=0}^{\infty} c_n(z-a)^n = c_0 + c_1(z-a) + c_2(z-a)^2 + \cdots + c_n(z-a)^n + \cdots \qquad (4-9)$$

或者

$$\sum_{n=0}^{\infty} c_n z^n = c_0 + c_1 z + c_2 z^2 + \cdots + c_n z^n + \cdots \qquad (4-10)$$

的复变函数项级数称为幂级数. 若令 $z - a = \xi$,则式(4-9)可以变为式(4-10)的形式,因此我们只需讨论形如式(4-10)的幂级数.

4.2.2 幂级数的敛散性质

1. 收敛域的结构

定理 4.5 (Abel 定理)

(1) 如果 $\sum\limits_{n=0}^{\infty} c_n z^n$ 在 $z = z_0(\neq 0)$ 处收敛,那么对于以原点为圆心,以 $|z_0|$ 为半径的圆内所有的点 z,即满足 $|z| < |z_0|$ 的 z,级数 $\sum\limits_{n=0}^{\infty} c_n z^n$ 绝对收敛(从而收敛).

(2) 如果 $\sum\limits_{n=0}^{\infty} c_n z^n$ 在 $z = z_0(\neq 0)$ 处发散,那么对于以原点为圆心,以 $|z_0|$ 为半径的圆外所有的点 z,即满足 $|z| > |z_0|$ 的 z,级数 $\sum\limits_{n=0}^{\infty} c_n z^n$ 发散.

证明 (1) 若 $\sum\limits_{n=0}^{\infty} c_n z^n$ 在 $z = z_0(\neq 0)$ 收敛,即 $\sum\limits_{n=0}^{\infty} c_n z_0^n$ 收敛,则 $\lim\limits_{n\to\infty} c_n z_0^n = 0$.

由复数列极限定义可知,对 $\varepsilon = 1$,存在正整数 N,当 $n > N$ 时,$|c_n z_0^n - 0| < 1$ 成立. 令

$$M = \max\{1, |c_0|, |c_1 z_0|, \cdots, |c_N z_0^N|\}$$

则 $|c_n z_0^n| \leqslant M, \forall n \subset N$ 成立. 又

$$|c_n z^n| = \left| c_n z_0^n \cdot \frac{z^n}{z_0^n} \right| \leqslant M \cdot \left| \frac{z}{z_0} \right|^n$$

由于 $|z| < |z_0|$，所以 $\left|\dfrac{z}{z_0}\right| < 1$，那么 $\displaystyle\sum_{n=0}^{\infty} M\left|\dfrac{z}{z_0}\right|^n$ 是公比小于 1 的等比级数，所以 $\displaystyle\sum_{n=0}^{\infty} M\left|\dfrac{z}{z_0}\right|^n$ 收

敛. 由正项级数的比较判别法可知 $\displaystyle\sum_{n=0}^{\infty} |c_n z^n|$ 收敛，故 $\displaystyle\sum_{n=0}^{\infty} c_n z^n$ 绝对收敛，本身也收敛.

（2）反证法. 若 $\displaystyle\sum_{n=0}^{\infty} c_n z^n$ 收敛，因为 $|z| > |z_0|$，所以由（1）可得 $\displaystyle\sum_{n=0}^{\infty} c_n z_0^n$ 收敛，与已知矛盾.
故原命题成立.

这个定理一般叫作 Abel 第一定理，它是一个十分有用的定理. 作为该定理的应用，下面我们来分析收敛域的结构.

假设 z_1 与 z_2 是复平面上的两个点，$\displaystyle\sum_{n=0}^{\infty} c_n z^n$ 在点 z_1 处收敛，在 z_2 处发散，则必有 $|z_1| \leqslant$

$|z_2|$. 因为若 $|z_1| > |z_2|$，则由 Abel 定理可知 $\displaystyle\sum_{n=0}^{\infty} c_n z_2^n$ 必收敛，这与 $\displaystyle\sum_{n=0}^{\infty} c_n z_2^n$ 发散矛盾.

（1）当 $|z_1| = |z_2|$ 时，由 Abel 定理可知，对于以原点为中心，以 $|z_1|$ 为半径的圆内所有的

点 z，级数 $\displaystyle\sum_{n=0}^{\infty} c_n z^n$ 都收敛；而对于此圆外所有的点 z，级数 $\displaystyle\sum_{n=0}^{\infty} c_n z^n$ 都发散.

（2）当 $|z_1| < |z_2|$ 时，对于满足 $|z_1| < |z| < |z_2|$ 的点 z，如图 4.1 所示.

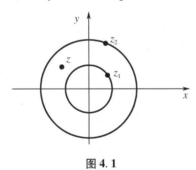

图 4.1

一方面，若 $\displaystyle\sum_{n=0}^{\infty} c_n z^n$ 收敛，则由 Abel 定理，原收敛的圆域向外扩张为以圆点为圆心，以 $|z|$ 为半径的圆内的所有点；

另一方面，若 $\displaystyle\sum_{n=0}^{\infty} c_n z^n$ 发散，则由 Abel 定理，原发散的圆域扩张为以原点为圆心，以 $|z|$ 为半径的圆外的所有点.

由这两方面可以看出，通过不断地寻找 z（z 始终夹在新的收敛域与发散域之间），会使收敛域与发散域不断扩张，最后必定都接近某一圆周 C，且在 C 内的点都收敛，在 C 外的点都发散。

综合上述(1)(2)可知,总存在一个分界圆,级数 $\sum\limits_{n=0}^{\infty} c_n z^n$ 在此圆内收敛,在此圆外发散. 我们就把这个分界圆称为级数 $\sum\limits_{n=0}^{\infty} c_n z^n$ 的收敛圆,收敛圆的半径称为收敛半径.

除此之外,还有两种极端情形:一种是级数 $\sum\limits_{n=0}^{\infty} c_n z^n$ 在整个复平面上都收敛,一种是仅在原点收敛. 这两种情形我们可以分别认为收敛半径为 $+\infty$ 和 0.

由上面的讨论可知幂级数的收敛域是收敛圆内的点和圆上的某些点(在收敛圆上的点既可以是发散的,也可以是收敛的,要视具体级数而定,这一点与实级数在收敛区间端点的情况是类似的,此时没有通用的方法判别级数的敛散性).

请读者想一想,根据上述讨论的幂级数的收敛域的结构,能否出现这种情况:
$\sum\limits_{n=0}^{\infty} c_n (z-1)^n$ 在 $z=0$ 处发散,在 $z=4$ 处收敛.

2. 幂级数 $\sum\limits_{n=0}^{\infty} c_n z^n$ 收敛半径的求法

定理 4.6 如果下列条件之一成立:

$$\lim_{n \to \infty} \left| \frac{c_{n+1}}{c_n} \right| = \rho \quad (\text{比值法})$$

$$\lim_{n \to \infty} \sqrt[n]{|c_n|} = \rho \quad (\text{根值法})$$

那么级数 $\sum\limits_{n=0}^{\infty} c_n z^n$ 的收敛半径为

$$R = \begin{cases} \dfrac{1}{\rho}, & \rho \neq 0 \\ \infty, & \rho = 0 \\ 0, & \rho = \infty \end{cases}$$

证明 下面我们只证明比值法. 有关根值法的证明,可参考《微积分》中相关证明完成.

(1) 当 $\rho \neq 0$ 时,有

$$\lim_{n \to \infty} \frac{|c_{n+1}| \cdot |z|^{n+1}}{|c_n| \cdot |z|^n} = \lim_{n \to \infty} \left| \frac{c_{n+1}}{c_n} \right| |z| = \rho |z|$$

由于 $\sum\limits_{n=0}^{\infty} |c_n z^n|$ 是实数项级数,根据正项级数比值判别法,当 $\rho |z| < 1$ 时,即 $|z| < 1/\rho$ 时,级数 $\sum\limits_{n=0}^{\infty} |c_n z^n|$ 收敛,于是 $\sum\limits_{n=0}^{\infty} c_n z^n$ 收敛;当 $\rho |z| > 1$ 时,即 $|z| > 1/\rho$ 时,级数 $\sum\limits_{n=0}^{\infty} |c_n z^n|$ 发散,反证法可知 $\sum\limits_{n=0}^{\infty} c_n z^n$ 发散. 所以 $\sum\limits_{n=0}^{\infty} c_n z^n$ 的收敛半径是 $R = 1/\rho$.

（2）当 $\rho = 0$ 时,对于复平面上任一点 z,有

$$\lim_{n \to \infty} \frac{|c_{n+1}| \cdot |z|^{n+1}}{|c_n| \cdot |z|^n} = \rho|z| = 0$$

故级数 $\displaystyle\sum_{n=0}^{\infty} |c_n z^n|$ 收敛,从而级数 $\displaystyle\sum_{n=0}^{\infty} c_n z^n$ 收敛,此时收敛半径 $R = \infty$.

（3）当 $\rho = \infty$ 时,对除了 $z = 0$ 外的一切 z,有

$$\lim_{n \to \infty} \frac{|c_{n+1}| \cdot |z|^{n+1}}{|c_n| \cdot |z|^n} = \rho|z| = +\infty$$

故级数 $\displaystyle\sum_{n=0}^{\infty} |c_n z^n|$ 发散,从而级数 $\displaystyle\sum_{n=0}^{\infty} c_n z^n$ 发散. 所以此时收敛半径 $R = 0$.

需要指出的是:就理论而言,能用比值法判别的问题一定能用根值法判别. 不过在实际应用中,有些问题用比值法更为简便.

例 4.3 求幂级数的收敛半径:

（1）$\displaystyle\sum_{n=0}^{\infty} z^n$（并求和函数,且讨论其在收敛圆周上的情形）

（2）$\displaystyle\sum_{n=1}^{\infty} \frac{(z-1)^n}{n^2}$（并讨论其在收敛圆周上的情形）

（3）$\displaystyle\sum_{n=1}^{\infty} \frac{z^n}{n!}$

（4）$\displaystyle\sum_{n=1}^{\infty} (a^n + ib^n)z^n \quad (a > 0, b > 0)$

解　（1）由于 $\displaystyle\lim_{n \to \infty} \left| \frac{c_{n+1}}{c_n} \right| = 1$,故 $R = 1$. 级数的部分和为

$$S_n = 1 + z + z^2 + \cdots + z^{n-1} = \frac{1 - z^n}{1 - z}, z \neq 1$$

当 $|z| < 1$ 时,由于 $\displaystyle\lim_{n \to \infty} z^n = 0$,从而有 $\displaystyle\lim_{n \to \infty} S_n = \frac{1}{1 - z}$,即和函数为

$$S(z) = \frac{1}{1 - z}, |z| < 1$$

在收敛圆周 $|z| = 1$ 上,设 $z = \cos\theta + i\sin\theta$,则 $z^n = \cos n\theta + i\sin n\theta$,于是 $\displaystyle\lim_{n \to \infty} z^n \neq 0$,故 $\displaystyle\sum_{n=0}^{\infty} z^n$ 发散.

（2）因为 $\rho = \displaystyle\lim_{n \to \infty} \left| \frac{c_{n+1}}{c_n} \right| = \lim_{n \to \infty} \left(\frac{n}{n+1} \right)^2 = 1$,所以 $R = 1$.

对于圆周上 $|z - 1| = 1$ 的点,因为 $\displaystyle\sum_{n=1}^{\infty} \left| \frac{(z-1)^n}{n^2} \right| = \sum \frac{1}{n^2}$ 收敛,所以此时 $\displaystyle\sum_{n=1}^{\infty} \frac{(z-1)^n}{n^2}$ 绝对

收敛.

（3）因为 $\rho = \lim\limits_{n \to \infty} \left| \dfrac{c_{n+1}}{c_n} \right| = \lim\limits_{n \to \infty} \dfrac{n!}{(n+1)!} = 0$，所以 $R = \infty$.

（4）因为 $\rho = \lim\limits_{n \to \infty} \sqrt[n]{|c_n|} = \lim\limits_{n \to \infty} \sqrt[n]{|a^n + ib^n|} = \lim\limits_{n \to \infty} (a^{2n} + b^{2n})^{\frac{1}{2n}} = \max\{a, b\}$，所以

$R = \dfrac{1}{\max\{a, b\}}$（因 $\max\{a, b\} \leqslant (a^{2n} + b^{2n})^{\frac{1}{2n}} \leqslant 2^{\frac{1}{2n}} \max\{a, b\} \to \max\{a, b\}, n \to \infty$）.

在本例题中，我们可以看到幂级数在收敛圆周上的收敛性的确是非常复杂的.

例 4.4 设级数 $\sum\limits_{n=0}^{\infty} c_n$ 收敛，而 $\sum\limits_{n=0}^{\infty} |c_n|$ 发散，证明：$\sum\limits_{n=0}^{\infty} c_n z^n$ 的收敛半径为 1.

证明 若级数 $\sum\limits_{n=0}^{\infty} c_n z^n$ 收敛半径 $R > 1$，则由 Abel 定理可知在 $|z| < R$ 的 z 处，级数绝对收敛，$|1| < R$，故该级数在 $z = 1$ 处绝对收敛，即 $\sum\limits_{n=0}^{\infty} |c_n|$ 收敛，这与已知矛盾.

若 $R < 1$，同样由 Abel 定理可知，对于 $|z| > R$ 处的 z，级数 $\sum\limits_{n=0}^{\infty} c_n z^n$ 发散，而 $|1| > R$，故知对于 $z = 1$，级数 $\sum\limits_{n=0}^{\infty} c_n z^n$ 发散，即 $\sum\limits_{n=0}^{\infty} c_n$ 发散，这与已知矛盾.

综上所述，必有 $R = 1$.

3. 幂级数的运算与性质

设两个幂级数分别为

$$f(z) = \sum_{n=0}^{\infty} a_n z^n, \quad |z| < r_1$$

$$g(z) = \sum_{n=0}^{\infty} b_n z^n, \quad |z| < r_2$$

对于这两个幂级数，可以进行下列四则运算：

（1）加（减）法

$$f(z) \pm g(z) = \sum_{n=0}^{\infty} (a_n \pm b_n) z^n, |z| < R$$

（2）乘法

$$f(z) \cdot g(z) = \sum_{n=0}^{\infty} (a_n b_0 + a_{n-1} b_1 + \cdots + a_0 b_n) z^n, |z| < R$$

这里 $R = \min\{r_1, r_2\}$，可以证明上面二式中幂级数的收敛半径大于或者等于 r_1 与 r_2 中较小的一个.

例4.5 设有幂级数 $\sum_{n=0}^{\infty} z^n$ 与 $\sum_{n=0}^{\infty} \frac{1}{1+a^n} z^n (0 < a < 1)$，求 $\sum_{n=0}^{\infty} z^n - \sum_{n=0}^{\infty} \frac{1}{1+a^n} z^n =$

$\sum_{n=0}^{\infty} \frac{a^n}{1+a^n} z^n$ 的收敛半径.

解 易证 $\sum_{n=0}^{\infty} z^n$，$\sum_{n=0}^{\infty} \frac{1}{1+a^n} z^n$ 的收敛半径都等于1. 现考察 $\sum_{n=0}^{\infty} \frac{a^n}{1+a^n} z^n$ 的收敛半径.

因为

$$\rho = \lim_{n\to\infty} \left| \frac{a^{n+1}}{1+a^{n+1}} \Big/ \frac{a^n}{1+a^n} \right| = \lim_{n\to\infty} \frac{(1+a^n)a}{(1+a^{n+1})} = a$$

所以它的收敛半径 $R = \frac{1}{a} > 1$.

例4.5 说明两个幂级数经过运算后，所得到的幂级数的收敛半径确实可以大于 r_1, r_2 中较小的一个. 但应该注意，使等式

$$\sum_{n=0}^{\infty} z^n - \sum_{n=0}^{\infty} \frac{1}{1+a^n} z^n = \sum_{n=0}^{\infty} \frac{a^n}{1+a^n} z^n$$

成立的收敛圆域仍为 $|z| < 1$，不能扩大.

（3）除法

$$\frac{f(z)}{g(z)} = \frac{a_0 + a_1 z + \cdots + a_n z^n + \cdots}{b_0 + b_1 z + \cdots + a_n z^n + \cdots} = c_0 + c_1 z + c_2 z^2 + \cdots$$

这里假设 $b_0 \neq 0$，其中系数 $c_i (i=0,1,2,\cdots)$ 可以利用比较同次幂系数决定，即

$$a_0 = b_0 c_0$$
$$a_1 = b_1 c_0 + b_0 c_1$$
$$a_2 = b_2 c_0 + b_1 c_1 + b_0 c_2$$
$$\vdots$$

利用上述方程，就可以求出系数 $c_i (i=0,1,2,\cdots)$. 相除后的收敛域可能比原来两个级数的收敛域都小.

此外，复变函数的幂级数也可以进行复合运算.

设幂级数 $\sum_{n=0}^{\infty} a_n z^n = f(z)$，$|z| < R$，而在 $|z| < r$ 内函数 $g(z)$ 解析且满足 $|g(z)| < R$，则

$$\sum_{n=0}^{\infty} a_n [g(z)]^n = f[g(z)], \quad |z| < r$$

幂级数的复合运算在将函数展开成幂级数中有广泛的应用，我们将在4.3节中探讨.

定理4.7 设幂级数 $\sum_{n=0}^{\infty} c_n (z-z_0)^n$ 在其收敛圆 $|z-z_0| < R$ 内的和函数为 $f(z)$，即

$$f(z) = \sum_{n=0}^{\infty} c_n(z-z_0)^n, \ |z-z_0| < R$$

则和函数 $f(z)$ 在收敛圆内具有如下性质:

（1）是解析函数.

（2）可以逐项求导,即

$$f'(z) = \sum_{n=1}^{\infty} nc_n(z-z_0)^{n-1}$$

（3）可以逐项积分,即

$$\int_C f(z)\mathrm{d}z = \sum_{n=0}^{\infty} \int_C c_n(z-z_0)^n \mathrm{d}z, \quad C \subset \{z \mid |z-z_0| < R\}$$

或

$$\int_{z_0}^{z} f(\xi)\mathrm{d}\xi = \sum_{n=0}^{\infty} \frac{c_n}{n+1}(z-z_0)^{n+1}$$

4.3　泰　勒　级　数

由 4.2 节的讨论,我们得到一个结论:幂级数的和函数在它的收敛圆内是解析函数. 那么,一个在某圆域内解析的函数是否可以表示成某个幂级数呢? 回答是肯定的.

4.3.1　泰勒定理

定理4.8(泰勒定理)　如果 $f(z)$ 在圆域 $D: |z-z_0| < R$ 内解析,那么 $f(z)$ 在 D 内可以唯一地展开成幂级数

$$f(z) = \sum_{n=0}^{\infty} c_n(z-z_0)^n, \quad z \in D \tag{4-11}$$

其中,$c_n = \dfrac{f^{(n)}(z_0)}{n!}$ $(n=0,1,2,\cdots)$.

证明　设 z 为 D 内任意一点,作圆 $C: |z-z_0| < r$,使 z 包含在圆 C 的内部,由柯西积分公式可得

$$f(z) = \frac{1}{2\pi\mathrm{i}} \oint_C \frac{f(\xi)}{\xi-z}\mathrm{d}\xi$$

由于

$$\frac{1}{\xi-z} = \frac{1}{(\xi-z_0)-(z-z_0)} = \frac{1}{\xi-z_0} \cdot \frac{1}{1-\dfrac{z-z_0}{\xi-z_0}} = \sum_{n=0}^{\infty} \frac{(z-z_0)^n}{(\xi-z_0)^{n+1}}$$

于是

$$\frac{f(\xi)}{\xi - z} = \sum_{n=0}^{\infty} f(\xi) \frac{(z - z_0)^n}{(\xi - z_0)^{n+1}} \qquad (4-12)$$

因为 $\xi \in C$, $\left|\dfrac{z - z_0}{\xi - z_0}\right| < 1$, 所以, 式(4 - 12)右端级数(关于 ξ)在 C 上是一致收敛的. 故对式 (4 - 12)两侧同时积分时, 右侧可以逐项积分, 则

$$\frac{1}{2\pi i} \oint_C \frac{f(\xi)}{\xi - z} d\xi = \sum_{n=0}^{\infty} (z - z_0)^n \frac{1}{2\pi i} \oint_C \frac{f(\xi)}{(\xi - z_0)^{n+1}} d\xi$$

所以

$$f(z) = c_0 + c_1(z - z_0) + c_2(z - z_0)^2 + \cdots + c_n(z - z_0)^n + \cdots$$

其中

$$c_n = \frac{1}{2\pi i} \oint_C \frac{f(\xi)}{(\xi - z_0)^{n+1}} d\xi = \frac{f^{(n)}(z_0)}{n!} \quad (n = 0, 1, 2, \cdots)$$

下面证明唯一性. 若 $f(z)$ 可以展开成另外一个幂级数

$$f(z) = \sum_{n=0}^{\infty} a_n(z - z_0)^n = a_0 + a_1(z - z_0) + a_2(z - z_0)^n + \cdots$$

对它的两边逐次同时求导并代入 $z = z_0$ 可得到

$$a_n = \frac{f^n(z_0)}{n!} \quad (n = 0, 1, 2, \cdots)$$

所以, 展开式是唯一的.

通常我们称 $f(z) = \sum\limits_{n=0}^{\infty} c_n(z - z_0)^n$ 为函数 $f(z)$ 在 z_0 的泰勒展开式, 它右端的幂级数称为 $f(z)$ 在 z_0 处的泰勒级数.

事实上, 不仅在圆域内解析的函数可以展开成幂级数, 对于在区域 D 内解析的函数都有下面的定理。

定理4.9 设 $f(z)$ 在区域 D 内解析, z_0 为 D 内任意一点, R 为 z_0 到 D 的边界上各点的最短距离, 则当 $|z - z_0| < R$ 时有

$$f(z) = \sum_{n=0}^{\infty} c_n(z - z_0)^n$$

其中, $c_n = \dfrac{f^{(n)}(z_0)}{n!} \quad (n = 0, 1, 2, \cdots)$.

到此, 我们可以得到两个非常有用的结论:

(1) 若 $f(z)$ 有奇点, 则定理4.9中的 R 为 z_0 与距离最近的一个奇点 α 之间的距离, 即 $R = |z_0 - \alpha|$.

(2) 综合定理4.9与4.2节的定理, 我们不难得出函数 $f(z)$ 在点 z_0 处解析的充要条件是

$f(z)$ 在 z_0 的某个邻域内可以展开成幂级数 $f(z) = \sum_{n=0}^{\infty} c_n(z - z_0)^n$.

4.3.2　一些初等函数的泰勒展开式

下面我们利用泰勒定理,对一些函数进行泰勒展开.

例 4.6　求 e^z 在 $z = 0$ 处的泰勒展开式.

解　由于 $(e^z)^{(n)} = e^z$,$(e^z)^{(n)}\big|_{z=0} = 1$,所以

$$c_n = \frac{f^{(n)}(0)}{n!} = \frac{1}{n!}$$

于是

$$e^z = 1 + z + \frac{z^2}{2!} + \frac{z^3}{3!} + \cdots + \frac{z^n}{n!} + \cdots, \quad |z| < +\infty$$

由于函数 e^z 在复平面内处处解析,所以上式在复平面内处处成立,并且右端幂级数的收敛半径等于 ∞.

例 4.7　求 $\sin z$ 和 $\cos z$ 在 $z = 0$ 处的泰勒展开式.

解　因为 $(\sin z)^{(n)} = \sin(z + n \cdot \frac{\pi}{2})$,所以

$$c_n = \frac{f^{(n)}(0)}{n!} = \begin{cases} \dfrac{(-1)^k}{(2k+1)!}, & n = 2k+1 \\ 0, & n = 2k \end{cases} \quad (k = 0,1,2,\cdots)$$

于是

$$\sin z = z - \frac{z^3}{3!} + \frac{z^5}{5!} + \cdots + (-1)^n \frac{z^{2n+1}}{(2n+1)!} + \cdots, \quad |z| < +\infty \tag{4-13}$$

由于函数 $\sin z$ 在整个复平面内处处解析,所以式(4-13)在复平面内处处成立,并且右端幂级数的收敛半径等于 ∞.同理,有

$$\cos z = 1 - \frac{z^2}{2!} + \frac{z^4}{4!} + \cdots + (-1)^n \frac{z^{2n}}{(2n)!} + \cdots, \quad |z| < +\infty$$

这种通过直接计算系数进行泰勒展开的方法叫"直接法",除此之外,我们也经常借助于一些已知函数的泰勒展开式对函数进行展开,这种方法叫作"间接法".下面举例说明"间接法".

例 4.8　求 $\dfrac{1}{(1+z)^2}$ 在 $z = 0$ 处的泰勒展开式.

解　由于

$$\frac{1}{1-z} = 1 + z + z^2 + \cdots + z^n + \cdots, \quad |z| < 1 \tag{4-14}$$

将式(4-14)中的 z 都换成 $-z$ 得到

$$\frac{1}{1+z} = 1 - z + z^2 - \cdots + (-1)^n z^n + \cdots, \quad |z| < 1 \qquad (4-15)$$

对式(4-15)两边逐项求导得到

$$-\frac{1}{(1+z)^2} = -1 + 2z - 3z^2 + \cdots + (-1)^n n z^{n-1} + \cdots, \quad |z| < 1$$

整理可得

$$\frac{1}{(1+z)^2} = 1 - 2z + 3z^2 - \cdots + (-1)^{n-1} n z^{n-1} + \cdots, \quad |z| < 1$$

例4.9　求对数函数的主值分支 $\ln(1+z)$ 在 $z=0$ 处的泰勒展开式.

解　由于 $\ln(1+z)$ 在从 $z=-1$ 向左沿负实轴剪开的平面内是解析的,而 $z=-1$ 是它距离 $z=0$ 最近的一个奇点,所以它在 $z=0$ 的幂级数展开式的收敛域是 $|z| < 1$. 又因为

$$\frac{1}{1+z} = 1 - z + z^2 - \cdots + (-1)^n z^n + \cdots, \quad |z| < 1$$

在收敛圆 $|z| < 1$ 内任取一条从 0 到 z 的积分路线 C,对上式两端沿 C 逐项积分得

$$\int_0^z \frac{1}{1+z} \mathrm{d}z = \int_0^z 1 \mathrm{d}z - \int_0^z z \mathrm{d}z + \int_0^z z^2 \mathrm{d}z - \cdots + \int_0^z (-1)^n z^n \mathrm{d}z + \cdots$$

即

$$\ln(1+z) = z - \frac{z^2}{2} + \frac{z^3}{3} + \cdots + (-1)^n \frac{z^{n+1}}{n+1} + \cdots, \quad |z| < 1$$

例4.10　求 $\dfrac{1}{z-b}$ 在 $z=a$ 处的泰勒展开式.

解　由于

$$\frac{1}{z-b} = \frac{1}{(z-a)-(b-a)} = \left(-\frac{1}{b-a}\right) \cdot \frac{1}{1 - \dfrac{z-a}{b-a}}$$

当 $\left| \dfrac{z-a}{b-a} \right| < 1$ 时,有

$$\frac{1}{1 - \dfrac{z-a}{b-a}} = 1 + \left(\frac{z-a}{b-a}\right) + \left(\frac{z-a}{b-a}\right)^2 + \cdots + \left(\frac{z-a}{b-a}\right)^n + \cdots$$

从而得到

$$\frac{1}{z-b} = -\frac{1}{b-a} - \frac{1}{(b-a)^2}(z-a) - \frac{1}{(b-a)^3}(z-a)^2 - \cdots - \frac{1}{(b-a)^{n+1}}(z-a)^n - \cdots$$

$$(4-16)$$

设 $|b-a| = R$,则当 $|z-a| < R$ 时,式(4-16)右端的级数收敛,它的收敛域为 $|z-a| < R$.

4.4 洛 朗 级 数

由 4.3 节的讨论，我们又得到一个结论:若函数 $f(z)$ 在以 z_0 为圆心的圆域上解析，则它可以展开成 $(z - z_0)$ 的幂级数. 那么，如果函数 $f(z)$ 在 z_0 为圆心的圆环域上解析，那么它能否展开成某个级数呢? 结论依然是肯定的.

4.4.1 洛朗级数

定义 4.9 形如

$$\sum_{n=-\infty}^{\infty} c_n (z - z_0)^n = \cdots + c_{-n}(z - z_0)^{-n} + \cdots + c_{-1}(z - z_0)^{-1} + c_0 + c_1(z - z_0) + \cdots + c_n(z - z_0)^n + \cdots$$

$$(4 - 17)$$

的级数称为洛朗级数.

定义 4.10 若

$$\sum_{n=0}^{\infty} c_n (z - z_0)^n = c_0 + c_1(z - z_0) + \cdots + c_n(z - z_n)^n + \cdots \qquad (4 - 18)$$

与

$$\sum_{n=1}^{\infty} c_{-n}(z - z_0)^{-n} = c_{-1}(z - z_0)^{-1} + \cdots + c_{-n}(z - z_0)^{-n} + \cdots \qquad (4 - 19)$$

都收敛，则称形如式 $(4-17)$ 的洛朗级数 $\sum\limits_{n=-\infty}^{\infty} c_n (z - z_0)^n$ 是收敛的.

下面我们来研究洛朗级数 $\sum\limits_{n=0}^{\infty} c_n (z - z_0)^n$ 的收敛域.

先看级数式 $(4-18)$: $\sum\limits_{n=0}^{\infty} c_n (z - z_0)^n$ ，它是一个普通的幂级数，因此它的收敛域是一个圆域. 设它的收敛半径是 R_1 ，则当 $|z - z_0| < R_1$ 时，该级数收敛.

再看级数式 $(4-19)$: $\sum\limits_{n=1}^{\infty} c_{-n}(z - z_0)^{-n}$ ，若令 $\xi = (z - z_0)^{-1}$ 则

$$\sum_{n=1}^{\infty} c_{-n}(z - z_0)^{-n} = \sum_{n=1}^{\infty} c_{-n}\xi^n = c_{-1}\xi + c_{-2}\xi^2 + \cdots + c_{-n}\xi^n + \cdots \qquad (4 - 20)$$

设式 $(4-20)$ 右端级数的收敛半径为 R ，则当 $|\xi| < R$ 时，此级数收敛. 设 $\dfrac{1}{R} = R_2$ ，则当 $|z - z_0| > R_2$ 时，级数式 $\sum\limits_{n=1}^{\infty} c_{-n}(z - z_0)^{-n}$ 收敛.

综上，当 $R_1 < R_2$ 时，级数式 $\sum\limits_{n=-\infty}^{\infty} c_n (z - z_0)^n$ 处处发散，当 $R_1 > R_2$ 时，该级数在圆环域 $R_1 >$

$|z-z_0| > R_2$ 内收敛;当 $R_1 = R_2$ 时,级数式(4-17)在圆 $|z-z_0| = R_2$ 上有些点收敛,有些点发散. 故级数式 $\sum\limits_{n=-\infty}^{\infty} c_n(z-z_0)^n$ 的收敛域为圆环 $R_1 > |z-z_0| > R_2$.

另外,还有两种极端情形:当 $R_1 = +\infty$ 或 $R_2 = 0$ 时,也可以视为在圆环 $R_2 < |z-z_0| < +\infty$ 和 $0 < |z-z_0| < R_1$ 上收敛.

此外,洛朗级数在收敛圆环域上,其和函数依然有许多很好的性质,如和函数解析,依然可以逐项求导、逐项积分.

4.4.2　环形区域上解析函数的洛朗展开

定理 4.10(洛朗展开定理)　如果 $f(z)$ 在圆环域 $D: R_1 < |z-z_0| < R_2$ 内解析,那么 $f(z)$ 在 D 内可以唯一地展开成洛朗级数

$$f(z) = \sum_{n=-\infty}^{\infty} c_n(z-z_0)^n \tag{4-21}$$

其中

$$c_n = \frac{1}{2\pi i} \oint_C \frac{f(\xi)}{(\xi-z_0)^{n+1}} d\xi \quad (n = 0, \pm 1, \pm 2, \cdots)$$

这里 C 为圆环域内绕 z_0 的任意一条正向简单闭曲线.

证明　如图 4.2 所示,设 z 为 D 内任意一点,在 D 内作两个正向圆周

$$C_1: |z-z_0| = r_1, \quad C_2: |z-z_0| = r_2 \quad (r_1 < r_2)$$

使得 z 夹在 C_1, C_2 之间. 由柯西积分公式得到

$$f(z) = \frac{1}{2\pi i} \oint_{C_2} \frac{f(\xi)}{\xi-z} d\xi - \frac{1}{2\pi i} \oint_{C_1} \frac{f(\xi)}{\xi-z} d\xi \tag{4-22}$$

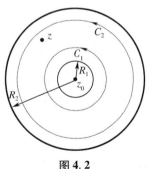

图 4.2

先研究式(4-22)中右端第一个积分. 由于

$$\frac{1}{\xi - z} = \frac{1}{(\xi - z_0) - (z - z_0)} = \frac{1}{\xi - z_0} \cdot \frac{1}{1 - \dfrac{z - z_0}{\xi - z_0}} = \sum_{n=0}^{\infty} \frac{(z - z_0)^n}{(\xi - z_0)^{n+1}}$$

故

$$\frac{f(\xi)}{\xi - z} = \sum_{n=0}^{\infty} f(\xi) \frac{(z - z_0)^n}{(\xi - z_0)^{n+1}} \tag{4-23}$$

因为 $\xi \in C_2$，$\left| \dfrac{z - z_0}{\xi - z_0} \right| < 1$，所以式（4-23）右端关于变量 ξ 在 C_2 上是一致收敛的. 故对式（4-23）两边同时积分时，右端可以逐项积分

$$\frac{1}{2\pi i} \oint_{C_2} \frac{f(\xi)}{\xi - z_0} d\xi = \sum_{n=0}^{\infty} \left[\frac{1}{2\pi i} \oint_{C_2} \frac{f(\xi)}{(\xi - z_0)^{n+1}} d\xi \right] \cdot (z - z_0)^n \tag{4-24}$$

再研究式（4-22）中右端第二个积分. 由于

$$-\frac{1}{\xi - z} = \frac{1}{(z - z_0) - (\xi - z_0)} = \frac{1}{z - z_0} \cdot \frac{1}{1 - \dfrac{\xi - z_0}{z - z_0}} = \sum_{n=0}^{\infty} \frac{(\xi - z_0)^n}{(z - z_0)^{n+1}}$$

故

$$-\frac{f(\xi)}{\xi - z} = \sum_{n=0}^{\infty} f(\xi) \frac{(\xi - z_0)^n}{(z - z_0)^{n+1}} \tag{4-25}$$

因为 $\xi \in C_1$，$\left| \dfrac{\xi - z_0}{z - z_0} \right| < 1$，所以式（4-25）右端级数关于 ξ 在 C_1 上是一致收敛的. 故对式（4-25）两边同时积分时，右端可以逐项积分

$$-\frac{1}{2\pi i} \oint_{C_1} \frac{f(\xi)}{\xi - z} d\xi = \sum_{n=0}^{\infty} \left[\frac{1}{2\pi i} \oint_{C_1} f(\xi) (\xi - z_0)^n d\xi \right] \frac{1}{(z - z_0)^{n+1}}$$

$$= \sum_{n=1}^{\infty} \left[\frac{1}{2\pi i} \oint_{C_1} f(\xi) (\xi - z_0)^{n-1} d\xi \right] \frac{1}{(z - z_0)^n} \tag{4-26}$$

由以上各式可得

$$f(z) = \sum_{n=0}^{\infty} \left[\frac{1}{2\pi i} \oint_{C_2} \frac{f(\xi)}{(\xi - z)^{n+1}} d\xi \right] \cdot (z - z_0)^n + \sum_{n=1}^{\infty} \left[\frac{1}{2\pi i} \oint_{C_1} f(\xi) (\xi - z_0)^{n-1} d\xi \right] \frac{1}{(z - z_0)^n}$$

根据柯西积分公式可知：式（4-26）中的积分 $\oint_{C_2} \dfrac{f(\xi)}{(\xi - z_0)^{n+1}} d\xi$ 及 $\oint_{C_2} f(\xi)(\xi - z_0) d\xi$ 的 " C_1 " " C_2 " 可换成圆环域内任一条绕 z_0 的简单正向闭曲线 C.

故

$$f(z) = \sum_{n=-\infty}^{\infty} c_n (z - z_0)^n$$

其中

$$c_n = \frac{1}{2\pi i} \oint_C \frac{f(\xi)}{(\xi - z_0)^{n+1}} d\xi \quad (n = 0, \pm 1, \pm 2, \cdots)$$

下面证明唯一性. 若 $f(z)$ 在圆环域内还可以展开成为另外一个洛朗级数

$$f(z) = \sum_{n=-\infty}^{\infty} a_n (z - z_0)^n$$

设 C 为圆环域内任意一条正向简单闭曲线, ξ 为 C 上任意一点, 那么

$$f(\xi) = \sum_{n=-\infty}^{\infty} a_n (\xi - z_0)^n$$

则

$$\frac{f(\xi)}{(\xi - z_0)^{p+1}} = \sum_{n=-\infty}^{\infty} a_n (\xi - z_0)^{n-p-1} \quad (4-27)$$

对式(4-27)两边同时沿 C 积分可得

$$\oint_C \frac{f(\xi)}{(\xi - z_0)^{p+1}} d\xi = \sum_{n=-\infty}^{\infty} a_n \oint_C (\xi - z_0)^{n-p-1} d\xi = 2\pi i a_p$$

从而

$$a_p = \frac{1}{2\pi i} \oint_C \frac{f(\xi)}{(\xi - z_0)^{p+1}} d\xi \quad (p = 0, \pm 1, \pm 2, \cdots)$$

故唯一性得证.

通常我们称式(4-21)为 $f(z)$ 在 z_0 的洛朗级数展开式, 它右端的级数称为 $f(z)$ 在 z_0 的洛朗级数.

值得指出的是在本定理中如果 $f(z)$ 在圆域 $D_1: |z - z_0| < R$ 内解析, 则

$$c_n = \frac{1}{2\pi i} \oint_C \frac{f(\xi)}{(\xi - z_0)^{n+1}} d\xi = \frac{f^{(n)}(z_0)}{n!} \quad (n = 0, \pm 1, \pm 2, \cdots)$$

这与泰勒定理中的系数是一样的, 但如果 $f(z)$ 是在圆环域 $R_1 < |z - z_0| < R_2$ 内解析, 则 c_n 不能记为 $\frac{f^{(n)}(z_0)}{n!}$.

在实际应用中, 常常会遇到在某点 z_0 处不解析, 但在 z_0 的去心邻域内解析的函数 $f(z)$, 当用级数来研究这样的函数时, 就可以将其在圆环域 $0 < |z - z_0| < \delta$ 内展开成洛朗级数.

下面的例子中我们要经常利用4.2节中的一个结果

$$\frac{1}{1-z} = 1 + z + z^2 + \cdots + z^n + \cdots, \quad |z| < 1 \quad (4-28)$$

例 4.11 将函数 $f(z) = \dfrac{1}{(z-1)(z-2)}$ 在 $z = 0$ 处展开成为洛朗级数.

解 因为 $f(z)$ 有两个奇点 $z = 1, z = 2$, 所以 $f(z)$ 在以 $z = 0$ 为心的三个圆环域: $0 < |z| < 1$,

$1 < |z| < 2, 2 < |z| < +\infty$ 解析.

又由于

$$f(z) = \frac{1}{1-z} - \frac{1}{2-z}$$

故:

(1) 在 $0 < |z| < 1$ 内,$\left|\dfrac{z}{2}\right| < 1$ 成立,利用式(4-28),有

$$\frac{1}{2-z} = \frac{1}{2} \cdot \frac{1}{1 - \frac{z}{2}} = \frac{1}{2}\left(1 + \frac{z}{2} + \frac{z^2}{2^2} + \cdots + \frac{z^n}{2^n} + \cdots\right)$$

从而

$$f(z) = (1 + z + z^2 + \cdots + z^n + \cdots) - \frac{1}{2}\left(1 + \frac{z}{2} + \frac{z^2}{2^2} + \cdots + \frac{z^n}{2^n} + \cdots\right) = \frac{1}{2} + \frac{3}{4}z + \frac{7}{8}z^2 + \cdots$$

可以看出,此时 $f(z)$ 的洛朗级数就是普通的泰勒级数,因为事实上 $f(z)$ 在 $z=0$ 处解析。

(2) 在 $1 < |z| < 2$ 内,$\left|\dfrac{1}{z}\right| < 1$ 成立,利用式(4-28),则有

$$\frac{1}{1-z} = -\frac{1}{z} \cdot \frac{1}{1 - \frac{1}{z}} = -\frac{1}{z} \cdot \left(1 + \frac{1}{z} + \frac{1}{z^2} + \cdots\right)$$

又因为 $\left|\dfrac{z}{2}\right| < 1$ 成立,仍利用式(4-28),得

$$\frac{1}{2-z} = \frac{1}{2} \cdot \frac{1}{1 - \frac{z}{2}} = \frac{1}{2}\left(1 + \frac{z}{2} + \frac{z^2}{2^2} + \cdots + \frac{z^n}{2^n} + \cdots\right) \qquad (4-29)$$

依然成立. 故

$$f(z) = -\frac{1}{z}\left(1 + \frac{1}{z} + \frac{1}{z^2} + \cdots\right) - \frac{1}{2}\left(1 + \frac{z}{2} + \frac{z^2}{2^2} + \cdots + \frac{z^n}{2^n} + \cdots\right)$$

$$= \cdots - \frac{1}{z^n} - \frac{1}{z^{n-1}} - \cdots - \frac{1}{z} - \frac{1}{2} - \frac{z}{4} - \frac{z^2}{8} - \cdots$$

(3) 在 $2 < |z| < +\infty$ 内,$\left|\dfrac{2}{z}\right| < 1$ 成立,所以

$$\frac{1}{2-z} = -\frac{1}{z} \cdot \frac{1}{1 - \frac{2}{z}} = -\frac{1}{z}\left(1 + \frac{2}{z} + \frac{4}{z^2} + \cdots\right)$$

又因为 $\left|\dfrac{1}{z}\right| < \left|\dfrac{2}{z}\right| < 1$ 成立,故式(4-28)仍成立,从而

$$f(z) = \frac{1}{z}\left(1 + \frac{2}{z} + \frac{4}{z^2} + \cdots\right) - \frac{1}{z}\left(1 + \frac{1}{z} + \frac{1}{z^2} + \cdots\right) = \frac{1}{z^2} + \frac{3}{z^3} + \frac{7}{z^4} + \cdots$$

例 4.11 中 $f(z)$ 对应了三个洛朗级数,这是否与洛朗级数的唯一性矛盾呢? 答案是否定的. 事实上,因为唯一性的结论是对同一个圆环域而言的,在不同的圆环域内的展开式是不同的.

例 4.12 将函数 $f(z) = \dfrac{1}{z^2(z-i)}$ 在 $z = i$ 处展开成洛朗级数.

解 因为 $f(z)$ 有两个奇点 $z = 0, z = i$,所以 $f(z)$ 在以 $z = i$ 为心的两个圆环域 $0 < |z-i| < 1$, $1 < |z-i| < +\infty$ 内解析.

(1) 在 $0 < |z-i| < 1$ 内,$\left| \dfrac{z-i}{i} \right| < 1$ 成立,则

$$\frac{1}{z} = \frac{1}{i+(z-i)} = \frac{1}{i\left(1+\dfrac{z-i}{i}\right)} = \frac{1}{i}\sum_{n=0}^{\infty}(-1)^n\left(\frac{z-i}{i}\right)^n \qquad (4-30)$$

对式(4-30)两边同时求导得到

$$-\frac{1}{z^2} = \frac{1}{i}\sum_{n=1}^{\infty}(-1)^n \cdot \frac{n}{i^n} \cdot (z-i)^{n-1}$$

故

$$f(z) = \frac{1}{z-i} \cdot \frac{1}{z^2} = \sum_{n=1}^{\infty}(-1)^{n+1}\frac{n}{i^{n+1}}(z-i)^{n-2}$$

整理得到

$$f(z) = -\sum_{n=-1}^{\infty}i^{n+1} \cdot (n+2)(z-i)^n$$

(2) 在 $1 < |z-i| < +\infty$ 内,$\left| \dfrac{i}{z-i} \right| < 1$ 成立,则

$$\frac{1}{z} = \frac{1}{z-i+i} = \frac{1}{z-i} \cdot \frac{1}{1+\dfrac{i}{z-i}} = \frac{1}{z-i}\sum_{n=0}^{\infty}(-1)^n\left(\frac{i}{z-i}\right)^n \qquad (4-31)$$

对式(4-31)两边同时求导,得

$$-\frac{1}{z^2} = \sum_{n=0}^{\infty}(-1)^{n+1}\frac{i^n(n+1)}{(z-i)^{n+2}}$$

故

$$f(z) = \frac{1}{z-i} \cdot \frac{1}{z^2} = \sum_{n=0}^{\infty}(-1)^n\frac{i^n(n+1)}{(z-i)^{n+2}}$$

小　　结

1. 复数项级数

（1）概念

复数列收敛、复数项级数收敛、绝对收敛、条件收敛.

（2）几个重要结论

复数列 $\{z_n\}$ 收敛于 $z_0 \Leftrightarrow \lim\limits_{n\to\infty} a_n = a$，$\lim\limits_{n\to\infty} b_n = b$；

级数 $\sum\limits_{n=0}^{\infty} z_n$ 收敛 $\Leftrightarrow \sum\limits_{n=0}^{\infty} a_n$，$\sum\limits_{n=0}^{\infty} b_n$ 都收敛（其中 $z_n = a_n + ib_n$）；

级数 $\sum\limits_{n=0}^{\infty} z_n$ 收敛 $\Rightarrow \lim\limits_{n\to\infty} z_n = 0$（级数收敛的必要条件）；

级数 $\sum\limits_{n=0}^{\infty} z_n$ 绝对收敛 $\Leftrightarrow \sum\limits_{n=0}^{\infty} a_n$，$\sum\limits_{n=0}^{\infty} b_n$ 都绝对收敛（其中 $z_n = a_n + ib_n$）.

2. 幂级数

（1）幂级数

形如

$$\sum_{n=1}^{\infty} c_n (z-a)^n = c_0 + c_1(z-a) + c_2(z-a)^2 + \cdots + c_n(z-a)^n + \cdots$$

或者

$$\sum_{n=1}^{\infty} c_n z^n = c_0 + c_1 z + c_2 z^2 + \cdots + c_n z^n + \cdots$$

的复变函数项级数称为幂级数.

若令 $z - a = \xi$，则上述第一式可以变为第二式的形式，因此我们只需讨论形如第二式的幂级数。

（2）Abel 定理

如果 $\sum\limits_{n=0}^{\infty} c_n z^n$ 在 $z = z_0 (\neq 0)$ 处收敛（发散），那么对于满足 $|z| < |z_0|$（$|z| > |z_0|$）的点 z，级数 $\sum\limits_{n=0}^{\infty} c_n z_n$ 绝对收敛（发散）.

Abel 定理是幂级数理论中的一个重要定理，在微积分理论中也有相应的形式. 它断言：幂级数的收敛域大体上是一个圆域，称为收敛圆. 在圆内部，级数处处绝对收敛；在圆外部，级数处处发散；在圆周上，可能处处收敛，也可能处处发散，或者在某些点收敛，在另外一些点上发散.

收敛圆的半径叫收敛半径,由上述讨论可知这是一个极其重要的概念.

（3）收敛半径的求法

设 $\sum\limits_{n=0}^{\infty} c_n z_n$ 的收敛半径为 R.

比值法：$\lim\limits_{n\to\infty}\left|\dfrac{c_{n+1}}{c_n}\right|=\rho\neq 0$ ，则 $R=\dfrac{1}{\rho}$；

根值法：$\lim\limits_{n\to\infty}\sqrt[n]{|c_n|}=\rho\neq 0$，则 $R=\dfrac{1}{\lambda}$；

当 $\rho=0$ 时，$R=\infty$；

当 $\rho=\infty$ 时，$R=0$.

3. 泰勒级数

（1）泰勒定理

如果 $f(z)$ 在圆域 $D:|z-z_0|<R$ 内解析,那么 $f(z)$ 在 D 内可以唯一地展开成幂级数,即

$$f(z)=\sum_{n=0}^{\infty} c_n(z-z_0)^n$$

其中

$$c_n=\frac{f^{(n)}(z_0)}{n!}\quad(n=0,1,2,\cdots)$$

（2）重要结论

① 若 $f(z)$ 有奇点,则它的幂级数展开式 $\sum\limits_{n=0}^{\infty} c_n z^n$ 的收敛半径 R 为 z_0 与距离最近的一个奇点 α 之间的距离,即 $R=|z-\alpha|$；

② $f(z)$ 在 z_0 点解析的充分必要条件是 $f(z)$ 在点 z_0 的某个邻域内可以展开成幂级数 $f(z)=\sum\limits_{n=0}^{\infty} c_n(z-z_0)^n$；

③ 函数的幂级数展开式的求法有两种:直接法和间接法.

④ 幂级数的运算与性质:

a. 两个幂级数在其公共收敛域内可以进行四则运算;

b. 幂级数的和函数在收敛圆内是解析的,并且可以逐项求导、逐项积分.

4. 洛朗级数

（1）洛朗展开定理

如果 $f(z)$ 在圆环域 $D:R_1<|z-z_0|<R_2$ 内解析,那么 $f(z)$ 在 D 内可以唯一地展开成洛朗

级数

$$f(z) = \sum_{n=-\infty}^{\infty} c_n (z - z_0)^n$$

其中

$$c_n = \frac{1}{2\pi i} \oint_C \frac{f(\xi)}{(\xi - z_0)^{n+1}} d\xi \quad (n = 0, \pm 1, \pm 2, \cdots)$$

这里 C 为圆环域内绕 z_0 的任意一条正向简单闭曲线.

（2）函数的洛朗级数展开式的求法有两种：直接法和间接法.

（3）函数的洛朗级数展开式对同一个圆环域而言是唯一的,而在不同的圆环域内的展开式是不同的.

5. 需要进一步说明的问题

（1）为什么只要保证复变函数 $f(z)$ 在 z_0 的领域内解析,就一定可以将它在 z_0 处展开成泰勒级数,而实变函数即使在 z_0 点可导,也不一定能展开成幂级数呢？因为复变函数的解析性保证了它在 z_0 处的各阶导数都存在,而实变函数的可导性不能说明导函数仍然连续,因此不能保证高阶导数都存在,甚至有些时候还要讨论展开式中余项是否趋于 0. 事实上,在数学分析课程中,实变函数也有"解析"的概念,而这个概念正是用实函数是否可以展开成泰勒级数定义的. 所以,不论实变函数还是复变函数,"解析"和它可以展开成泰勒级数是等价的.

（2）幂级数的和函数在收敛圆周上至少有一个奇点. 直观上可以看出,如果和函数在收敛圆周上没有奇点,那么收敛圆可以继续扩大,这与收敛圆的定义矛盾. 由此我们可以知道在收敛圆上,幂级数的收敛跟它的和函数的解析性并无必然的关系. 即使幂级数在收敛圆周上处处收敛,它的和函数仍可能在圆周上的某些点处不解析. 这体现了"事物的'同一性'是相对的"这一哲学思想,即两个事物在某个范畴内是同一的,在其他范畴内可以不同.

（3）为什么书中泰勒展开定理与洛朗展开定理中系数写法不同？研究泰勒定理中的展开式和洛朗定理中的展开式,不难发现：如果 $f(z)$ 在圆周 C 内处处解析,则系数是相同的. 此时洛朗展开定理就是泰勒展开定理. 但在洛朗展开定理中 z_0 是 $f(z)$ 的奇点,那么 $f^{(n)}(z_0)$ 根本不存在,即使 z_0 不是奇点而有 $f^{(n)}(z_0)$ 存在,但在 C 内可能还有其他奇点,因此这两式中系数的写法不同. 由此可知洛朗级数展开定理是泰勒展开定理的推广.

习　题

1. 下面复数列是否收敛？如果收敛,求出它的极限.

（1）$z_n = \dfrac{1}{n} + \dfrac{i}{2^n}$;　　　　　　　　　（2）$z_n = e^{-\frac{n\pi i}{2}}$;

（3）$z_n = (1 + \sqrt{3}\,\mathrm{i})^{-n}$;　　　　　　　（4）$z_n = \left(1 + \dfrac{1}{n}\right)\mathrm{e}^{\mathrm{i}\frac{\pi}{n}}$.

2. 判断下列级数是否收敛，若收敛，是绝对收敛还是条件收敛？

（1）$\displaystyle\sum_{n=0}^{\infty} \frac{(3\mathrm{i})^n}{n!}$;　　　　　　　（2）$\displaystyle\sum_{n=2}^{\infty} \frac{\mathrm{i}^n}{\ln n}$;

（3）$\displaystyle\sum_{n=0}^{\infty} \frac{\sin \mathrm{i}n}{2^n}$;　　　　　　　（4）$\displaystyle\sum_{n=0}^{\infty} \frac{(-1)^n \mathrm{i}^n}{2^n}$.

3. 设复数列 $z_1, z_2, \cdots, z_n, \cdots$ 全部位于半平面 $\mathrm{Re}\,z \geqslant 0$ 上，且级数 $\displaystyle\sum_{n=1}^{\infty} z_n$ 和 $\displaystyle\sum_{n=1}^{\infty} z_n^2$ 都收敛，证明：级数 $\displaystyle\sum_{n=1}^{\infty} |z_n|^2$ 也收敛.

4. 求下列幂级数的收敛半径.

（1）$\displaystyle\sum_{n=1}^{\infty} (1 + 2\mathrm{i})^n z^n$;　　　　　（2）$\displaystyle\sum_{n=1}^{\infty} \mathrm{e}^{\frac{\mathrm{i}\pi}{n}} z^n$;

（3）$\displaystyle\sum_{n=1}^{\infty} \cos(\mathrm{i}n) z^n$;　　　　　（4）$\displaystyle\sum_{n=1}^{\infty} n^p z^n$;

（5）$\displaystyle\sum_{n=1}^{\infty} \frac{n^n}{(n!)^2} z^n$;　　　　　（6）$\displaystyle\sum_{n=1}^{\infty} \left(\frac{z}{\ln \mathrm{i}n}\right)^n$.

5. 求下列幂级数的收敛半径及收敛圆.

（1）$\displaystyle\sum_{n=0}^{\infty} (n+1)(z-3)^{n+1}$（并求和函数）；

（2）$\displaystyle\sum_{n=1}^{\infty} n^{\ln n}(z-\mathrm{i})^n$;

（3）$\displaystyle\sum_{n=1}^{\infty} \frac{n^2}{\mathrm{e}^n}(z-1)^n$;

（4）$\displaystyle\sum_{n=1}^{\infty} (n + a^n)(z+\mathrm{i})^n$.

6. 设 $\displaystyle\sum_{n=0}^{\infty} 2^n c_n$ 收敛，而 $\displaystyle\sum_{n=0}^{\infty} 2^n |c_n|$ 发散. 证明幂级数 $\displaystyle\sum_{n=0}^{\infty} c_n z^n$ 的收敛半径为 2.

7. 如果级数 $\displaystyle\sum_{n=0}^{\infty} c_n z^n$ 在它的收敛圆周上一点 z_0 处绝对收敛，证明它在收敛圆周所围的闭区域上绝对收敛.

8. 设幂级数 $\displaystyle\sum_{n=0}^{\infty} a_n z^n$ 的收敛半径为 R，试讨论 $\displaystyle\sum_{n=1}^{\infty} n^{10} a_n z^n$ 的收敛半径.

9. 写出下列函数关于 z 的幂级数展开式，并指出它们的收敛半径.

(1) $\dfrac{1}{1+z^3}$;

(2) $\dfrac{z^2-3z-1}{(z+2)(z-1)^2}$;

(3) $\cos z^2$;

(4) $\mathrm{sh}z$;

(5) $\mathrm{e}^z\sin z$;

(6) $\dfrac{\mathrm{e}^z}{1+z}$.

10. 求下列函数在指定点 z_0 处的泰勒展开式,并指出它们的收敛半径.

(1) $\dfrac{1}{z}$,$z_0=1$;

(2) $\dfrac{z}{(z+1)(z+2)}$,$z_0=2$;

(3) $\dfrac{z-1}{z+1}$,$z_0=1$;

(4) $\dfrac{1}{3+\mathrm{i}-2z}$,$z_0=1+\mathrm{i}$;

(5) e^z,$z_0=1$;

(6) $\dfrac{1}{1+z^2}$,$z_0=1$(写出前 5 项);

(7) $\arctan z$,$z_0=0$;

(8) $\sqrt{z-1}$,$z_0=0$.

11. 为什么在区域 $|z|<R$ 内解析,且在区间 $(-R,R)$ 上取实数值的函数 $f(z)$ 展开成 z 的幂级数时,展开式的系数都是实数?

12. 证明:$\dfrac{1}{4}|z|<|\mathrm{e}^z-1|<\dfrac{7}{4}|z|$,其中 $0<|z|<1$.

13. 把下列函数在指定的圆环域内展开成洛朗级数.

(1) $f(z)=\dfrac{1}{z-5}$,$0<|z-3|<2,4<|z-1|<+\infty$;

(2) $f(z)=\dfrac{1}{(z^2+1)(z-2)}$,$1<|z|<2$;

(3) $f(z)=\dfrac{1}{z^2(z-\mathrm{i})}$,$0<|z|<1$;

(4) $f(z)=\dfrac{1}{1+z^2}$,$0<|z-\mathrm{i}|<2,2<|z-\mathrm{i}|<+\infty,1<|z|<+\infty$;

(5) $f(z)=z^2\mathrm{e}^{\frac{1}{z}}$,$0<|z|<+\infty$;

(6) $f(z)=\sin\dfrac{1}{z-2}$,$0<|z-2|<+\infty$.

14. 函数 $\tan\left(\dfrac{1}{z}\right)$ 能否在圆环域 $0<|z|<R$ $(0<R<+\infty)$ 内展开成洛朗级数,为什么?

15. 证明:在 $f(z)=\sin\left(z+\dfrac{1}{z}\right)$ 以 z 的各幂表示的洛朗级数展开式中的各系数为

$$c_n=\dfrac{1}{2\pi}\int_0^{2\pi}\cos n\theta\cdot\sin(2\cos\theta)\mathrm{d}\theta \quad (n=0,\pm1,\pm2,\cdots)$$

提示:在计算 c_n 的公式中,取 C 为 $|z|<1$,并设此圆上的积分变量 $\xi=\mathrm{e}^{\mathrm{i}\theta}$,然后证明 C_n 的

积分虚部为 0.

16. 如果 k 为满足关系 $k^2 < 1$ 的实数, 证明:

$$\sum_{n=0}^{\infty} k^n \sin(n+1)\theta = \frac{\sin\theta}{1 - 2k\cos\theta + k^2}$$

$$\sum_{n=0}^{\infty} k^n \cos(n+1)\theta = \frac{\cos\theta - k}{1 - 2k\cos\theta + k^2}$$

提示: 取 $z = e^{i\theta}$, 则 $|z| > k$, 将 $\dfrac{1}{z-k}$ 展开为洛朗级数, 在洛朗级数展开式中令两边的实部与实部相等, 虚部与虚部相等.

第5章 留数理论及其应用

留数定理及其应用对复变函数论的发展起过一定的推动作用,在复变函数论中占有重要的地位,也是解决有关实际问题的有力工具. 在这一章,我们以洛朗级数为工具,先对孤立奇点进行分类,再引进留数的概念及留数定理,然后讲述留数定理的两个应用:一是用于处理微积分学中一些难以计算的定积分,二是用于解决有关函数的零点与极点个数的一些问题.

5.1 孤 立 奇 点

5.1.1 奇点的分类

定义 5.1 若 z_0 是 $f(z)$ 的奇点,函数 $f(z)$ 在去心邻域 $D:0 < |z - z_0| < R(0 < R < +\infty$,内有定义并且解析,则称 z_0 为 $f(z)$ 的孤立奇点.

例如,0 是 $\dfrac{\sin z}{z}, \dfrac{\sin z}{z^2}, e^{\frac{1}{z}}$ 的孤立奇点,函数 $f(z) = \dfrac{1}{z^2 + 1}$ 的孤立奇点是 $z = \pm i$.

定义 5.2 若 z_0 是 $f(z)$ 的奇点,但不是孤立奇点,则称 z_0 是 $f(z)$ 的非孤立奇点.

例如,$f(z) = \dfrac{1}{\sin \dfrac{\pi}{z}}$,显然 $z_n = \pm \dfrac{1}{n}, n \in \mathbf{N}$ 都是 $f(z)$ 的孤立奇点,$z = 0$ 是 $f(z)$ 的非孤立奇点.

若 z_0 为 $f(z)$ 的孤立奇点,则在去心邻域 $D:0 < |z - z_0| < R$ 内,$f(z)$ 有洛朗级数展开式

$$f(z) = \sum_{n=-\infty}^{+\infty} c_n(z - z_0)^n$$

系数

$$c_n = \frac{1}{2\pi i} \oint_{C_\rho} \frac{f(\zeta)}{(\zeta - z_0)^{n+1}} d\zeta \qquad (n = 0, \pm 1, \pm 2, \cdots)$$

其中,C_ρ 是圆周 $|z - z_0| = \rho(0 < \rho < R)$. 我们称 $\displaystyle\sum_{n=-\infty}^{-1} c_n(z - z_0)^n$ 为洛朗级数的主要部分,$\displaystyle\sum_{n=0}^{+\infty} c_n(z - z_0)^n$ 为洛朗级数的解析部分. 通过以后的分析可以看到,主要部分对函数 $f(z)$ 在 z_0 处的性质起着决定性作用.

定义 5.3 设 z_0 为 $f(z)$ 的孤立奇点.

(1)如果当 $n = -1, -2, -3, \cdots$ 时 $c_n = 0$,那么我们称 z_0 是 $f(z)$ 的可去奇点.

（2）如果在 $0 < |z - z_0| < R$ 内，$f(z)$ 的洛朗级数展开式的主要部分为有限多项，设为

$$\frac{c_{-m}}{(z - z_0)^m} + \frac{c_{-m+1}}{(z - z_0)^{m-1}} + \cdots + \frac{c_{-1}}{z - z_0} \qquad (c_{-m} \neq 0)$$

那么我们称 z_0 是 $f(z)$ 的 m 阶极点。按照 $m = 1$ 或 $m \geq 1$，我们也称 z_0 是 $f(z)$ 的单极点或 m 阶（级或重）极点。

（3）如果有无穷个负整数 n，使得 $c_n \neq 0$，那么我们称 z_0 是 $f(z)$ 的本性奇点。

例如，0 分别是 $\frac{\sin z}{z}$，$\frac{\sin z}{z^2}$，$\mathrm{e}^{\frac{1}{z}}$ 的可去奇点、单极点、本性奇点。

下面我们分别讨论三类孤立奇点的特征。如果 z_0 是 $f(z)$ 的可去奇点，我们可以将 $f(z)$ 在点 z_0 的值加以适当定义，使 z_0 成为 $f(z)$ 的解析点。这就是我们称 z_0 为 $f(z)$ 的可去奇点的原因。

定理 5.1 函数 $f(z)$ 在 $D : 0 < |z - z_0| < R(0 < R < +\infty)$ 内解析，那么 z_0 是 $f(z)$ 的可去奇点的充要条件是：存在着极限，$\lim\limits_{z \to z_0} f(z) = c_0$，其中 c_0 是一个复数。

证明 必要性。由题设，在 $0 < |z - z_0| < R$ 内，$f(z)$ 有洛朗级数展开式

$$f(z) = \sum_{n=0}^{+\infty} c_n (z - z_0)^n \qquad (5-1)$$

因为式（5-1）等号右边的幂级数的收敛半径至少是 R，所以它的和函数在 $|z - z_0| < R$ 内解析，于是

$$\lim_{z \to z_0} f(z) = c_0$$

充分性。设在 $0 < |z - z_0| < R$ 内，$f(z)$ 的洛朗级数展开式是 $f(z) = \sum\limits_{n=-\infty}^{+\infty} c_n (z - z_0)^n$。由假设，存在着两个正数 M 及 $\rho_0 (\rho_0 \leq R)$，使得在 $0 < |z - z_0| < \rho_0$ 内，$|f(z)| < M$，那么取 ρ，使得 $0 < \rho < \rho_0$，我们有

$$|c_n| \leq \frac{1}{2\pi} M \frac{2\pi\rho}{\rho^{n+1}} = \frac{M}{\rho^n} \qquad (n = 0, \pm 1, \pm 2, \cdots) \qquad (5-2)$$

当 $n = -1, -2, -3, \cdots$ 时，在式（5-2）中令 ρ 趋近于 0，就得到 $c_n = 0$。于是 z_0 是 $f(z)$ 的可去奇点。

推论 5.1 设函数 $f(z)$ 在 $D : 0 < |z - z_0| < R(0 < R < +\infty)$ 内解析，那么 z_0 是 $f(z)$ 的可去奇点的充要条件是：存在着某一个正数 $\rho_0 (\rho_0 \leq R)$，使得 $f(z)$ 在 $0 < |z - z_0| < \rho_0$ 内有界。

下面研究极点的特征。设函数 $f(z)$ 在 $0 < |z - z_0| < R$ 内解析，z_0 是 $f(z)$ 的 $m(m \geq 1)$ 阶极点，那么在 $0 < |z - z_0| < R$ 内，$f(z)$ 有洛朗级数展开式

$$f(z) = \frac{c_{-m}}{(z - z_0)^m} + \frac{c_{-m+1}}{(z - z_0)^{m+1}} + \cdots + \frac{c_{-1}}{z - z_0} + c_0 + c_1 (z - z_0) + \cdots + c_n (z - z_0)^n + \cdots$$

在这里 $c_{-m} \neq 0$。于是在 $0 < |z - z_0| < R$ 内，$f(z) = (z - z_0)^{-m} \varphi(z)$，其中 $\varphi(z)$ 是一个在

$|z - z_0| < R$ 内解析的函数,并且 $\varphi(z_0) \neq 0$.

反之,如果函数 $f(z)$ 在 $0 < |z - z_0| < R$ 内可以表示成为 $f(z) = (z - z_0)^{-m}\varphi(z)$,$\varphi(z)$ 是一个在 $|z - z_0| < R$ 内解析的函数,并且 $\varphi(z_0) \neq 0$,那么可以推出 z_0 是 $f(z)$ 的 m 阶极点,于是有下述定理.

定理 5.2 z_0 是 $f(z)$ 的 m 阶极点的充要条件是

$$f(z) = \frac{1}{(z - z_0)^m}\varphi(z) \tag{5-3}$$

其中,$\varphi(z)$ 是一个在 $|z - z_0| < R$ 内解析的函数,并且 $\varphi(z_0) \neq 0$.

定理 5.3 设函数 $f(z)$ 在 $D:0 < |z - z_0| < R(0 < R < +\infty)$ 内解析,那么 z_0 是 $f(z)$ 的极点的充要条件是

$$\lim_{z \to z_0} f(z) = \infty \tag{5-4}$$

证明 必要性由定理 5.2 显然可得,我们只证明充分性.

在定理的假设下,存在着某个正数 $\rho_0(\rho_0 \leq R)$,使得在 $0 < |z - z_0| < \rho_0$ 内,$f(z) \neq 0$,于是 $F(z) = \frac{1}{f(z)}$ 在 $0 < |z - z_0| < \rho_0$ 内解析,不等于零,而且

$$\lim_{z \to z_0} F(z) = \lim_{z \to z_0} \frac{1}{f(z)} = 0$$

因此,z_0 是 $F(z)$ 的一个可去奇点,从而在 $0 < |z - z_0| < \rho_0$ 内,有洛朗级数展开式

$$F(z) = a_0 + a_1(z - z_0) + \cdots + a_n(z - z_0)^n + \cdots$$

我们有 $a_0 = \lim_{z \to z_0} F(z) = 0$. 由于在 $0 < |z - z_0| < \rho_0$ 内,$F(z) \neq 0$,由定理 5.1 知存在 $m \geq 1$,使得

$$a_0 = a_1 = \cdots = a_{m-1} = 0, a_m \neq 0$$

由此得 $F(z) = (z - z_0)^m \Phi(z)$,其中 $\Phi(z)$ 在 $|z - z_0| < \rho_1$ 内解析,且 $\Phi(z_0) = a_m \neq 0$. 于是在 $0 < |z - z_0| < \rho_0$ 内,有

$$f(z) = \frac{1}{(z - z_0)^m}\varphi(z)$$

在这里,$\varphi(z) = \frac{1}{\Phi(z)}$ 在 $|z - z_0| < \rho_1$ 内解析,$\varphi(z_0) = a_m^{-1} \neq 0$. 因此 z_0 是 $f(z)$ 的 m 阶极点.

推论 5.2 设函数 $f(z)$ 在 $D:0 < |z - z_0| < R(0 < R < +\infty)$ 内解析,那么 z_0 是 $f(z)$ 的 m 阶极点的充要条件是

$$\lim_{z \to z_0}(z - z_0)^m f(z) = c_{-m}$$

其中,m 是一个正整数,c_{-m} 是一个不等于 0 的复数.

关于解析函数的本性奇点,我们有下面的结论:

定理 5.4 函数 $f(z)$ 在 $D:0 < |z - z_0| < R(0 < R < +\infty)$ 内解析,那么 z_0 是 $f(z)$ 的本性奇点的充要条件是 $\lim_{z \to z_0} f(z)$ 不存在($\lim_{z \to z_0} f(z)$ 既不为有限数,亦不为 ∞).

例5.1　0 是函数 $e^{\frac{1}{z}}$ 的本性奇点, 不难看出 $\lim\limits_{z\to0} e^{\frac{1}{z}}$ 是不存在的.

解　当 z 沿正实轴趋近于 0 时, $e^{\frac{1}{z}}$ 趋近于 $+\infty$; 当 z 沿负实轴趋近于 0 时, $e^{\frac{1}{z}}$ 趋近于 0; 当 z 沿虚轴趋近于 0 时, $e^{\frac{1}{z}}$ 没有极限. 由定理 5.4 可得, 0 是函数 $e^{\frac{1}{z}}$ 的本性奇点.

由上面的定理, 我们可以看出函数 $f(z)$ 的孤立奇点 z_0 的类型可以由 $\lim\limits_{z\to z_0} f(z)$ 是否存在等情况来确定. 关于本性奇点, 魏尔斯特拉斯、皮卡给出过更详细的刻画.

定理5.5　函数 $f(z)$ 在 $D:0<|z-z_0|<R(0<R<+\infty)$ 内解析, 那么 z_0 是 $f(z)$ 的本性奇点的充要条件是: 对任意有限或无穷复数 γ, 在 $D:0<|z-z_0|<R(0<R<+\infty)$ 内, 一定存在收敛于 z_0 的点列 $\{z_n\}$ 使得

$$\lim_{n\to+\infty} f(z_n) = \gamma$$

定理5.6　函数 $f(z)$ 在 $D:0<|z-z_0|<R(0<R<+\infty)$ 内解析, 那么 z_0 是 $f(z)$ 的本性奇点的充要条件是: 对任意复数 $\gamma\neq\infty$, 除掉一个可能值 $r=r_0$ 外, 在 $D:0<|z-z_0|<R(0<R<+\infty)$ 内, 一定存在收敛于 z_0 的点列 $\{z_n\}$ 使得 $f(z_n)=\gamma, n=1,2,3,\cdots$

从 19 世纪末到 20 世纪, 从皮卡定理出发, 对于解析函数的值的分布及有关问题, 曾经有过大量的研究工作. 我国数学工作者熊庆来、庄圻泰、杨乐、张广厚等得到了很多重要的结果, 受到世界数学工作者的重视.

5.1.2　零点与极点的关系

定义5.4　设 $f(z)$ 在 z_0 处解析, 且不恒为零. 如果 $f(z_0)=0$, 则称 z_0 是 $f(z)$ 的零点. 如果 $f(z_0)=f'(z_0)=\cdots=f^{(m-1)}(z_0)=0, f^{(m)}(z_0)\neq0$, 则称 z_0 是 $f(z)$ 的 m 阶零点.

定理5.7　z_0 是 $f(z)$ 的 m 阶零点的充要条件是

$$f(z) = (z-z_0)^m\varphi(z) \tag{5-5}$$

其中, $\varphi(z)$ 是一个在 $|z-z_0|<R$ 内解析的函数, 并且 $\varphi(z_0)\neq0$.

证明　设函数 $f(z)$ 在 $|z-z_0|<R$ 内解析, 在 $0<|z-z_0|<R$ 内, 有

$$f(z) = c_0 + c_1(z-z_0) + \cdots + c_n(z-z_0)^n + \cdots$$

由 z_0 是 $f(z)$ 的 m 阶零点知, $c_0=c_1=\cdots=c_{m-1}=0, c_m\neq0$. 于是在 $0<|z-z_0|<R$ 内, 有

$$f(z) = (z-z_0)^m\varphi(z)$$

其中, $\varphi(z) = \sum\limits_{k=0}^{\infty} c_{m+k}(z-z_0)^k$ 是一个在 $|z-z_0|<R$ 内解析的函数, 并且 $\varphi(z_0)=c_m\neq0$.

反之, 由假设 $\varphi(z)$ 是一个在 $|z-z_0|<R$ 内解析的函数, 并且 $\varphi(z_0)\neq0$, 记

$$\varphi(z) = \sum_{k=0}^{\infty} a_k(z-z_0)^k, \quad \varphi(z_0) = a_0 \neq 0$$

如果函数 $f(z)$ 在 $0<|z-z_0|<R$ 内可以表示成为 $f(z)=(z-z_0)^m\varphi(z)(\varphi(z_0)\neq0)$, 利用泰

勒展开式的唯一性,可以推出
$$f(z_0) = f'(z_0) = \cdots = f^{(m-1)}(z_0) = 0, f^{(m)}(z_0) \neq 0$$
因此,z_0 是 $f(z)$ 的 m 阶零点.

例如函数 $f(z) = z^3 - 1 = (z-1)(z^2 + z + 1)$,故 $z = 1$ 是 $f(z)$ 的 1 阶零点.

函数的零点与极点的关系,可用下面的定理给予表述.

定理 5.8 z_0 是 $f(z)$ 的 m 阶极点的充要条件是 z_0 是 $\dfrac{1}{f(z)}$ 的 m 阶零点.

证明 如果 $\varphi(z)$ 是一个在 z_0 处解析的函数,并且 $\varphi(z_0) \neq 0$,由解析函数的性质可知,$\dfrac{1}{\varphi(z)}$ 是一个在 z_0 处解析的函数,并且 $\dfrac{1}{\varphi(z_0)} \neq 0$.

若 z_0 是 $f(z)$ 的 m 阶极点,则存在一个在 $|z - z_0| < R$ 内解析的函数 $\varphi(z)$,使得 $\varphi(z_0) \neq 0$,有
$$f(z) = \frac{1}{(z - z_0)^m} \varphi(z)$$
进而
$$\frac{1}{f(z)} = (z - z_0)^m \frac{1}{\varphi(z)}$$
因此,z_0 是 $\dfrac{1}{f(z)}$ 的 m 阶零点.

反之,结论也可类似地证明.

例 5.2 $z = 0$ 是 $f(z) = \dfrac{e^z - 1}{z^3}$ 的几阶极点?

解 由函数 e^z 的性质或在 $z = 0$ 处的泰勒展开式可知,$z = 0$ 是 $e^z - 1$ 的一阶零点,则
$$e^z - 1 = z\varphi(z)$$
其中,$\varphi(z)$ 是一个在 $|z - z_0| < R$ 内解析的函数,并且 $\varphi(z_0) \neq 0$. 因此
$$f(z) = z^{-2}\varphi(z)$$
从而知 $z = 0$ 是 $f(z)$ 的二阶极点.

例 5.3 设 z_0 分别是 $f(z)$,$g(z)$ 的 m 阶和 n 阶零点(或极点),试讨论函数 $\dfrac{f(z)}{g(z)}$ 在点 z_0 处的情况.

解 当 z_0 分别是 $f(z)$,$g(z)$ 的 m 和 n 阶零点,由定理 5.7 知,设
$$f(z) = (z - z_0)^m \varphi(z), \quad g(z) = (z - z_0)^n \phi(z)$$
$$\frac{f(z)}{g(z)} = \frac{(z - z_0)^m \varphi(z)}{(z - z_0)^n \phi(z)} = (z - z_0)^{m-n} \frac{\varphi(z)}{\phi(z)}$$
其中,$\dfrac{\varphi(z)}{\phi(z)}$ 在 z_0 处解析且 $\dfrac{\varphi(z_0)}{\phi(z_0)} \neq 0$. 故当 $m > n$ 时,z_0 是 $\dfrac{f(z)}{g(z)}$ 的 $m - n$ 阶零点;当 $m = n$ 时,z_0 是

$\dfrac{f(z)}{g(z)}$ 的可去奇点;当 $m < n$ 时,z_0 分别是 $\dfrac{f(z)}{g(z)}$ 的 $n - m$ 阶极点.

当 z_0 分别是 $f(z)$,$g(z)$ 的 m 和 n 阶极点时,可作类似的讨论.

5.1.3 解析函数在无穷远点的性质[*]

定义 5.5 设函数 $f(z)$ 在区域 $R < |z| < +\infty$ 内解析,那么无穷远点称为 $f(z)$ 的孤立奇点. 在这个区域内,$f(z)$ 有洛朗级数展开式 $f(z) = \sum\limits_{n=-\infty}^{+\infty} c_n z^n$.

令 $z = \dfrac{1}{w}$,按照 $R > 0$ 或 $R = 0$,我们得到在 $0 < |w| < \dfrac{1}{R}$ 或 $0 < |w| < +\infty$ 内解析的函数 $\varphi(w) = f(\dfrac{1}{w})$,其洛朗级数展开式是 $\varphi(w) = \sum\limits_{n=-\infty}^{+\infty} \dfrac{c_n}{w^n}$.

如果 $w = 0$ 是 $\varphi(w)$ 的可去奇点、(m 阶)极点或本性奇点,那么分别说 $z = \infty$ 是 $f(z)$ 的可去奇点、(m 阶)极点或本性奇点. 从而有如下结论:

(1)如果当 $n = 1, 2, 3, \cdots$ 时 $c_n = 0$,那么 $z = \infty$ 是 $f(z)$ 的可去奇点.

(2)如果只有有限个(至少一个)整数 n,使得 $c_n \neq 0$,那么 $z = \infty$ 是 $f(z)$ 的极点. 设对于正整数 $m, c_m \neq 0$,而当 $n > m$ 时,$c_n = 0$,那么我们称 $z = \infty$ 是 $f(z)$ 的 m 阶极点. 按照 $m = 1$ 或 $m > 1$,我们也称 $z = \infty$ 是 $f(z)$ 的单极点或 m 阶(级或重)极点.

(3)如果有无限个整数 $n > 0$,使得 $c_n \neq 0$,那么我们说 $z = \infty$ 是 $f(z)$ 的本性奇点.

当 $z = \infty$ 为 $f(z)$ 的可去奇点时,我们称 $f(z)$ 在无穷远点解析,这与以前的定义($f(\dfrac{1}{w})$ 在 $w = 0$ 处解析)是等价的.

前述结论都可以推广到无穷远点的情形,我们综合如下:

定理 5.9 设函数 $f(z)$ 在区域 $R < |z| < +\infty$ 内解析,那么 $z = \infty$ 是 $f(z)$ 的可去奇点、极点或本性奇点的充要条件是:存在着极限、无穷极限 $\lim\limits_{z \to \infty} f(z)$ 或不存在有限或无穷的极限 $\lim\limits_{z \to \infty} f(z)$.

推论 5.3 设函数 $f(z)$ 在区域 $R < |z| < +\infty$ 内解析,那么 $z = \infty$ 是 $f(z)$ 的可去奇点的充要条件是:存在着某一个正数 $\rho_0 (\rho_0 \geqslant R)$,使得 $f(z)$ 在 $\rho_0 < |z - z_0| < +\infty$ 内有界.

例 5.4 确定下列函数的无穷远点的奇点类型.

(1) $\dfrac{z}{z-1}$;　　　　(2) e^{-z};　　　　(3) $e^{\frac{1}{z}} + z^3$.

解 (1)因为 $\lim\limits_{z \to \infty} \dfrac{z}{z-1} = 1$,故 $z = \infty$ 是函数 $\dfrac{z}{z-1}$ 的可去奇点;

(2)因为 $\lim\limits_{x \to +\infty} e^x = +\infty$, $\lim\limits_{x \to -\infty} e^x = 0$,$\lim\limits_{z \to \infty} e^z$ 不存在,故 $z = \infty$ 是函数 e^{-z} 的本性奇点;

(3)因为 $e^{\frac{1}{z}} + z^3 = z^3 + \sum\limits_{n=0}^{+\infty} \dfrac{1}{n!} \dfrac{1}{z^n}$,故 $z = \infty$ 是函数 $e^{\frac{1}{z}} + z^3$ 的三阶极点.

5.2 留 数 定 理

5.2.1 留数的概念

如果函数 $f(z)$ 在点 z_0 解析,由解析的定义知这意味着 $f(z)$ 在点的某邻域内解析. 假设圆 C: $|z - z_0| = r$ 完全包含在 z_0 的这一邻域内,那么根据柯西定理,积分 $\oint_C (z) \mathrm{d}z$ 等于 0.

如果 z_0 是 $f(z)$ 的孤立奇点,由孤立奇点的定义可知 $f(z)$ 在 z_0 的某去心邻域内解析. 假设圆 $C:|z - z_0| = r$ 完全包含在这一去心邻域内,则一般来说,积分 $\oint_C (z) \mathrm{d}z$ 不等于 0.

定义 5.6 设 z_0 为 $f(z)$ 函数的孤立奇点,且 $f(z)$ 在区域 $0 < |z - z_0| < R$ 内解析,称积分

$$\frac{1}{2\pi \mathrm{i}} \oint_C f(z) \mathrm{d}z \tag{5-6}$$

为 $f(z)$ 在点 z_0 的留数,记作 $\mathrm{Res}[f(z), z_0]$,这里积分是沿着 C 按逆时针方向取的.

需要注意的是,我们定义的留数 $\mathrm{Res}[f(z), z_0]$ 与圆 C 的半径 r 无关. 事实上,在 $0 < |z - z_0| < R$ 内,$f(z)$ 有洛朗级数展开式

$$f(z) = \sum_{n=-\infty}^{+\infty} c_n (z - z_0)^n$$

而且这一展开式在 C 上一致收敛. 通过逐项积分,有

$$\oint f(z) \mathrm{d}z = \sum_{n=-\infty}^{+\infty} c_n \oint (z - z_0)^n \mathrm{d}z = 2\pi \mathrm{i} c^{-1}$$

因此,$\mathrm{Res}[f(z), z_0] = c^{-1}$.

5.2.2 留数的求法

本节讲述几种常见的情形下,计算留数的方法. 首先由前一小节的分析,我们可以总结出计算留数的一般方法,这种方法适用于所有类型的孤立奇点.

规则 5.1 如果在去心邻域 $0 < |z - z_0| < R$ 内,函数 $f(z)$ 有洛朗级数展开式

$$f(z) = \sum_{n=-\infty}^{+\infty} c_n (z - z_0)^n$$

则 $\mathrm{Res}[f(z), z_0] = c_{-1}$. 即 $f(z)$ 在孤立奇点 z_0 处的留数等于其洛朗级数展开式中 $\dfrac{1}{z - z_0}$ 这一项的系数.

特别地,当 z_0 是 $f(z)$ 的可去奇点时,由规则 5.1 可知

$$\mathrm{Res}[f(z), z_0] = 0 \tag{5-7}$$

下面我们考虑 z_0 是 $f(z)$ 极点时的情形. 设 z_0 是 $f(z)$ 的一个一阶极点,因此在去掉中心 z_0 的某一圆盘内$(z \neq z_0)$,有

$$f(z) = \frac{1}{z - z_0} \varphi(z) \qquad (5-8)$$

其中,$\varphi(z)$在这个圆盘内(包括点 $z = z_0$)解析,其泰勒级数展开式是

$$\varphi(z) = \sum_{n=1}^{+\infty} c_n (z - z_0)^n$$

而且 $c_0 = \varphi(z_0) \neq 0$. 显然,在 $f(z)$ 的洛朗级数中$\frac{1}{z - z_0}$的系数等于 $\varphi(z_0)$,因此

$$\mathrm{Res}[f(z), z_0] = \lim_{z \to z_0}(z - z_0)f(z)$$

如果在上述去掉中心 z_0 的圆盘内$(z \neq z_0)$,$f(z)$ 可表示为如下形式,即

$$f(z) = \frac{P(z)}{Q(z)}$$

其中,$P(z)$ 及 $Q(z)$ 在这圆盘内包括在 $z = z_0$ 处解析,$P(z_0) \neq 0$,z_0 是 $Q(z)$ 的一阶零点,并且 $Q(z)$ 在这圆盘内没有其他零点,那么 z_0 是 $f(z)$ 的一阶极点,因而

$$\mathrm{Res}[f(z), z_0] = \lim_{z \to z_0} f(z) = \lim_{z \to z_0}(z - z_0)\frac{P(z)}{Q(z) - Q(z_0)} = \lim_{z \to z_0}\frac{P(z)}{\dfrac{Q(z) - Q(z_0)}{(z - z_0)}} = \frac{P(z_0)}{Q'(z_0)}$$

由上述分析,我们可以总结出计算留数的第二种方法,这种方法仅适用于一阶极点.

规则 5.2 设 z_0 是 $f(z) = \dfrac{P(z)}{Q(z)}$ 的一个一阶极点(只要 $P(z)$ 及 $Q(z)$ 在 $z = z_0$ 处解析且 $P(z_0) \neq 0$,$Q(z_0) = 0$,$Q'(z_0) \neq 0$),则

$$\mathrm{Res}[f(z), z_0] = \frac{P(z_0)}{Q'(z_0)} \qquad (5-9)$$

例 5.5 求函数

$$f(z) = \frac{e^{iz}}{1 + z^2}$$

在 $z = i$ 处的留数.

解 令

$$P(z) = e^{iz}, Q(z) = 1 + z^2, z_0 = i$$

由于 $P(z)$ 及 $Q(z)$ 在 $z = i$ 处解析,且 $P(z_0) = e^{-1}$,$Q(z_0) = 0$,$Q'(z_0) = 2i$,由规则 5.2 可知 $z = i$ 为 $(z) = \dfrac{e^{iz}}{1 + z^2}$的一阶极点,进一步应用式$(5-9)$可得

$$\mathrm{Res}[f(z), z_0] = \frac{P(z_0)}{Q'(z_0)} = -\frac{i}{2e}$$

即 $\mathrm{Res}[f(z),\mathrm{i}] = -\dfrac{\mathrm{i}}{2\mathrm{e}}$. 用类似方法可求得 $\mathrm{Res}[f(z),-\mathrm{i}] = \dfrac{\mathrm{i}}{2}\mathrm{e}$.

其次,我们考虑高阶极点的情形. 设 z_0 是 $f(z)$ 的一个 k 阶极点 $(k \geqslant 1)$. 这就是说,在去掉中心的某一圆盘内 $(z \neq z_0)$,有

$$f(z) = \frac{1}{(z-z_0)^k}\varphi(z) \tag{5-10}$$

其中, $\varphi(z)$ 在这个圆盘内包括 $z \neq z_0$ 处解析,而且 $\varphi(z_0) \neq 0$. 在这个圆盘内,泰勒级数展开式是

$$\varphi(z) = \sum_{n=0}^{+\infty} c_n(z-z_0)^n$$

由此可见

$$\mathrm{Res}[f(z),z_0] = c_{k-1}$$

因此,问题转化为求 $\varphi(z)$ 泰勒级数展开式的系数. 如果容易求出 $\varphi(z)$ 的泰勒级数展开式,那么由此可得 $\mathrm{Res}[f(z),z_0] = c_{k-1}$;否则要采用其他方法求留数.

显然,由泰勒展开定理知

$$c_{k-1} = \frac{\varphi^{(k-1)}(z_0)}{(k-1)!} = \lim_{z \to z_0}\frac{\varphi^{(k-1)}(z)}{(k-1)!}$$

再由式 $(5-10)$,可得到如下计算 $\mathrm{Res}[f(z),z_0]$ 的公式,即

$$\mathrm{Res}[f(z),z_0] = \frac{1}{(k-1)!}\lim_{z \to z_0}\frac{\mathrm{d}^{k-1}[(z-z_0)^k f(z)]}{\mathrm{d}z^{k-1}}$$

由上述分析,我们可以总结出计算留数的第三种方法,这种方法适用于各阶极点.

规则 5.3　设 z_0 是 $f(z)$ 的一个 k 阶极点 $(k \geqslant 1)$,则

$$\mathrm{Res}[f(z),z_0] = \frac{1}{(k-1)!}\lim_{z \to z_0}\frac{\mathrm{d}^{k-1}[(z-z_0)^k f(z)]}{\mathrm{d}z^{k-1}}$$

例 5.6　求函数 $\cot z$ 在各孤立奇点处的留数.

解　令 $P(z) = \cos z, Q(z) = \sin z$,则 $f(z) = \dfrac{P(z)}{Q(z)}$. 由于 $P(z), Q(z)$ 都是复平面上的解析函数, $f(z)$ 的孤立奇点为分母 $Q(z) = \sin z$ 的所有零点,故 $z = n\pi(n = 0, \pm 1, \pm 2, \cdots)$ 是 $f(z)$ 的孤立奇点. 经简单计算可得

$$P(n\pi) = \cos n\pi = (-1)^n \neq 0, Q(n\pi) = \sin n\pi = 0, Q'(n\pi) = \cos n\pi \neq 0$$

故由规则 5.2 知 $z = n\pi(n = 0, \pm 1, \pm 2, \cdots)$ 是 $f(z)$ 的一阶极点,式 $(5-9)$ 可计算出

$$\mathrm{Res}[f(z),n\pi] = \frac{P(n\pi)}{Q'(n\pi)} = 1$$

即函数 $f(z)$ 有无穷多个一阶极点 $z = n\pi(n = 0, \pm 1, \pm 2, \cdots)$,对应留数都是 1.

当 z_0 是 $f(z)$ 的的本性奇点时,我们通常应用规则 5.1 来计算留数 $\mathrm{Res}[f(z),z_0]$,即利用

$f(z)$在z_0的某个去心邻域内的洛朗级数展开式来求c^{-1}($\dfrac{1}{z-z_0}$这一项的系数).

例5.7 求函数$f(z) = \mathrm{e}^{\frac{1}{z^2}}$在$z=0$处的留数.

解 $z=0$是$f(z) = \mathrm{e}^{\frac{1}{z^2}}$的本性奇点,在该点的去心邻域内有洛朗级数展开式

$$\mathrm{e}^{\frac{1}{z^2}} = 1 + \frac{1}{z^2} + \frac{1}{2!}\frac{1}{z^4} + \cdots$$

于是得 $\mathrm{Res}[\,\mathrm{e}^{\frac{1}{z^2}},0\,] = 0.$

5.2.3 在无穷远点处的留数*

设函数$f(z)$在区域$R < |z| < +\infty$内解析,即∞是$f(z)$的孤立奇点. 选取ρ,使$\rho > R$,并且作圆$C:|z| = \rho$,积分$\dfrac{1}{2\pi\mathrm{i}}\oint f(z)\mathrm{d}z$是常数.

定义5.7 设函数$f(z)$在区域$R < |z| < +\infty$内解析,称积分

$$\frac{1}{2\pi\mathrm{i}}\oint f(z)\mathrm{d}z \tag{5-11}$$

为$f(z)$在孤立奇点∞的留数,记作$\mathrm{Res}[f(z),\infty\,]$,这里积分是沿着$C$按顺时针方向取的.

在$R < |z| < +\infty$内,$f(z)$有洛朗级数展开式$f(z) = \displaystyle\sum_{n=-\infty}^{+\infty} c_n z^n$,这一展开式在上一致收敛. 逐项积分,我们有

$$C^- \oint_C - f(z)\mathrm{d}z$$

因此,$\mathrm{Res}[f(z),\infty\,] = -c_{-1}$. 我们略去推导过程,直接引入计算$\mathrm{Res}[f(z),\infty\,]$的另一公式,即

$$\mathrm{Res}[f(z),\infty\,] = -\mathrm{Res}\left[\frac{1}{z^2}f\left(\frac{1}{z}\right),0\right]$$

例5.8 求$f(z) = \dfrac{1}{z^4-1}\mathrm{e}^{\frac{1}{z}}$在无穷远点的留数.

解 $\mathrm{Res}[f(z),\infty\,] = -\mathrm{Res}\left[\dfrac{1}{z^2}f\left(\dfrac{1}{2}\right),0\right] = -\mathrm{Res}\left[\dfrac{z^2 \mathrm{e}^z}{1-z^4},0\right] = 0$

例5.9 求$f(z) = z\mathrm{e}^{\frac{1}{z}}$在无穷远点的留数.

解 在$R < |z-z_0| < +\infty$内,$f(z)$有洛朗级数展开式

$$z\mathrm{e}^{\frac{1}{z}} = z\left(\sum_{n=0}^{+\infty} \frac{1}{n!}\left(\frac{1}{z}\right)^n\right) = \sum_{n=0}^{+\infty} \frac{1}{n!}\frac{1}{z^{n-1}}$$

故 $\mathrm{Res}[f(z),\infty\,] = -c_{-1} = -\dfrac{1}{2}$

5.2.4 留数定理

留数定理是留数理论及其应用的基础,它将沿简单闭曲线的积分问题,转化为简单闭曲线内部孤立奇点处的留数的计算问题.

定理 5.10(第一留数定理) 设 D 是在复平面上的一个有界区域,其边界 C 是一条或有限条简单闭曲线(如图 5.1 所示,C 是由 C_0 C_1 和 C_2 组成的). 设 $f(z)$ 在 D 内除去有限孤立奇点 $z_1, z_2, \cdots, z_n$ 外处处都解析,并且它在 C 上也解析,那么我们有

$$\oint_C f(z)\,\mathrm{d}z = 2\pi\mathrm{i} \sum_{k=1}^{n} \operatorname{Res}[f(z), z_k] \qquad (5-12)$$

其中沿 C 的积分是按关于区域 D 的正向取的.

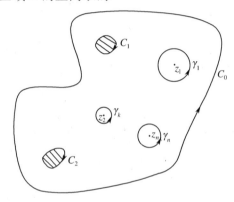

图 5.1 第一留数定理配图

证明 以 D 内每一个孤立奇点 z_k 为心,作圆 γ_k,使以它为边界的闭圆盘上每一点都在 D 内,并且使任意两个这样的闭圆盘彼此无公共点. 因此根据复合闭路定理,有

$$\oint_C f(z)\,\mathrm{d}z = \sum_{k=1}^{n} \oint_{\gamma_k} f(z)\,\mathrm{d}z$$

这里沿 C 的积分是按关于区域 D 的正向取的,沿 γ_k 的积分是按逆时针方向取的. 根据留数的定义,有

$$\sum_{k=1}^{n} \oint_{\gamma_k} f(z)\,\mathrm{d}z = 2\pi\mathrm{i} \sum_{k=1}^{n} \operatorname{Res}[f(z), z_k]$$

因此

$$\oint_C f(z)\,\mathrm{d}z = 2\pi\mathrm{i} \sum_{k=1}^{n} \operatorname{Res}[f(z), z_k]$$

定理 5.11(第二留数定理) 设 $f(z)$ 在除去有限个孤立奇点 $z_1, z_2, \cdots, z_{n-1}$ 和 $z_n = \infty$ 的扩充复平面内解析,则

$$\sum_{k=1}^{n} \text{Res}[f(z), z_k] = 0 \tag{5-13}$$

证明 设 C 是一条绕原点，且将 $z_1, z_2, \cdots, z_{n-1}$ 包含在它的内部的正向简单闭曲线，则由函数在无穷远点的留数定义及第一留数定理知

$$\sum_{k=1}^{n-1} \text{Res}[f(z), z_k] + \text{Res}[f(z), \infty] = \frac{1}{2\pi i}\oint_C f(z)\,dz + \frac{1}{2\pi i}\oint_{C^-} f(z)\,dz = 0$$

例 5.10 计算积分 $\oint_{|z|=2} \dfrac{z}{z^2-1}\,dz$.

解 函数 $f(z) = \dfrac{z}{z^2-1}$ 在区域 $|z| < 2$ 内有两个孤立奇点 $z = \pm 1$，都是 1 阶极点. 由第一留数定理可知

$$\oint_{|z|=2} \frac{z}{z^2-1}\,dz = 2\pi i\{\text{Res}[f(z), 1] + \text{Res}[f(z), -1]\}$$

$$= 2\pi i\left\{\frac{z}{(z^2-1)'}\bigg|_{z=1} + \frac{z}{(z^2-1)'}\bigg|_{z=-1}\right\}$$

$$= 2\pi i\left(\frac{1}{2} + \frac{1}{2}\right) = 2\pi i$$

例 5.11 计算积分 $\oint_{|z|=2} \dfrac{1}{(z-i)^5(z-3)}\,dz$.

解 因为 $z = i$ 是被积函数 $f(z) = \dfrac{1}{(z-i)^5(z-3)}$ 的五阶极点，且在被积曲线 $C: |z| = 2$ 内部，如果直接用第一留数定理，对应的留数计算比较烦琐，我们可以利用第二留数定理.

函数 $f(z)$ 在扩充复平面的孤立奇点是 $i, 3$ 和 ∞，故

$$\text{Res}[f(z), i] + \text{Res}[f(z), 3] + \text{Res}[f(z), \infty] = 0$$

$$\oint_{|z|=2} \frac{1}{(z-i)^5(z-3)}\,dz = 2\pi i\,\text{Res}[f(z), i] = -2\pi i\{\text{Res}[f(z), 3] + \text{Res}[f(z), \infty]\}$$

$$= -2\pi i\left\{\frac{1}{(z-i)^5}\bigg|_{z=3} + 0\right\} = -\frac{2\pi i}{(3-i)^5}$$

5.3 用留数定理计算实积分

在数学分析及许多实际问题中，往往要求计算出一些定积分或反常积分的值，而在积分的计算过程中，被积函数的原函数不容易求，或不能用初等函数表示出来；或者有时可以求出原函数，但计算也往往非常复杂. 这时，利用留数定理可以把要求的积分转化为复变函数沿闭曲线的积分，从而把待求积分转化为留数的计算. 下面我们就阐述求几种特殊形式的实积分的方

法. 通过下面一系列的例子,我们可以发现,这种方法的关键之处是:① 选取恰当的复变函数作为被积函数;② 选取恰当的简单的闭的积分曲线.

该方法的特点如下:

(1) 利用留数定理,我们把计算一些积分的问题,转化为计算某些解析函数在孤立奇点的留数,从而大大化简了计算;

(2) 利用留数计算积分没有通用的方法,我们只考虑几种特殊类型的积分;

(3) 对同一个积分,可以选取不同的被积函数和封闭曲线,由于时间的关系,需要读者花时间去自学.

5.3.1 $\int_0^{2\pi} R(\sin x, \cos x)\,dx$ 型积分的计算

这里 $R(\sin x, \cos x)$ 是表示 $\sin x$ 和 $\cos x$ 的有理函数,并且在 $[0, 2\pi]$ 上连续. 我们可设 $z = e^{ix}$,有

$$\sin x = \frac{1}{2i}(e^{ix} - e^{-ix}) = \frac{z^2 - 1}{2zi}, \cos x = \frac{1}{2}(e^{ix} + e^{ix}) = \frac{z^2 + 1}{2z}, dx = \frac{dz}{iz}$$

当 x 经历变程 $[0, 2\pi]$ 时,z 沿圆周的正方向绕行一周. 因此,所求积分可转化为沿正向单位圆周上复函数的积分

$$\int_0^{2\pi} R(\sin x, \cos x)\,dx = \oint_{|z|=1} R\left(\frac{z^2 - 1}{2zi}, \frac{z^2 + 1}{2z}\right)\frac{1}{zi}dz$$

令 $f(z) = R\left(\frac{z^2 - 1}{2zi}, \frac{z^2 + 1}{2z}\right)\frac{1}{zi}$,则由第一留数定理,有

$$\int_0^{2\pi} R(\sin x, \cos x)\,dx = 2\pi i \sum_{k=1}^{n} \text{Res}[f(z), z_k] \tag{5-14}$$

其中,$z_1, z_2, \cdots, z_n$ 是包含在圆周 $|z| = 1$ 内部的 $f(z)$ 的孤立奇点.

例5.12 计算积分 $I = \int_0^{2\pi} \frac{1}{a + \sin t}dt$,其中常数 $a > 1$.

解 令 $z = e^{it}$,那么 $\sin t = \frac{z^2 - 1}{2zi}, dt = \frac{dz}{zi}$. 而且当 t 从 0 增加到 2π 时,z 按逆时针方向绕圆 $C : |z| = 1$ 一周. 因此

$$I = \oint_C \frac{2}{z^2 + 2azi - 1}dz$$

于是应用留数定理,只需计算 $f(z) = \frac{2}{z^2 + 2azi - 1}$ 在 $|z| < 1$ 内孤立奇点处的留数,就可求出 I.

$f(z)$ 有两个极点 $z_1 = (-a + \sqrt{a^2 - 1})i$ 及 $z_2 = (-a - \sqrt{a^2 - 1})i$. 显然 $|z_1| < 1$, $|z_2| > 1$. 因此被积函数在 $|z| < 1$ 内只有一个极点 z_1,而它在这点的留数是

$$\text{Res}[f(z),z_1] = \lim_{z \to z_1}(z - z_1)\frac{2}{(z - z_1)(z - z_2)} = \frac{1}{\mathrm{i}\sqrt{a^2 - 1}}$$

于是求得

$$I = 2\pi\mathrm{i}\text{Res}[f(z),z_1] = \frac{2\pi}{\sqrt{a^2 - 1}}$$

例 5.13 计算积分 $I = \displaystyle\int_0^{2\pi}\frac{1}{1 + \sin^2\theta}\mathrm{d}\theta.$

解 令 $\varphi = 2\theta$，通过变量替换将原积分化为

$$\int_0^{2\pi}\frac{1}{1 + \sin^2\theta}\mathrm{d}\theta = \int_0^{2\pi}\frac{2}{3 - \cos2\theta}\mathrm{d}\theta = \int_0^{2\pi}\frac{1}{3 - \cos\varphi}\mathrm{d}\varphi$$

令 $z = \mathrm{e}^{\mathrm{i}\varphi}$，则有 $\cos\varphi = \dfrac{z^2 + 1}{2z}$，上述实积分可转化为

$$\int_0^{2\pi}\frac{1}{3 - \cos\varphi}\mathrm{d}\varphi = \int_C\frac{2}{(6z - z^2 - 1)\mathrm{i}}\mathrm{d}z$$

其中，$C:|z| = 1.$ 令 $f(z) = \dfrac{2}{(6z - z^2 - 1)\mathrm{i}}$，它有两个孤立奇点 $z_1 = 3 - 2\sqrt{2}$ 和 $z_2 = 3 + 2\sqrt{2}.$ 显然，$|z_1| < 1$，$|z_2| > 1$，且

$$\text{Res}[f(z),z_1] = \lim_{z \to z_1}(z - z_1)\frac{2}{-(z - z_1)(z - z_2)\mathrm{i}} = \frac{1}{2\sqrt{2}\mathrm{i}}$$

于是求得

$$I = 2\pi\mathrm{i}\text{Res}[f(z),z_1] = \frac{\pi}{\sqrt{2}}$$

5.3.2 $\displaystyle\int_{-\infty}^{+\infty}f(x)\mathrm{d}x$ 型积分的计算

第二类可以用留数理论计算的积分是实变数的无穷积分

$$\int_{-\infty}^{+\infty}f(x)\mathrm{d}x \tag{5 - 15}$$

这里我们只考虑 $f(x) = \dfrac{P(x)}{Q(x)}$ 的情形，其中 $P(x)$ 和 $Q(x)$ 为关于 x 的互质多项式，且满足：

(1) 分母 $Q(x)$ 的次数比分子 $P(x)$ 的次数至少高二次；

(2) $Q(x) = 0$ 没有实根($f(x)$ 在实轴上没有奇点).

由条件(1)(2)及高等数学的结论可知 $\displaystyle\int_{-\infty}^{+\infty}f(x)\mathrm{d}x$ 存在，且等于它的主值

$$\lim_{R \to +\infty}\int_{-R}^{R}f(x)\mathrm{d}x$$

考虑积分

$$\oint_C f(z)\,\mathrm{d}z$$

积分曲线 C 由两部分构成,沿实轴从 $-R$ 到 R 的直线和 $z=0$ 以为中心,半径等于 R 的半圆周 C_R,如图 5.2 所示. 取 R 足够大,以便将 $f(z)$ 在上半平面所有的奇点都包含在 C 的内部. 于是,根据留数定理,有

$$\oint_C f(z)\,\mathrm{d}z = \int_{-R}^{R} f(x)\,\mathrm{d}x + \int_{C_R} f(z)\,\mathrm{d}z = 2\pi\mathrm{i}\sum_{k=1}^{n}\mathrm{Res}[f(z),z_k] \qquad (5-16)$$

其中,$\sum_{k=1}^{n}\mathrm{Res}[f(z),z_k]$ 是 $f(z)$ 在上半平面所有孤立奇点的留数和.

在 C_R 上,由参数方程法可得

$$\int_{C_R} f(z)\,\mathrm{d}z = \int_{C_R}\frac{P(z)}{Q(z)}\mathrm{d}z = \int_0^{\pi}\frac{P(R\mathrm{e}^{\mathrm{i}\theta})}{Q(R\mathrm{e}^{\mathrm{i}\theta})}R\mathrm{e}^{\mathrm{i}\theta}\mathrm{i}\mathrm{d}\theta$$

因为 $Q(z)$ 的次数比 $P(z)$ 的次数至少高二次,所以当 $R\to\infty$ 时,有 $\dfrac{P(R\mathrm{e}^{\mathrm{i}\theta})}{Q(R\mathrm{e}^{\mathrm{i}\theta})}R\mathrm{e}^{\mathrm{i}\theta}\to 0$. 在式 (5-16) 两端同时令 $R\to\infty$,可得

$$\int_{-\infty}^{+\infty} f(x)\,\mathrm{d}x = \int_{-\infty}^{+\infty}\frac{P(x)}{Q(x)}\mathrm{d}x = 2\pi\mathrm{i}\sum_{k=1}^{n}\mathrm{Res}[f(z),z_k]$$

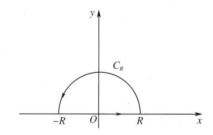

图 5.2　构造辅助积分曲线

上面求法的基本思想是加一段积分路线(半圆 C_R)使其与原来的积分路线(由 $-R$ 到 R 的直线)一起构成复平面上的一条正向简单闭曲线(C),而后应用留数定理计算曲线上的积分值. 显然,所加积分路线上的积分值应是比较便于计算的. 下面我们将上述推导所得到的结论以定理的形式给出.

定理 5.12　设 $f(x)=\dfrac{P(x)}{Q(x)}$ 为有理分式,其中 $P(x)$ 和 $Q(x)$ 为互质多项式,且:

(1) $Q(x)$ 的次数比 $P(x)$ 的次数至少高二次;

(2) $Q(x)=0$ 没有实根.

于是有

$$\int_{-\infty}^{+\infty} f(x)\,\mathrm{d}x = \int_{-\infty}^{+\infty} \frac{P(x)}{Q(x)}\mathrm{d}x = 2\pi\mathrm{i} \sum_{\mathrm{Im}z_k > 0} \mathrm{Res}[f(z), z_k] \qquad (5-17)$$

其中, $z_k(\mathrm{Im}z_k > 0)$ 为 $f(z)$ 在上半平面的所有孤立奇点.

例 5.14　计算积分 $\displaystyle\int_{-\infty}^{+\infty} \frac{x^2}{(x^2+a^2)(x^2+b^2)}\mathrm{d}x \quad (a>0, b>0)$.

解　由于分母的次数比分子的次数高二次, 且被积函数 $\dfrac{x^2}{(x^2+a^2)(x^2+b^2)}$ 在实轴上无实根, 因此广义积分是存在的. 函数 $f(z) = \dfrac{z^2}{(z^2+a^2)(z^2+b^2)}$ 在上半平面内只有两个一阶极点 $a\mathrm{i}$ 和 $b\mathrm{i}$, 于是由定理 5.12 可得

$$\int_{-\infty}^{+\infty} \frac{x^2}{(x^2+a^2)(x^2+b^2)}\mathrm{d}x = 2\pi\mathrm{i}(\mathrm{Res}[f(z), a\mathrm{i}] + \mathrm{Res}[f(z), b\mathrm{i}])$$

而

$$\mathrm{Res}[f(z), a\mathrm{i}] = \lim_{z \to m\mathrm{i}}\left[(z-a\mathrm{i})\frac{z^2}{(z^2+a^2)(z^2+b^2)}\right] = \frac{a}{2(a^2-b^2)\mathrm{i}}$$

$$\mathrm{Res}[f(z), b\mathrm{i}] = \lim_{z \to b\mathrm{i}}\left[(z-b\mathrm{i})\frac{z^2}{(z^2+a^2)(z^2+b^2)}\right] = \frac{b}{2(b^2-a^2)\mathrm{i}}$$

因此

$$\int_{-\infty}^{+\infty} \frac{x^2}{(x^2+a^2)(x^2+b^2)}\mathrm{d}x = 2\pi\mathrm{i}\left[\frac{a}{2(a^2-b^2)\mathrm{i}} + \frac{b}{2(b^2-a^2)\mathrm{i}}\right] = \frac{\pi}{a+b}$$

例 5.15　计算积分 $I = \displaystyle\int_0^{\infty} \frac{\mathrm{d}x}{(1+x^2)^2}$.

解　由于

$$I = \frac{1}{2}\int_{-\infty}^{+\infty} \frac{\mathrm{d}x}{(1+x^2)^2}$$

只需计算积分 $\displaystyle\int_{-\infty}^{+\infty} \frac{\mathrm{d}x}{(1+x^2)^2}$. 考虑函数 $\dfrac{1}{(1+z^2)^2}$, 它有两个二阶极点 $z = \pm\mathrm{i}$, 其中 $z=\mathrm{i}$ 在上半平面. 由定理 5.12 可得

$$\int_{-\infty}^{+\infty} \frac{\mathrm{d}x}{(1+x^2)^2} = 2\pi\mathrm{i}\,\mathrm{Res}\left[\frac{1}{(1+z^2)^2}, \mathrm{i}\right] = 2\pi\mathrm{i}\,\frac{1}{4\mathrm{i}} = \frac{\pi}{2}$$

从而有

$$I = \frac{1}{2}\int_{-\infty}^{+\infty} \frac{\mathrm{d}x}{(1+x^2)^2} = \frac{\pi}{4}$$

5.3.3　$\displaystyle\int_{-\infty}^{+\infty} f(x)\mathrm{e}^{\mathrm{i}px}\mathrm{d}x(p>0)$ 型积分的计算

另一类可以用留数理论来计算的积分是含三角函数的无穷积分

$$\int_{-\infty}^{+\infty} f(x) e^{ipx} dx \quad (p > 0) \tag{5-18}$$

其中, $f(x)$ 是 x 的有理函数, 分母比分子的次数至少高一次, p 是正实数.

为了计算式 (5-18) 及以后的应用, 下面先介绍一个重要的引理.

引理 5.1 (约当引理) 设函数 $Q(z)$ 在 C_R 上连续, 其中 C_R 是位于上半平面以 $z = 0$ 为圆心 R 为半径的半圆. 且当 $R \to \infty$ 时, $Q(z)$ 沿 C_R 一致趋于零, 则

$$\lim_{R \to \infty} \int_{C_R} Q(z) e^{ipz} dz = 0 \tag{5-19}$$

证明 在 C_R 上, $z = Re^{i\theta}$, 故

$$\left| \int_{C_R} Q(z) e^{ipz} dz \right| \leqslant \int_0^\pi \left| Q(Re^{i\theta}) \right| \left\| e^{ipR\cos\theta - pR\sin\theta} \right\| \left| Re^{i\theta} id\theta \right|$$

$$= \int_0^\pi \left| Q(Re^{i\theta}) \right| \left| e^{-pR\sin\theta} \right| R d\theta$$

对于任意的 $\varepsilon > 0$, 存在 $R_0 > 0$, 使当 $R > R_0$ 时, $\left| Q(Re^{i\theta}) \right| < \varepsilon$, 故

$$\left| \int_{C_R} Q(z) e^{ipz} dz \right| < \varepsilon R \int_0^\pi e^{-pR\sin\theta} d\theta = \varepsilon R \left(\int_0^{\pi/2} e^{-pR\sin\theta} d\theta + \int_{\pi/2}^\pi e^{-pR\sin\theta} d\theta \right) \tag{5-20}$$

由变量替换可推知式 (5-20) 包含的两个积分是相等的, 从而有

$$\left| \int_{C_R} Q(z) e^{ipz} dz \right| < 2\varepsilon R \int_0^{\pi/2} e^{-pR\sin\theta} d\theta$$

当 $0 \leqslant \theta \leqslant \pi/2$ 时, $\sin\theta \geqslant 2\theta/\pi$, 故

$$\left| \int_{C_R} Q(z) e^{ipz} dz \right| < 2\varepsilon R \int_0^{\pi/2} e^{-\frac{2pR\theta}{\pi}} d\theta = 2\varepsilon R \frac{\pi}{2pR} (1 - e^{-pR}) = \frac{\varepsilon\pi}{p} (1 - e^{-pR})$$

从而由极限定义可知式 (5-19) 成立. 证毕.

应用约当引理, 用获得定理 5.12 的方法可证得如下定理.

定理 5.13 设 $f(x) = \dfrac{P(x)}{Q(x)}$ 为有理分式, 其中 $P(x)$ 和 $Q(x)$ 为互质多项式, 且满足条件:

(1) $Q(x)$ 的次数比 $P(x)$ 的次数至少高一次;

(2) 在实轴上 $Q(x) \neq 0$;

(3) $p > 0$.

于是有

$$\int_{-\infty}^\infty f(x) e^{ipx} dx = 2\pi i \sum_{\text{Im} z_k > 0} \text{Res}\left[f(z) e^{ipz}, z_k \right] \tag{5-21}$$

其中, $z_k (\text{Im} z_k > 0)$ 为 $f(z)$ 为在上半平面的所有孤立奇点.

例 5.16 计算积分 $\displaystyle\int_{-\infty}^\infty \dfrac{e^{iax} dx}{1 + x^2}, \quad a > 0$.

解 被积函数完全满足定理 5.13 中的条件,且 $f(z) = \dfrac{1}{1+z^2}$ 在上半平面内只有一个一阶极点 $z = \mathrm{i}$,从而由定理 5.13 可得

$$\int_{-\infty}^{\infty} \frac{\mathrm{e}^{\mathrm{i}ax}}{1+x^2}\mathrm{d}x = 2\pi\mathrm{i}\operatorname{Res}\Big[\frac{\mathrm{e}^{\mathrm{i}ax}}{1+z^2},\mathrm{i}\Big] = \pi\mathrm{e}^{-a}$$

当定理 5.13 中的所有条件都被满足时,我们还可获得如下两个重要公式,即

$$\int_{-\infty}^{+\infty} f(x)\cos px\,\mathrm{d}x = \operatorname{Re}\Big\{2\pi\mathrm{i}\sum_{\operatorname{Im}z_k>0}\operatorname{Res}[f(z)\mathrm{e}^{\mathrm{i}pz},z_k]\Big\} \qquad (5-22)$$

$$\int_{-\infty}^{+\infty} f(x)\sin px\,\mathrm{d}x = \operatorname{Im}\Big\{2\pi\mathrm{i}\sum_{\operatorname{Im}z_k>0}\operatorname{Res}[f(z)\mathrm{e}^{\mathrm{i}pz},z_k]\Big\} \qquad (5-23)$$

例 5.17 计算积分 $I = \displaystyle\int_0^\infty \frac{\cos x}{a^2+x^2}\mathrm{d}x,\ a>0.$

解 被积函数 $f(x) = \dfrac{\cos x}{a^2+x^2}$ 是偶函数,则

$$I = \int_0^\infty \frac{\cos x}{a^2+x^2}\mathrm{d}x = \frac{1}{2}\int_{-\infty}^\infty \frac{\cos x}{a^2+x^2}\mathrm{d}x = \operatorname{Re}\Big\{\frac{1}{2}\int_{-\infty}^\infty \frac{\mathrm{e}^{\mathrm{i}x}}{a^2+x^2}\mathrm{d}x\Big\}$$

函数 $f(z) = \dfrac{\mathrm{e}^{\mathrm{i}z}}{a^2+z^2}$ 在上半平面只有一个一阶极点 $z = a\mathrm{i}$,从而由定理 5.13 可得

$$I = \int_0^\infty \frac{\cos x}{a^2+x^2}\mathrm{d}x = \operatorname{Re}\Big\{\frac{1}{2}\times 2\pi\mathrm{i}\operatorname{Res}\Big[\frac{\mathrm{e}^{\mathrm{i}z}}{z^2+a^2},a\mathrm{i}\Big]\Big\} = \frac{\pi}{2a}\mathrm{e}^{-a}$$

前面所研究的几种类型都是积分路径上没有奇点的积分,最后我们来看一个特殊的例子,通过这个例子简单了解如何处理积分路径上有奇点的积分.

例 5.18 计算积分

$$I = \int_0^{+\infty} \frac{\sin x}{x}\mathrm{d}x$$

解 取 ε 及 r,使 $r>\varepsilon>0$,如图 5.3 所示,我们有

$$\int_\varepsilon^r \frac{\sin x}{x}\mathrm{d}x = \int_\varepsilon^r \frac{\mathrm{e}^{\mathrm{i}x}-\mathrm{e}^{-\mathrm{i}x}}{2\mathrm{i}x}\mathrm{d}x = -\frac{\mathrm{i}}{2}\Big[\int_{-r}^{-\varepsilon}\frac{\mathrm{e}^{\mathrm{i}x}}{x}\mathrm{d}x + \int_\varepsilon^r \frac{\mathrm{e}^{\mathrm{i}x}}{x}\mathrm{d}x\Big] \qquad (5-24)$$

函数 $\dfrac{\mathrm{e}^{\mathrm{i}z}}{z}$ 只有 $z=0$ 一个一阶极点. 作积分路径如图 5.3 所示,在上半平面上作以原点为心,分别以 ε 及 r 为半径的半圆周 Γ_ε 与 Γ_r. 于是有

$$\int_\varepsilon^r \frac{\mathrm{e}^{\mathrm{i}z}}{x}\mathrm{d}x + \int_{\Gamma_r}\frac{\mathrm{e}^{\mathrm{i}z}}{z}\mathrm{d}z + \int_{-r}^{-\varepsilon}\frac{\mathrm{e}^{\mathrm{i}x}}{x}\mathrm{d}x - \int_{\Gamma_\varepsilon}\frac{\mathrm{e}^{\mathrm{i}z}}{z}\mathrm{d}z = 0 \qquad (5-25)$$

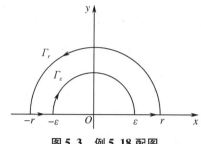

图 5.3　例 5.18 配图

现在求当 ε 趋近于 0 时, $\displaystyle\int_{\Gamma_\varepsilon}\frac{\mathrm{e}^{\mathrm{i}z}}{z}\mathrm{d}z$ 的极限. 当 $z\neq 0$ 时

$$\frac{\mathrm{e}^{\mathrm{i}z}}{z}=\frac{1}{z}+h(z)$$

其中 $h(z)$ 是在 $z=0$ 处解析的解析函数. 因此

$$\int_{\Gamma_\varepsilon}\frac{\mathrm{e}^{\mathrm{i}z}}{z}\mathrm{d}z=\int_{\Gamma_\varepsilon}\frac{1}{z}\mathrm{d}z+\int_{\Gamma_\varepsilon}h(z)\mathrm{d}z=-\pi\mathrm{i}+\int_{\Gamma_\varepsilon}h(z)\mathrm{d}z$$

$h(z)$ 在 $z=0$ 处解析, 因而在 $z=0$ 的一个邻域内 $|f(z)|$ 有上界 $M<+\infty$. 于是当 ε 充分小时, 有

$$\left|\int_{\Gamma_\varepsilon}h(z)\mathrm{d}z\right|\leqslant M\cdot 2\pi\varepsilon$$

从而有

$$\lim_{\varepsilon\to 0}\int_{\Gamma_\varepsilon}\frac{\mathrm{e}^{\mathrm{i}z}}{z}\mathrm{d}z=-\pi\mathrm{i}$$

再由若当引理知

$$\lim_{r\to\infty}\int_{\Gamma_r}\frac{\mathrm{e}^{\mathrm{i}z}}{z}\mathrm{d}z=0$$

从而在式 $(5-25)$ 两端同时令 $\varepsilon\to 0$ 和 $r\to\infty$, 再结合式 $(5-24)$ 可得 $I=\dfrac{\pi}{2}$.

5.4　辐角原理及其应用*

　　应用留数定理, 我们也可以解决函数的有关零点与极点的个数问题, 因为教学时间的关系, 我们重点介绍儒歇定理, 并应用它来确定方程在某些区域内根的个数.

5.4.1　对数留数

　　定义 5.8　设 C 是一条正向简单闭曲线, 函数 $f(z)$ 在 C 上解析且不为零, 积分 $\dfrac{1}{2\pi\mathrm{i}}\displaystyle\oint_C\frac{f'(z)}{f(z)}\mathrm{d}z$

称为 $f(z)$ 关于曲线 C 的对数留数.

需要特别指出的是,对数留数即函数 $f(z)$ 的对数的导数 $\dfrac{f'(z)}{f(z)}$ 在 C 内孤立奇点处的留数的代数和;函数 $f(z)$ 的零点和奇点都可能是 $\dfrac{f'(z)}{f(z)}$ 的奇点.

定理 5.14(对数定理)　如果 $f(z)$ 在简单闭曲线 C 上解析且不为零,在 C 的内部除去有限个极点以外也处处解析,那么

$$\frac{1}{2\pi\mathrm{i}}\oint_C \frac{f'(z)}{f(z)}\mathrm{d}z = N - P \tag{5-26}$$

其中,N 为 $f(z)$ 在 C 内零点的总个数,P 为 $f(z)$ 在 C 内极点的总个数,且 C 取正向. 计算个数时,m 级的零点或极点算作 m 个零点或极点.

证明　设 $f(z)$ 在 C 内有一个 n_k 级的零点 a_k,则在 $|z-a_k|<\delta$ 内, 存在解析函数 $\varphi(z)$ 满足

$$f(z) = (z-a_k)^{n_k}\varphi(z), \varphi(z)\neq 0$$

$$f'(z) = n_k(z-a_k)^{n_k-1}\varphi(z) + (z-a_k)^{n_k}\varphi'(z)$$

$$\frac{f'(z)}{f(z)} = \frac{n_k}{z-a_k} + \frac{\varphi'(z)}{\varphi(z)}$$

$\dfrac{\varphi'(z)}{\varphi(z)}$ 是这一邻域内的解析函数,a_k 是 $\dfrac{f'(z)}{f(z)}$ 的一阶极点且留数 $\mathrm{Res}\left[\dfrac{f'(z)}{f(z)}, a_k\right] = n_k$.

设 $f(z)$ 在 C 内有一个 p_k 级的极点 b_k,则在 $|z-b_k|<\delta$ 内, 存在解析函数 $\psi(z)$ 满足

$$f(z) = \frac{1}{(z-b_k)^{p_k}}\psi(z), \psi(b_k)\neq 0$$

$$f'(z) = -p_k(z-b_k)^{-p_k-1}\psi(z) + (z-b_k)^{-p_k}\psi'(z)$$

故在 $|z-b_k|<\delta$ 内,有

$$\frac{f'(z)}{f(z)} = \frac{-p_k}{z-b_k} + \frac{\psi'(z)}{\psi(z)}$$

$\dfrac{\psi'(z)}{\psi(z)}$ 是这一邻域内的解析函数,b_k 是 $\dfrac{f'(z)}{f(z)}$ 的一阶极点,且留数为 $\mathrm{Res}\left[\dfrac{f'(z)}{f(z)}, b_k\right] = -p_k$.

如果 $f(z)$ 在 C 内有 l 个级数分别为 $n_1, n_2, \cdots, n_l$ 的零点 $a_1, a_2, \cdots, a_l$ 和 m 个级数分别为 $p_1, p_2, \cdots, p_m$ 的极点 $b_1, b_2, \cdots, b_m$,由以上所述和留数定理,可得

$$\frac{1}{2\pi\mathrm{i}}\oint_C \frac{f'(z)}{f(z)}\mathrm{d}z = \sum_{k=1}^{l}\mathrm{Res}\left[\frac{f'(z)}{f(z)}, a_k\right] + \sum_{k=1}^{m}\mathrm{Res}\left[\frac{f'(z)}{f(z)}, b_k\right]$$

$$\frac{1}{2\pi\mathrm{i}}\oint_C \frac{f'(z)}{f(z)}\mathrm{d}z = (n_1 + n_2 + \cdots + n_l) - (p_1 + p_2 + \cdots + p_m)$$

或

$$\frac{1}{2\pi i}\oint_C \frac{f'(z)}{f(z)}dz = N - P$$

5.4.2 辐角原理

下面解释对数留数的几何意义. 设函数 $w = f(z)$，$\Gamma = f(C)$，其中 Γ 不一定为简单闭曲线，其可按正向或负向绕原点若干圈（图 5.4）.

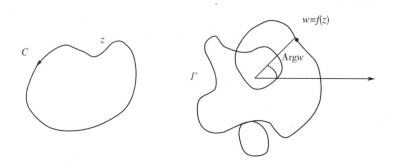

图 5.4

$f(z)$ 在 C 上不为零，则 $w = f(z)$ 不经过 W 复平面的原点. 因为 $dLnf(z) = \dfrac{f'(z)}{f(z)}dz$ 所以

$$\frac{1}{2\pi i}\oint_C \frac{f'(z)}{f(z)}dz = \frac{1}{2\pi i}\oint_C dLnf(z) = \frac{1}{2\pi i}\oint_C d(\ln|f(z)|) + \frac{1}{2\pi}\oint_C dArgf(z) \qquad (5-27)$$

当 z 沿 C 的正方向绕行一周，$w = f(z)$ 在 W 复平面上的像是一条连续的闭曲线 Γ.

函数 $\ln|f(z)|$ 是单值函数，对应的改变量为 0. 函数 $Argf(z)$ 的改变量不一定为零.

（1）当 Γ 的内部不包含原点，那么 $Argf(z)$ 的改变量为 0；

（2）当 Γ 的内部包含原点，那么 $Argf(z)$ 的改变量为 $\pm 2k\pi i$；其中 k 为 Γ 围绕原点的圈数，逆时针为负，顺时针为正.

因此对数留数的几何意义是曲线 C 经过映射 $w = f(z)$ 的像曲线 Γ 围绕原点 $w = 0$ 的回转次数，即

$$\frac{1}{2\pi i}\oint_C \frac{f'(z)}{f(z)}dz = \pm k \qquad (k \text{ 总为整数})$$

若将 z 沿 C 的正方向绕行一周，$Arg f(z)$ 的改变量记为 $\Delta_{C^+} Arg f(z)$，由对数定理及对数留数的几何意义可得

$$N - P = \frac{1}{2\pi}\Delta_{C^+} Arg f(z)$$

当 $w = f(z)$ 在 C 内处处解析时，$P = 0$，则 $N = \dfrac{1}{2\pi}\Delta_{C^+} Arg f(z)$.

我们可以利用这个方法计算 $w = f(z)$ 在 C 内零点的个数, 此结果称为辐角原理.

定理 5.15(辐角原理) 如果 $w = f(z)$ 在简单闭曲线 C 上及其内处处解析, 且 $w = f(z)$ 在 C 上不等于零, 则 $w = f(z)$ 在 C 内的零点个数等于当 z 沿曲线 C 正向绕行一周后, $f(z)$ 的幅角的改变量除以 2π.

5.4.3 儒歇定理

利用幅角原理, 我们可以得出如下的儒歇定理.

定理 5.16(儒歇定理) 设 D 是在复平面上的一个有界区域, 其边界 C 是一条或有限条简单闭曲线. 设函数 $f(z)$ 及 $g(z)$ 在 D 及 C 所组成的闭区域 $\overline{D}$ 上解析, 并且在 C 上, $|f(z)| > |g(z)|$, 那么在 D 上, $f(z)$ 及 $f(z) + g(z)$ 的零点的个数相同.

证明 因为在 C 上, $|f(z)| < |g(z)|$, 因此当 $z \in C$, $|f(z)| > 0$ 时, 有

$$|f(z) + g(z)| \geqslant |f(z)| - |g(z)| > 0$$

在 C 上, $f(z)$ 及 $f(z) + g(z)$ 都不等于零. 因为 $f(z)$ 及 $f(z) + g(z)$ 在 D 及 C 所组成的闭区域 $\overline{D}$ 上解析, 设 $f(z)$ 及 $f(z) + g(z)$ 在 D 上的零点的个数分别为 N, N', 由幅角原理可知

$$N = \frac{1}{2\pi} \Delta_{C^+} \mathrm{Arg}\, f(z), \quad N' = \frac{1}{2\pi} \Delta_{C^+} \mathrm{Arg}[f(z) + g(z)]$$

在 C 上, 有

$$f(z) + g(z) = f(z)\left[1 + \frac{g(z)}{f(z)}\right]$$

故

$$\Delta_{C^+} \mathrm{Arg}[f(z) + g(z)] = \Delta_{C^+} \mathrm{Arg}\, f(z) + \Delta_{C^+} \mathrm{Arg}\left[1 + \frac{g(z)}{f(z)}\right]$$

令 $w = 1 + \dfrac{g(z)}{f(z)}$, 则 $|w - 1| = \left|\dfrac{g(z)}{f(z)}\right| < 1$. 因此 C 经映射 $w = 1 + \dfrac{g(z)}{f(z)}$ 的象曲线不围绕原点, 从而

$$\Delta_{C^+} \mathrm{Arg}\left[1 + \frac{g(z)}{f(z)}\right] = 0$$

所以 $N = N'$, 即 $f(z)$ 及 $f(z) + g(z)$ 的零点的个数相同.

应用儒歇定理时, 我们只要估计 $f(z)$ 和 $g(z)$ 在 D 区域边界 C 上模的大小. 选择 $f(z)$ 和 $g(z)$ 的原则是: $f(z)$ 在 D 内的零点个数容易计算.

例 5.19 求方程

$$z^8 - 5z^5 - 2z + 1 = 0$$

在 $|z| < 1$ 内根的个数.

解 令

$$f(z) = -5z^5 + 1, \quad g(z) = z^8 - 2z$$

由于当 $|z| = 1$ 时,有

$$|f(z)| \geqslant |-5z^5| - 1 = 4$$

而

$$|g(z)| \leqslant |z^8| + |2z| = 3$$

已给方程在 $|z| < 1$ 内根的个数与 $-5z^5 + 1$ 在 $|z| < 1$ 内根的个数相同,即 5 个.

例 5.20 如果 $a > e$,求证方程 $e^z = az^n$ 在单位圆内有 n 个根.

证明 令

$$g(z) = -e^z, \quad f(z) = az^n$$

由于当 $|z| = |e^{i\theta}| = 1$ 时

$$|g(z)| = |-e^z| = e^{\cos\theta} \leqslant e$$

$$|f(z)| = |az^n| = a > e$$

$e^z = az^n$ 在 $|z| < 1$ 内的零点的个数与 az^n 相同,即 n 个,因此方程 $e^z = az^n$ 在单位圆内有 n 个根.

例 5.21 证明代数学基本定理,即任何一个 n 次方程

$$a_0 z^n + a_1 z^{n-1} + \cdots + a_{n-1} z + a_n = 0 \quad (a_0 \neq 0)$$

有且仅有 n 个根(重根按重数计).

证明 令

$$f(z) = a_0 z^n, \quad g(z) = a_1 z^{n-1} + \cdots + a_{n-1} z + a_n$$

则

$$\left| \frac{g(z)}{f(z)} \right| = \left| \frac{a_1 z^{n-1} + a_2 z^{n-2} + \cdots + a_{n-1} z + a_n}{a_0 z^n} \right| \leqslant \left| \frac{a_1}{a_0} \right| \cdot \frac{1}{|z|} + \left| \frac{a_2}{a_0} \right| \cdot \frac{1}{|z|^2} + \cdots + \left| \frac{a_n}{a_0} \right| \cdot \frac{1}{|z|^n}$$

取 $|z| \geqslant R$,R 充分大,使得 $\left| \dfrac{g(z)}{f(z)} \right| < 1$.

此时,$|z| \geqslant R$,$|f(z)| > |g(z)|$,方程 $f(z) + g(z) = 0$ 在 $|z| \geqslant R$ 内无根.

由儒歇定理知,$f(z)$ 和 $f(z) + g(z)$ 在 $|z| < R$ 内有相同个数的零点,都有 n 个根,因此 $a_0 z^n + a_n z^{n-1} + \cdots + a_{n-1} z + a_n = 0(a_0 \neq 0)$ 有且仅有 n 个根.

小　　结

1. 孤立奇点的分类

$(1) z_0$ 是 $f(z)$ 的奇点,若函数 $f(z)$ 在去心邻域 $D: 0 < |z - z_0| < R (0 < R < +\infty)$ 内有定义并且解析,则称 z_0 为 $f(z)$ 的孤立奇点;否则称 z_0 为 $f(z)$ 的非孤立奇点. 若 $f(z)$ 在 $0 < |z - z_0| < R$ 内有洛朗级数展开式

$$f(z) = \sum_{n=-\infty}^{+\infty} c_n (z-z_0)^n$$

则可由洛朗级数展开式主要部分的不同将孤立奇点分为三类：若主要部分全为零，则 z_0 是 $f(z)$ 的可去奇点；若主要部分有有限项，则 z_0 是 $f(z)$ 的极点；若主要部分有无穷多项，则 z_0 是 $f(z)$ 的本性奇点.

（2）判定奇点类型时，先判定是否为孤立奇点；若为孤立奇点，则继续判定其为孤立奇点中的哪一种. z_0 是 $f(z)$ 的可去奇点、极点、本性奇点的充要条件分别为 $\lim\limits_{z \to z_0} f(z)$ 为有限数、无穷和不存在.

（3）有两个常用的方法可以用于对极点及极点阶数的判定.

① z_0 是 $f(z)$ 的 m 阶极点的必要与充分条件是

$$f(z) = \frac{1}{(z-z_0)^m} \varphi(z)$$

其中，$\varphi(z)$ 在 $|z-z_0| < R$ 内解析，且 $\varphi(z_0) \neq 0$.

② z_0 是 $f(z)$ 的 m 阶极点当且仅当 z_0 是 $\dfrac{1}{f(z)}$ 的 m 阶零点.

（4）可直接运用如下结论来判定奇点类型.

设 z_0 分别是 $f(z)$，$g(z)$ 的 m 和 n 阶零点，则：

①当 $m > n$ 时，z_0 是 $\dfrac{f(z)}{g(z)}$ 的 $m-n$ 阶零点（此时把可去奇点看作解析点）；

②当 $m = n$ 时，z_0 是 $\dfrac{f(z)}{g(z)}$ 的可去奇点；

③当 $m < n$ 时，z_0 是 $\dfrac{f(z)}{g(z)}$ 的 $n-m$ 阶极点.

2. 留数的定义及计算

（1）留数定义

设 z_0 为函数 $f(z)$ 的孤立奇点，且 $f(z)$ 在区域 $0 < |z-z_0| < R$ 内解析，称积分 $\dfrac{1}{2\pi i} \oint_C f(z) \mathrm{d}z$ 为 $f(z)$ 在点 z_0 的留数，记作 $\mathrm{Res}[f(z), z_0]$，这里积分是沿着 C 按逆时针方向取的.

（2）留数的计算法则

①求出函数 $f(z)$ 在 z_0 处的洛朗级数展开式

$$f(z) = \sum_{n=-\infty}^{+\infty} c_n (z-z_0)^n$$

则 $\mathrm{Res}[f(z), z_0] = c_{-1}$. 即 $f(z)$ 在孤立奇点 z_0 处的留数等于其洛朗级数展开式中 $\dfrac{1}{z-z_0}$ 这一项

的系数，这种方法适用于所有类型的孤立奇点.

②若 $f(z) = \dfrac{P(z)}{Q(z)}, p(z)$ 及 $Q(z)$ 在 $z = z_0$ 处解析，且 $P(z_0) \neq 0,, Q(z_0) = 0, Q'(z_0) \neq 0$，则

$$\mathrm{Res}[f(z), z_0] = \frac{P(z_0)}{Q'(z_0)}$$

且 z_0 是 $f(z) = \dfrac{P(z)}{Q(z)}$ 的一个一阶极点.

③若 z_0 是 $f(z)$ 的 k 阶极点 $(k \geq 1)$，则

$$\mathrm{Res}[f(z), z_0] = \frac{1}{(k-1)!} \lim_{z \to z_0} \frac{\mathrm{d}^{k-1}\left[(z-z_0)^k f(z)\right]}{\mathrm{d}z^{k-1}}$$

3. 留数定理

从某种意义上讲，留数定理可视为柯西–古萨基本定理的推广. 我们可以应用留数定理来计算被积函数在积分曲线所围成区域内部有奇点的积分.

第一留数定理 设 D 是在复平面上的一个有界区域，其边界 C 是一条或有限条简单闭曲线. 设 $f(z)$ 在 D 内除去有限个孤立奇点 $z_1, z_2, \cdots, z_n$ 外处处都解析，并且它在 C 上也解析，有

$$\oint_C f(z)\,\mathrm{d}z = 2\pi\mathrm{i} \sum_{k=1}^{n} \mathrm{Res}[f(z), z_k]$$

第二留数定理 设 $f(z)$ 在除去有限孤立奇点 $z_1, z_2, \cdots, z_{n-1}$ 和 $z_n = \infty$ 的扩充复平面内解析，则

$$\sum_{k=1}^{n} \mathrm{Res}[f(z), z_k] = 0$$

4. 用留数定理计算实积分

我们主要考虑三种形式的积分. 在计算实积分时，首先要观察被积函数的形式及积分区间；其次，要判定被积函数是否满足书中定理成立所需的条件.

（1）$\displaystyle\int_0^{2\pi} R(\sin x, \cos x)\,\mathrm{d}x$

$R(\sin x, \cos x)$ 是 $\sin x$ 和 $\cos x$ 的有理函数，并且在 $[0, 2\pi]$ 上连续. 令 $z = \mathrm{e}^{\mathrm{i}x}$，则

$$\sin x = \frac{1}{2\mathrm{i}}(\mathrm{e}^{\mathrm{i}x} - \mathrm{e}^{-\mathrm{i}x}) = \frac{z^2 - 1}{2z\mathrm{i}}, \cos x = \frac{1}{2}(\mathrm{e}^{\mathrm{i}x} + \mathrm{e}^{-\mathrm{i}x}) = \frac{z^2 + 1}{2z}, \mathrm{d}x = \frac{\mathrm{d}z}{\mathrm{i}z}$$

从而有

$$\int_0^{2\pi} R(\sin x, \cos x)\,\mathrm{d}x = \oint_{|z|=1} R\left(\frac{z^2-1}{2z\mathrm{i}}, \frac{z^2+1}{2z}\right) \frac{1}{z\mathrm{i}}\,\mathrm{d}z$$

$$= 2\pi\mathrm{i} \sum_{k=1}^{n} \mathrm{Res}[f(z), z_k]$$

其中，$z_1,z_2,\cdots,z_n$ 是包含在圆周 $|z|=1$ 内部的 $f(z)$ 的孤立奇点.

（2）$\displaystyle\int_{-\infty}^{+\infty} f(x)\,\mathrm{d}x$

其中，$f(x)=\dfrac{P(x)}{Q(x)}$，$P(x)$ 和 $Q(x)$ 为互质多项式，且满足条件：

①$Q(x)$ 的次数比 $P(x)$ 的次数至少高二次；

②$Q(x)=0$ 没有实根.

于是有

$$\int_{-\infty}^{+\infty} f(x)\,\mathrm{d}x = \int_{-\infty}^{+\infty}\frac{P(x)}{Q(x)}\mathrm{d}x = 2\pi\mathrm{i}\sum_{\mathrm{Im}z_k>0}\mathrm{Res}\big[f(z),z_k\big]$$

其中，$z_k(\mathrm{Im}z_k>0)$ 为 $f(z)$ 在上半平面的所有孤立奇点.

（3）$\displaystyle\int_{-\infty}^{+\infty} f(x)\,\mathrm{e}^{ipx}\mathrm{d}x$

其中，$f(x)=\dfrac{P(x)}{Q(x)}$ 为有理分式，$P(x)$ 和 $Q(x)$ 为互质多项式，且满足条件

①$Q(x)$ 的次数比 $P(x)$ 的次数至少高一次；

②在实轴上 $Q(x)\neq0$；

③$p>0$.

于是有

$$\int_{-\infty}^{\infty} f(x)\,\mathrm{e}^{ipx}\mathrm{d}x = = 2\pi\mathrm{i}\sum_{\mathrm{Im}z_k>0}\mathrm{Res}\big[f(z)\,\mathrm{e}^{ipz},z_k\big]$$

其中，$z_k(\mathrm{Im}z_k>0)$ 为 $f(z)$ 在上半平面的所有孤立奇点.

当上述条件成立时，我们还可应用如下两个公式来计算实积分.

$$\int_{-\infty}^{+\infty} f(x)\cos px\,\mathrm{d}x = \mathrm{Re}\Big\{2\pi\mathrm{i}\sum_{\mathrm{Im}z_k>0}\mathrm{Res}\big[f(z)\,\mathrm{e}^{ipz},z_k\big]\Big\}$$

$$\int_{-\infty}^{+\infty} f(x)\sin px\,\mathrm{d}x = \mathrm{Im}\Big\{2\pi\mathrm{i}\sum_{\mathrm{Im}z_k>0}\mathrm{Res}\big[f(z)\,\mathrm{e}^{ipz},z_k\big]\Big\}$$

习 题

1. 求下列函数的奇点，并指出奇点的类型.

（1）$\dfrac{\cos z}{z^3}$；

（2）$\dfrac{z^4}{(1+z)^3}$；

（3）$\dfrac{1-\cos(z-3)}{(z-3)^3}$；

（4）$\dfrac{1}{\sin z}$；

(5) $\cos \dfrac{1}{z}$;

(6) $\dfrac{z - \cos z}{z^5}$;

(7) $\mathrm{e}^{\frac{1}{z^3}}$;

(8) $\dfrac{\sin z^3}{z^3}$.

2. 判断 $z = \infty$ 点是否是下列函数的孤立奇点.

(1) $\dfrac{1}{\cos z}$;

(2) $\dfrac{z^2 + 4}{z}$;

(3) $\cos z - \sin z$;

(4) $\dfrac{1}{(z-5)(z-6)}$.

3. 设 $f(z) = \dfrac{1 - \cos z}{z^6}$,下列计算是否正确,为什么?

$$\mathrm{Res}\big[f(z), 0\big] = \frac{1}{5!} \lim_{z \to 0} \frac{\mathrm{d}^5}{\mathrm{d}z^5}(1 - \cos z) = 0$$

4. 求下列函数在给定点 z_0 处的留数.

(1) $f(z) = \dfrac{1 - \cos z}{z^4}, z_0 = 0$;

(2) $f(z) = \dfrac{1}{\sin z}, z_0 = \pi$;

(3) $f(z) = \cot z - \dfrac{1}{z}, z_0 = 0$;

(4) $f(z) = \dfrac{\sin 2z}{(z+1)^3}, z_0 = -1$;

(5) $f(z) = \dfrac{z}{(z+1)^2(z-1)}, z_0 = 1$.

5. 求下列函数在无穷远点的留数.

(1) $f(z) = \dfrac{1}{z}$;

(2) $f(z) = \mathrm{e}^{\frac{1}{z}}$;

(3) $f(z) = \dfrac{1}{(z^5 - 1)(z - 3)}$;

(4) $f(z) = \dfrac{1}{z^2}$.

6. 计算下列积分(曲线 C 均取正向).

(1) $\oint_C \dfrac{1}{(z+2)(z+3)} \mathrm{d}z, \quad C: |z| = 4$;

(2) $\oint_C \dfrac{z^3 + 1}{(z+1)^4} \mathrm{d}z, \quad C: |z| = 2$;

(3) $\oint_C \dfrac{1}{(z+2)(z-i)}, \quad C: |z| = 3$;

（4）$\oint_C \dfrac{1}{(z-a)^n(z-b)^n}\mathrm{d}z$，　$C:|z|=1,|a|<1,|b|<1,a\neq b,n$ 为任意整数；

（5）$\oint_C \tan\pi z\mathrm{d}z$，　$C:|z|=n$（其中 n 为正整数）；

（6）$\oint_C \dfrac{z}{(1+\mathrm{e}^z)}\mathrm{d}z$，　$C:|z|=4.$

7．计算下列积分.

（1）$\displaystyle\int_0^\infty \dfrac{x^2}{1+x^4}\mathrm{d}x$；

（2）$\displaystyle\int_0^\infty \dfrac{\cos x}{x^4+10x^2+9}\mathrm{d}x$；

（3）$\displaystyle\int_0^\pi \dfrac{1}{a+\sin^2 x}\mathrm{d}x$　$(a>0)$；

（4）$\displaystyle\int_0^{2\pi} \dfrac{\cos 2x}{1-2a\cos x+a^2}\mathrm{d}x$　$(0<a<1)$；

（5）$\displaystyle\int_0^{+\infty} \dfrac{\sin x}{x(x^2+1)}\mathrm{d}x$；

（6）$\displaystyle\int_{-\infty}^\infty \dfrac{x\sin x}{x^2+4x+5}\mathrm{d}x.$

8．证明代数基本定理:任何一个 n 次方程
$$a_0z^n+a_nz^{n-1}+\cdots+a_{n-1}z+a_n=0 \quad (a_0\neq 0)$$
有且只有 n 个根(重根按重数计).

9．应用儒歇定理,分别求下列方程在 $|z|<1$ 内根的个数:

（1）$z^8-4z^5+z^2-1=0$；

（2）$z^4-5z+1=0.$

第6章 保形映射

我们在第2章已经知道,复变函数可以看成一个映射(变换),它把某一条曲线或者区域映射为某一曲线或者区域.这些映射中,解析函数所构成的映射,在变换过程中还能够保持点集上的某些几何特征具有不变性,我们称这种映射为保形映射.人们应用保形映射成功地解决了流体力学与空气动力学、弹性力学、电磁场以及其他方面许多重要的问题.我们首先学习初等函数的映射,接着学习保形映射的若干性质,最后来看它的一些应用.

6.1 几个初等函数的映射

6.1.1 线性变换 $w = Az + B$

为了研究线性变换

$$w = Az + B \quad (A,B \text{ 为复常数},\text{且 } A \neq 0) \tag{6-1}$$

的性质,我们首先把它看成下面两个变换的复合

$$Z = Az \tag{6-2}$$

$$w = Z + B \tag{6-3}$$

式(6-2)是两个复数相乘,根据复数的指数表示

$$A = a\mathrm{e}^{\mathrm{i}\alpha}, \ z = r\mathrm{e}^{\mathrm{i}\theta}$$

得

$$Z = (ar)\mathrm{e}^{\mathrm{i}(\alpha+\theta)} \tag{6-4}$$

式(6-4)相当于对复数 z 进行了伸缩和旋转变换,即把 z 的模伸(缩)a 倍,把 z 的幅角旋转 α.
式(6-3)是两个复数相加,特别地 B 是一个复常数,假设

$$Z = x + \mathrm{i}y, B = b_1 + \mathrm{i}b_2$$

则 $w = (x + b_1) + \mathrm{i}(y + b_2)$,相当于一个平移变换.

例6.1 映射

$$w = (1 + \mathrm{i})z + 1$$

把 z 平面的单位正方形映射为 w 平面的正方形.

解 该映射可以分解两个复合映射

$$Z = (1 + \mathrm{i})z \text{ 和 } w = Z + 1$$

变换过程如图 6.1 所示.

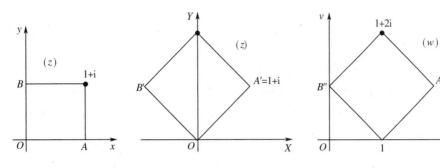

图6.1 例6.1图示

6.1.2 复反演映射 $w = 1/z$

变换

$$w = \frac{1}{z}(z \neq 0) \tag{6-5}$$

把 z 平面的非零点映射为 w 平面的有限点. 利用 $z\bar{z} = |z|^2$, 我们可以把式 $(6-5)$ 分解为下列两个变换的复合

$$Z = \frac{1}{\bar{z}}, \ w = \bar{z} \tag{6-6}$$

第一个变换中 z 的象 Z 具有下列属性

$$|Z| = \frac{1}{|z|}, \ \mathrm{Arg}Z = \mathrm{Arg}z$$

这表明单位圆 $|z| = 1$ 外部的有限点被映射为内部的非零点; 内部的非零点被映射为单位圆外部的有限点; 单位圆上的点被映射到它自身. 第二个变换是把点 Z 沿着实轴的反射变换, 如图 6.2 所示.

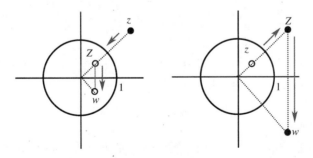

图6.2 复反演映射

我们注意到式 $(6-5)$ 中 z 不能是原点, 但如果定义

$$\begin{cases} w = T(z) = \dfrac{1}{z} & (z \neq 0) \\ T(0) = \infty, T(\infty) = 0 \end{cases} \qquad (6-7)$$

这样就把复反演映射推广到扩充复平面上,原点被映射到 ∞;反之亦然.

这个变换把单位圆内(外)部区域映射到单位圆外(内)部区域,谓之**反演**.

现在来学习下复反演映射的性质.假设点 $w = u + iv$ 是非零点 $z = x + iy$ 在变换 $w = 1/z$ 下的象,改写式(6-5)为

$$w = \frac{1}{z} = \frac{\bar{z}}{|z|^2}$$

比较两端实部、虚部,有

$$u = \frac{x}{x^2 + y^2}, \quad v = \frac{-y}{x^2 + y^2} \qquad (6-8)$$

同样地,因为

$$z = \frac{1}{w}$$

也可得到

$$x = \frac{u}{u^2 + v^2}, \quad y = \frac{-v}{u^2 + v^2} \qquad (6-9)$$

根据上述关系,我们可以得到如下结论.

定理 6.1 映射 $w = 1/z$ 把圆和直线变成圆和直线.

证明 当 A, B, C 和 D 是实数且满足 $B^2 + C^2 > 4AD$ 时,方程

$$A(x^2 + y^2) + Bx + Cy + D = 0 \qquad (6-10)$$

表示任意圆或者直线.具体说来,当 $A \neq 0$ 时表示圆,当 $A = 0$ 时表示直线.

当 $A \neq 0$ 时,对式(6-10)配方,得

$$\left(x + \frac{B}{2A}\right)^2 + \left(y + \frac{C}{2A}\right)^2 = \left(\frac{\sqrt{B^2 + C^2 - 4AD}}{2A}\right)^2 \qquad (6-11)$$

从式(6-11)等号右端易见条件 $B^2 + C^2 > 4AD$ 需要满足.

而对 $A = 0$,条件 $B^2 + C^2 > 4AD$ 变成 $B^2 + C^2 > 0$,它保证了方程 $Bx + Cy + D = 0$ 代表直线.把式(6-9)带入式(6-10),得到 u 和 v 满足

$$D(u^2 + v^2) + Bu - Cv + A = 0 \qquad (6-12)$$

式(6-12)同样是圆或者直线的方程.

反之,若 u 和 v 满足式(6-12),则在变换 $z = 1/w$ 下,x 和 y 满足式(6-10).

下面我们进行一些讨论.

(1)一个 z 平面不过原点的圆($A \neq 0, D \neq 0$),在映射 $w = 1/z$ 下变为 w 平面的一个不过原点的圆;

(2)一个 z 平面过原点的圆($A\neq 0,D=0$),在映射 $w=1/z$ 下变为 w 平面的一条不过原点的直线;

(3)一条不过原点的直线($A=0,D\neq 0$),在映射 $w=1/z$ 下变为 w 平面的一个过原点的圆;

(4)一条过原点的直线($A=0,D=0$),在映射 $w=1/z$ 下变为 w 平面的一条过原点的直线.

所以只要 z 平面的圆或者直线经过原点,在映射 $w=1/z$ 下就一定是条直线. 如果约定扩充复平面上任一直线看成是半径为无穷大的圆,这个定理可以叙述为"**扩充复平面上,复反演映射把圆变成圆**".

例 6.2 直线 $x=a(a\neq 0)$ 在映射 $w=1/z$ 下变为圆 $-a(u^2+v^2)+u=0$,即

$$(u-\frac{1}{2a})^2+v^2=(\frac{1}{2a})^2$$

如果 a 分别等于 $1/3$ 和 $-1/2$,则变换如图 6.3 所示.

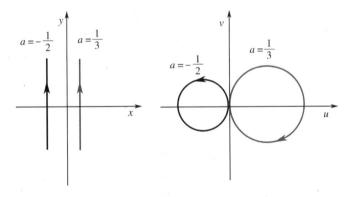

图 6.3 例 6.2 中的映射

现在我们来判断假如有点沿着 z 平面中直线 $x=a$ 从下到上的方式运动时,映射后得到的圆是如何运动的.

假设直线上的点坐标为 (a,y),根据式(6-9),有

$$(u,v)=(\frac{a}{a^2+y^2},\frac{-y}{a^2+y^2})$$

以 $a=\frac{1}{3}$ 为例,当 $y\to -\infty$ 时,象点 $(u,v)=(0,0)$;当点沿直线运动到 $(\frac{1}{3},-\frac{1}{3})$ 时,象点运动到 $(\frac{3}{2},\frac{3}{2})$;当 $y\to +\infty$ 时,象点又运动到 $(0,0)$.所以当点沿直线从 $-\infty$ 移动到 $+\infty$ 时,象点是从原点出发,沿圆周顺时针运动.

当 $a = -\dfrac{1}{2}$ 时,类似可得当点沿直线从 $-\infty$ 移动到 $+\infty$ 时,象点是从原点出发,沿圆周逆时针运动.

例 6.3　半平面 $x \geqslant c_1(c_1 > 0)$ 在映射 $w = 1/z$ 下变为何区域?

根据例 6.1,任何直线 $x = c(c \geqslant c_1)$ 在复反演映射下变为圆 $(u - \dfrac{1}{2c})^2 + v^2 = (\dfrac{1}{2c})^2$. 当 c 增大时,圆心位置左移,半径减少,因为直线族 $x = c$ 经过题中右半平面的所有点,所以右半平面 $x \geqslant c_1(c_1 > 0)$ 被映射到圆 $(u - \dfrac{1}{2c_1})^2 + v^2 = (\dfrac{1}{2c_1})^2$ 内,如图 6.4 所示.

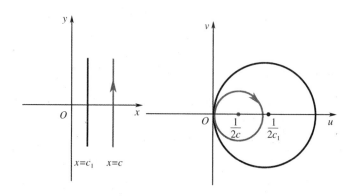

图 6.4　例 6.3 中的映射

6.2　分式线性映射

定义 6.1　变换

$$w = \frac{az + b}{cz + d} \quad (ad - bc \neq 0) \tag{6-13}$$

所确定的映射被称为**分式线性映射**,a,b,c 和 d 是复常数.

当 $c = 0$ 时,条件 $ad - bc \neq 0$ 变为 $ad \neq 0$,式(6 - 12)变为线性映射.

当 $c \neq 0$ 时,我们把式(6 - 13)改写为

$$w = \frac{a}{c} + \frac{bc - ad}{c} \cdot \frac{1}{cz + d} \quad (ad - bc \neq 0) \tag{6-14}$$

条件 $ad - bc \neq 0$ 确保 w 不是常数.

从式(6 - 14)可以看出,当 $c \neq 0$ 时,分式线性映射是线性映射和复反演映射的复合,具体说来

$$Z = cz + d, \quad W = \frac{1}{Z}, \quad w = \frac{a}{c} + \frac{bc - ad}{c}W \quad (ad - bc \neq 0)$$

定义

$$
\begin{cases}
T(z) = \dfrac{az + b}{cz + d}, ad - bc \neq 0 \\[2mm]
T(\infty) = \infty, \quad c = 0 \\[2mm]
T(\infty) = \dfrac{a}{c}, \; T\left(-\dfrac{d}{c}\right) = \infty, \quad c \neq 0
\end{cases}
\tag{6-15}
$$

我们可以把式(6-13)表示的分式线性映射推广到扩充复平面上.

从上一节我们已经知道,线性映射的作用是对原图像旋转、伸缩和平移,而复反演映射把圆变成圆(这里的圆已经包含直线),可见不管 c 是不是 0,分式线性映射把圆也映射为圆. 分式线性映射这个性质称为保圆性,可以叙述为:

定理6.2 在扩充复平面上,分式线性映射把圆映射为圆.

证明 分式线性映射由平移、旋转、相似映射、复反演映射组成,这些映射均把圆映射成为圆.

类似上节对复反演映射进行的讨论,可得到分式线性映射保圆性更详细的结论:

(1)分式线性映射把过分母零点 $z = -d/c$ 的圆或者直线映射为直线;

(2)分式线性映射把不过分母零点 $z = -d/c$ 的圆或者直线映射为通常意义下的圆.

现在我们考虑,在扩充 z 平面及扩充 w 平面分别取定一圆 C 及 C',是否可以找到一个形如式(6-12)的分式线性映射,把 C 映射成 C' 呢?先看下面两个例子.

例6.4 假设点 $z_1 = -1, z_2 = 0, z_3 = 1$ 被映射为 $w_1 = -i, w_2 = 1, w_3 = i$,试找出这样的分式线性映射.

解 设所求的分式线性映射为

$$
w = T(z) = \frac{az + b}{cz + d}
$$

因为 1 是 0 的象,有

$$
\frac{a \cdot 0 + b}{c \cdot 0 + d} = 1 \Rightarrow b = d
$$

这样映射变为

$$
w = \frac{az + b}{cz + b} \quad [\, b(a - c) \neq 0 \,]
$$

又因为 -1 和 1 分别被映射为 -i 和 i,即

$$
T(-1) = \frac{-a + b}{-c + b} = -i \Rightarrow ic - ib = -a + b
$$

$$
T(1) = \frac{a + b}{c + b} = i \Rightarrow ic + ib = a + b
$$

解得

$$c = -\mathrm{i}b$$

$$a = \mathrm{i}b$$

故所求的分式线性映射为

$$w = \frac{\mathrm{i}bz + b}{-\mathrm{i}bz + b} = \frac{\mathrm{i} - z}{\mathrm{i} + z}$$

例 6.5 假设点 $z_1 = 1, z_2 = 0, z_3 = -1$ 分别被映射为 $w_1 = \mathrm{i}, w_2 = \infty, w_3 = 1$，试求这样的分式线性映射.

解 因 w_2 是 z_2 的象，可得

$$w = \frac{az + b}{cz} \quad (bc \neq 0)$$

再根据另外两个映射关系，有

$$\mathrm{i}c = a + b, \quad -c = -a + b$$

解得

$$a = \frac{(1 + \mathrm{i})c}{2}, \quad b = \frac{(\mathrm{i} - 1)c}{2}$$

故所求的分式线性映射为

$$w = \frac{(\mathrm{i} + 1)z + (\mathrm{i} - 1)}{2z}$$

以上我们举了两个例子，找到了把平面三个不同点映射到 w 平面任给三个不同点的分式线性映射. 对一般情况，有下面定理.

定理 6.3 对于扩充 z 平面上任意三个不同点 z_1, z_2, z_3 以及扩充 w 平面上任意三个不同点 w_1, w_2, w_3，存在唯一的分式线性映射，把 z_1, z_2, z_3 分别映射成 w_1, w_2, w_3.

证明 先考虑已给各点都是有限点情形. 假设所求的分式线性映射如式（6 - 13）所示，由

$$w_k = \frac{az_k + b}{cz_k + d} \quad (k = 1, 2, 3)$$

算出 $w - w_1, w - w_2, w_3 - w_1, w_3 - w_2$，并消去 a, b, c, d，得

$$\frac{w - w_1}{w - w_2} : \frac{w_3 - w_1}{w_3 - w_2} = \frac{z - z_1}{z - z_2} : \frac{z_3 - z_1}{z_3 - z_2} \qquad (6 - 16)$$

即

$$\frac{(w - w_1)(w_3 - w_2)}{(w - w_2)(w_3 - w_1)} = \frac{(z - z_1)(z_3 - z_2)}{(z - z_2)(z_3 - z_1)} \qquad (6 - 17)$$

式（6 - 16）左边及右边分别称为 w_1, w_2, w, w_3 以及 z_1, z_2, z, z_3 的**交比**，分别记为 (w_1, w_2, w, w_3) 及 (z_1, z_2, z, z_3).

等式（6 - 17）隐式地确定了一个分式线性映射，把 z 平面上任意三个不同点 z_1, z_2, z_3 分别映射为 w 平面上任意三个不同点 w_1, w_2, w_3. 事实上，改写式（6 - 17）为

$$(z - z_2)(w - w_1)(z_3 - z_1)(w_3 - w_2) = (z - z_1)(w - w_2)(z_3 - z_2)(w_3 - w_1) \qquad (6-18)$$

如果 $z = z_1$,则上式右端为 0,所以 $w = w_1$;类似地,$z = z_2$,$z = z_3$ 时,分别有 $w = w_2$,$w = w_3$.

至于证明式 $(6-17)$ 是分式线性映射而且是唯一的,留给读者思考.

其次,如果已给各点除 $w_3 = \infty$ 外,都是有限点,则所求映射有如下形式,即

$$w = \frac{az + b}{c(z - z_3)}$$

且

$$w_k = \frac{az_k + b}{c(z_k - z_3)} \quad (k = 1, 2)$$

算出 $w - w_1$ 及 $w - w_2$,并消去 a, b 及 c,得

$$\frac{w - w_1}{w - w_2} = \frac{z - z_1}{z - z_2} : \frac{z_3 - z_1}{z_3 - z_2} \qquad (6-19)$$

从中可求得 $w(z)$,这就是我们要求的分式线性映射.

比较式 $(6-16)$ 与式 $(6-19)$,可以看出,在式 $(6-16)$ 中令 $w_3 \to \infty$ 就得到式 $(6-19)$.

对于其余点包含 ∞ 的情况,可以类似推导.

推论 6.1 在分式线性映射下,交比不变.

设一分式线性映射把扩充 z 平面上任意不同的四点 z_1, z_2, z_3, z_4 映射成扩充 w 平面上四点 w_1, w_2, w_3, w_4,则

$$(z_1, z_2, z_3, z_4) = (w_1, w_2, w_3, w_4)$$

例 6.6 利用交比的性质重新考虑例 6.5. 注意,我们不能直接应用式 $(6-16)$,因为它的导出需要"各点都是有限点"这个假设,而例 6.5 中 $w_2 = \infty$,所以应该仿照式 $(6-18)$ 的推导得出

$$\frac{w - w_1}{w - w_3} = \frac{z - z_1}{z - z_3} : \frac{z_2 - z_1}{z_2 - z_3}$$

即

$$\frac{w - \mathrm{i}}{w - 1} = \frac{(z - 1)(0 + 1)}{(z + 1)(0 - 1)} = \frac{1 - z}{1 + z}$$

从中可解出

$$w = \frac{(\mathrm{i} + 1)z + (\mathrm{i} - 1)}{2z}$$

也可在式 $(6-16)$ 中令 $w_2 \to \infty$,留给读者完成.

定理 6.4 扩充 z 平面上任何一个圆,可以用一个分式线性映射,映射成为扩充 w 平面上任意一个圆.

事实上,在 z 平面及 w 平面的已给圆上,分别选不同三点 z_1, z_2, z_3 及不同三点 w_1, w_2, w_3,那么把 z_1, z_2, z_3 分别映射成 w_1, w_2, w_3 的分式线性函数,就把过 z_1, z_2, z_3 的圆映射成过 w_1, w_2,

w_3 的圆.

为了叙述分式线性映射另一个重要的映射性质,引入关于圆的两点对称定义:

定义 6.2 设已给圆 $C:|z-z_0|=R(0<R<+\infty)$,如果两个有限点 z_1 及 z_2 在过 z_0 的同一射线上,并且

$$|z_1-z_0|\cdot|z_2-z_0|=R^2$$

我们就说 z_1 及 z_2 是关于圆 C 的对称点. 规定 z_0 及 ∞ 是关于圆 C 的对称点.

下面不加证明给出分式线性映射的**保对称**性质.

定理 6.5 如果分式线性映射把 z 平面上的圆 C 映射为 w 平面上的圆 C',则该分式线性映射把关于圆 C 的对称点 z_1 及 z_2,映射成关于圆 C' 的对称点 w_1 及 w_2.

6.3   两个特殊的分式线性映射

6.3.1   上半平面到单位圆内的分式线性映射

现在我们来考虑如何把上半平面($\mathrm{Im}z>0$)通过分式线性映射到单位圆内部($|w|<1$),同时把边界 $\mathrm{Im}z=0$ 映射到 $|w|=1$,如图 6.5 所示.

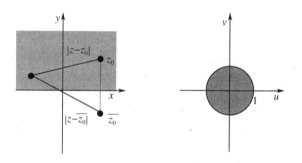

图 6.5   上半平面映射到单位圆内部

因为实轴被映射到单位圆上,我们选择实轴上的三个点 $z=0,z=1,z=\infty$,假设所要求的分式线性映射为

$$w=\frac{az+b}{cz+d}\quad(ad-bc\neq0)\tag{6-20}$$

我们注意到象点的模都是 1,于是当 $z=0$ 时,得到 $|b/d|=1$,即

$$|b|=|d|\neq0\tag{6-21}$$

根据式(6-15),当 $c\neq0$ 时,$z=\infty$ 对应 $w=a/c$,所以有

$$|a|=|c|\neq0\tag{6-22}$$

这样式(6-20)可改写为

$$w = \frac{a}{c} \cdot \frac{z + (b/a)}{z + (d/c)} \tag{6-23}$$

根据式(6-21)和式(6-22),得

$$|b/a| = |d/c| \neq 0 \tag{6-24}$$

因为 $|a/c| = 1$,令 $-(b/a) = z_0$, $-(d/c) = z_1$,式(6-23)可以写成如下形式,即

$$w = e^{i\alpha} \cdot \frac{z - z_0}{z - z_1} \quad (|z_1| = |z_0| \neq 0) \tag{6-24}$$

式(6-25)中 α 是一个实数, z_0, z_1 是非零复常数. 利用条件当 $z = 1$ 时, $|w| = 1$. 我们得到

$$|1 - z_1| = |1 - z_0| \tag{6-26}$$

即

$$(1 - z_1)(1 - \bar{z}_1) = (1 - z_0)(1 - \bar{z}_0) \tag{6-27}$$

根据式(6-24), $|z_1| = |z_0|$,所以式(6-26)变为

$$z_1 + \bar{z}_1 = z_0 + \bar{z}_0 \tag{6-28}$$

即

$$\mathrm{Re}z_1 = \mathrm{Re}z_0 \tag{6-29}$$

说明

$$z_1 = z_0 \tag{6-30}$$

或者

$$z_1 = \bar{z}_0 \tag{6-31}$$

但是如果 $z_1 = z_0$,式(6-25)就变成一个常值映射,所以有 $z_1 = \bar{z}_0$.

式(6-25)把 z_0 映射为 $w = 0$,因为 $|w| < 1$ 的点的原象均来自 z 平面实轴上方(图6.5),于是我们得到 $\mathrm{Im}z_0 > 0$. 这说明要寻求的分式线性映射一定具有如下形式,即

$$w = e^{i\alpha} \frac{z - z_0}{z - \bar{z}_0} \quad (\mathrm{Im}z_0 > 0) \tag{6-32}$$

接下来阐述形如式(6-32)的分式线性映射是我们要求的分式线性映射,具有我们期望的映射属性,这留给读者作为练习.

完全类似地讨论我们可以知道,具有式(6-32)形式的分式线性映射,也把下半平面映射成单位圆外部;对于把上半平面映射成单位圆外部和把下半平面映射成单位圆内部的分式线性映射应具有式(6-32)的形式,但 $\mathrm{Im}z_0 < 0$.

读者可以思考,左(右)平面到单位圆内(外)部的分式线性映射又应该具有如何的形式?

例6.7 回顾6.2节例6.4,我们最终得到的变换是

$$w = \frac{i - z}{i + z} \tag{6-33}$$

改写式(6-33)为

$$w = e^{i\pi} \frac{z-i}{z-\bar{i}} \tag{6-34}$$

它把实轴映射成为单位圆周.

例6.8　求将上半平面映射为单位圆内,且将 i 映射成 0,将 -1 映射成 1 的分式线性映射.

解　设所求映射形式为

$$w = e^{i\alpha} \frac{z-z_0}{z-\bar{z}_0} \quad (\text{Im} z_0 > 0)$$

由于它将 i 映射成 0,有

$$0 = e^{i\alpha} \frac{i-z_0}{i+\bar{z}_0}$$

解得 $z_0 = i$. 又由于它将 -1 映射成 1,有

$$1 = e^{i\alpha} \frac{-1-i}{-1+\bar{i}}$$

解得 $e^{i\alpha} = -i$,故所求分式线性映射为

$$w = -i \frac{z-i}{z+i}$$

6.3.2　单位圆到单位圆的分式线性映射

现在我们寻求把圆盘 $|z| < 1$ 保形映射成圆盘 $|w| < 1$,同时把边界 $|z| = 1$ 映射为 $|w| = 1$. 假设 $|z| < 1$ 内一点 z_0 被映射成 $w = 0$,与 z_0 关于圆 $|z| = 1$ 对称的点是 $\dfrac{1}{\bar{z}_0}$,根据定理6.5,所要求的分式线性映射应该把 $\dfrac{1}{\bar{z}_0}$ 映射成 $w = \infty$,故应有如下形式,即

$$w = \lambda \frac{z-z_0}{z-1/\bar{z}_0} = -\lambda \bar{z}_0 \cdot \frac{z-z_0}{1-\bar{z}_0 z} \tag{6-35}$$

当 $|z| = 1$ 时,有

$$|w| = 1 = |-\lambda \bar{z}_0| \cdot \left| \frac{z-z_0}{z(\bar{z}-\bar{z}_0)} \right| \tag{6-36}$$

得

$$|-\lambda \bar{z}_0| = 1$$

因此令 $-\lambda \bar{z}_0 = e^{i\varphi}$,从而,将单位圆内部映射成单位圆内部的分式线性映射具有的形式为

$$w = e^{i\varphi} \frac{z-z_0}{1-\bar{z}_0 z} \tag{6-37}$$

其中，φ 为实常数，z_0 为复常数且 $|z_0| < 1$.

下面请读者思考并叙述具有式 $(6-37)$ 形式的分式线性映射，一定将单位圆内部映射成为单位圆内部，同时把单位圆边界映射为单位圆边界. 如果 $|z_0| > 1$，会有如何变化？

例 6.9　求将单位圆映射成单位圆，且满足 $f(\frac{1}{2}) = 0, f(1) = 1$ 的分式线性映射.

解　该映射有如下形式

$$w = \mathrm{e}^{\mathrm{i}\varphi} \frac{z - z_0}{1 - \bar{z}_0 z}$$

带入条件 $f(\frac{1}{2}) = 0, f(1) = 1$，有

$$\begin{cases} 0 = \mathrm{e}^{\mathrm{i}\varphi} \dfrac{\dfrac{1}{2} - z_0}{1 - \dfrac{1}{2}\bar{z}_0} \\[4mm] 1 = \mathrm{e}^{\mathrm{i}\varphi} \dfrac{1 - z_0}{1 - \bar{z}_0} \end{cases}$$

求得 $z_0 = \dfrac{1}{2}, \varphi = 0$，故所求映射为

$$w = \frac{2z - 1}{2 - z}$$

6.4　正弦函数的映射

这一节我们来学习 $w = \sin z$ 的映射. 根据第 2 章知识

$$\sin z = \sin x \mathrm{ch} y + \mathrm{i}\cos x \mathrm{sh} y \tag{6-38}$$

于是变换 $w = \sin z$ 可以改写为

$$u = \sin x \mathrm{ch} y, \quad v = \cos x \mathrm{sh} y \tag{6-39}$$

研究映射属性，方便的方法是看映射把平行于坐标轴的直线映射成什么曲线，于是我们先考察平行于 y 轴的直线 $x = c_1$ 的象曲线. 假设 $0 < c_1 < \pi/2$，直线上的点 (c, y) 被映射为

$$u = \sin c_1 \mathrm{ch} y, \quad v = \cos c_1 \mathrm{sh} y \quad (-\infty < y < \infty) \tag{6-40}$$

于是，直线 $x = c_1$ 的象曲线为双曲线

$$\frac{u^2}{\sin^2 c_1} - \frac{v^2}{\cos^2 c_1} = 1 \tag{6-41}$$

的右分支，当点 (c_1, y) 从下到上运动时，它的象点也相应地从下到上运动，如图 6.6 所示.

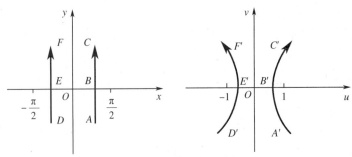

图 6.6　正确函数的映射

可以类似分析，如果 $-\pi/2 < c_1 < 0$，直线 $x = c_1$ 的象曲线为双曲线的左分支；y 轴被映射为 u 轴.

例 6.10　变换 $w = \sin z$ 把 z 平面的半无限矩形域 $-\pi/2 \leqslant x \leqslant \pi/2, y \geqslant 0$ 一一映射为 w 平面的上半平面 $v \geqslant 0$.

首先来看半无限矩形域的边界被一一映射到 u 轴上. 根据式（6-39），半无限长直线 BA 上的点 $(\pi/2, y)$ 被映射为 w 平面上的点 $(\mathrm{ch} y, 0)$. 当 $y \geqslant 0$，想象某点从 B 点开始朝 A 运动，它的象点轨迹为 $B'(1,0)$ 从开始，沿着 u 轴朝右运动. 线段 DB 上的点 $(x,0)$ 的象点为 $(\sin x, 0)$，当点 $(x,0)$ 从 D 运动到 B 时，x 从 $-\pi/2$ 增加到 $\pi/2$，其象点是从 $(-1,0)$ 到 $(1,0)$，即从 D' 到 B'. 最后，DE 被映射为 $D'E'$. 这样，半无限矩形域周线就被映射为 u 轴（图 6.7）.

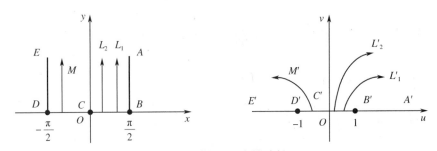

图 6.7　例 6.10 中的映射

其次，半无限矩形域可以看成由不同的半直线构成，如前分析，其中某条半直线 $L_1 : x = c_1$ 被映射成顶点为 $(\sin c_1, 0)$ 的双曲线右半支. 当 L_1 左移接近 y 轴时，会得到顶点左移的开口更大的双曲线右半支，如 L_2 被映射成 L_2'，当 L_1 为上半 y 轴时，则被映射为 u 轴；当 L_1 右移接近 BA 时，会得到顶点向 B' 运动，开口变窄的双曲线右半支，当 L_1 为 BA 时，就被映射为 $B'A'$.

至于左半区域的情形可以类似分析半直线 M 和它的象曲线得到，对于一一映射的陈述也留给读者练习.

以上主要研究的是平行于 y 轴的直线在变换 $w = \sin z$ 映射下的情形，那么平行于 x 轴的直线 $y = c_2$ 在该映射下的象曲线是怎样的呢？

假设水平线段 $y = c_2 (-\pi \leqslant x \leqslant \pi), c_2 > 0$，根据式(6-39)，有象曲线的参数表示

$$u = \sin x \, \mathrm{ch} c_2, \quad v = \cos x \, \mathrm{sh} c_2 \quad (-\pi \leqslant x \leqslant \pi) \tag{6-42}$$

式(6-42)代表椭圆

$$\frac{u^2}{\mathrm{ch}^2 c_2} + \frac{v^2}{\mathrm{sh}^2 c_2} = 1 \tag{6-43}$$

焦点为

$$w = \pm \sqrt{\mathrm{ch}^2 c_2 - \mathrm{sh}^2 c_2} = \pm 1$$

假设点 (x, c_2) 从 A 运动到 E，它的象点轨迹是从 A' 顺时针运动到 E'，轨迹是椭圆，如图6.8所示.

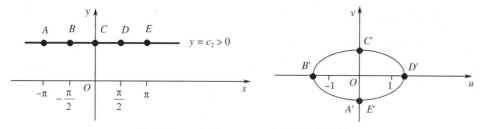

图6.8 $y = C_2$ 在 $w = \sin z$ 映射下的象曲线

如果选取小一点的 c_2，会得到更小的椭圆，但是焦点不变；如果 $c_2 = 0$，则象曲线变为线段 $-1 \leqslant u \leqslant 1$. 值得注意的是，对于这个例子来说，映射不是一一的.

6.5 z^2 和 $z^{1/2}$ 分支的映射

6.5.1 z^2 的映射

变换 $w = z^2$ 可写为

$$u = x^2 - y^2, \quad v = 2xy \tag{6-44}$$

例6.11 如图6.9所示，z 平面区域 $0 \leqslant x \leqslant 1, y \geqslant 0$ 被 $w = z^2$ 映射为半抛物区域.

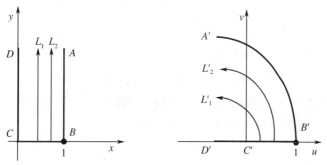

图6.9 例6.11中的映射

当 $0 < x_1 < 1$ 时,例如想象点 (x_1, y) 从 $(x_1, 0)$ 开始沿着 L_1 箭头方向运动,我们考察它的象点轨迹. 根据式(6-44),在 uv 平面上

$$u = x_1^2 - y^2, \quad v = 2x_1 y \quad (0 \leqslant y < \infty) \tag{6-45}$$

消去 y,有

$$v^2 = -4x_1^2(u - x_1^2) \quad v \geqslant 0 \tag{6-46}$$

式(6-46)代表开口向左,在 $(x_1^2, 0)$,焦点在原点的抛物线上半支,图 6.9 中用 L_1' 表示. 当 x_1 增大一些,但仍小于 1 时,这种情况见 L_2 到 L_2'. 我们依次可以分析,$BA \rightarrow B'A'$. 最后来看半直线 CD,假设 $(0, y)$ 在 CD 上,$y \geqslant 0$. 根据式(6-43)映射为 $(-y^2, 0)$. 这样当点从原点出发沿着半直线 CD 运动时,它的象点轨迹是半直线 $C'D'$.

6.5.2　$z^{1/2}$ 分支的映射

回顾初等函数的知识,

$$z = re^{i\theta} \quad (r > 0, -\pi < \theta \leqslant \pi) \tag{6-47}$$

那么

$$z^{1/2} = \sqrt{r}\, e^{i\left(\frac{\theta + 2k\pi}{2}\right)} \quad (k = 0, 1) \tag{6-48}$$

同样

$$z^{1/2} = e^{\frac{1}{2}\mathrm{Ln}z} \quad (z \neq 0) \tag{6-49}$$

我们在式(6-49)取 $\mathrm{Ln}z$ 的主值分支 $\ln z$,作为双值函数 $z^{1/2}$ 的主值分支,记为 $F_0(z)$,即

$$F_0(z) = e^{\frac{1}{2}(\ln r + i\theta)} = \sqrt{r}\, e^{\frac{1}{2}\theta} \quad (r > 0, -\pi < \theta < \pi) \tag{6-50}$$

这与式(6-48)中取 $k = 0$,$-\pi < \theta < \pi$ 一致. 原点是支点,从原点出发沿着负实轴的射线 $\theta = \pi$ 是割线.

例 6.12　映射 $w = F_0(z) = \sqrt{r}\, e^{\frac{i}{2}\theta}$ 把 1/4 圆盘 $0 \leqslant r \leqslant 2, 0 \leqslant \theta \leqslant \pi/2$ 一一映射为 w 平面上的区域 $0 \leqslant \rho \leqslant \sqrt{2}, 0 \leqslant \phi \leqslant \pi/4$.

根据式(6-50),可得 $\rho = \sqrt{r}$,$\phi = \theta/2$.

如果在 $\mathrm{Ln}z$ 取其分支

$$\mathrm{Ln}z = \ln r + i(\theta + 2\pi) \quad (r > 0, -\pi < \theta < \pi)$$

则从式(6-49)中得到 $z^{1/2}$ 另一分支,记为

$$F_1(z) = \sqrt{r}\, e^{\frac{i(\theta + 2\pi)}{2}} \quad (r > 0, -\pi < \theta < \pi)$$

这与在式(6-48)中令 $k = 1$ 得到的结果是一致的. 因为 $e^{i\pi} = -1$,所以有 $F_1(z) = -F_0(z)$. 这样,$\pm F_0(z)$ 代表了 $z^{1/2}$ 在 $r > 0$,$-\pi < \theta < \pi$ 的所有值.

6.6 保形映射的概念

6.6.1 保角性

假设 $w = f(z)$ 是区域 D 内的解析函数. 设 $z_0 \in D$, $w_0 = f(z_0)$, $f'(z_0) \neq 0$. 考虑在 D 内过 z_0 的一条简单光滑曲线 C, 有

$$z = z(t) = x(t) + \mathrm{i} y(t) \quad (a \leqslant t \leqslant b)$$

其中, $x(t)$ 和 $y(t)$ 是 $z(t)$ 的实部和虚部, 并设 $z(t_0) = z_0 (a < t_0 < b)$.

由于

$$z'(t) = x'(t) + \mathrm{i} y'(t)$$

可知曲线 C 在 $z = z_0$ 的切线与实轴的夹角是 $\arg z'(t_0)$.

函数 $w = f(z)$ 把简单光滑曲线 C 映射成过 $w_0 = f(z_0)$ 的一条简单曲线 Γ, 有

$$w = f[z(t)] \quad (a \leqslant t \leqslant b)$$

根据链锁法则

$$w'(t_0) = f'[z(t_0)] \cdot z'(t_0)$$

意味着

$$\arg w'(t_0) = \arg f'[z(t_0)] + \arg z'(t_0)$$

这说明曲线 Γ 在 w_0 处切向与实轴的夹角 ϕ_0 与曲线 C 在 z_0 处的切线与实轴的夹角 θ_0 相差 $\arg f'[z(t_0)]$. 这个角度 $\psi_0 = \arg f'(z_0)$ 与曲线 C 的形状及在 z_0 处的切线方向无关, 如图 6.10 所示.

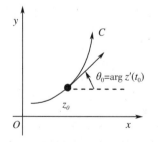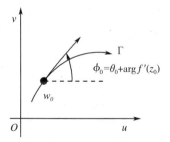

图 6.10 映射前后曲线的旋转角

现在假设有两条光滑曲线 C_1 和 C_2 均过点 z_0, 它们在 z_0 处的切线方向与实轴的夹角分别用 θ_1 和 θ_2 表示, 函数 $w = f(z)$ 把 C_1, C_2, z_0 分别映射为 Γ_1, Γ_2 和 w_0, 我们用 ϕ_1 和 ϕ_2 来分别表

示曲线 Γ_1, Γ_2 过点 w_0 的切向方向与实轴的夹角,如图 6.11 所示. 根据上段叙述,有

$$\phi_1 = \theta_1 + \psi_0, \quad \phi_2 = \theta_2 + \psi_0$$

即

$$\theta_2 - \theta_1 = \phi_2 - \phi_1$$

这意味着 w_0 处曲线 Γ_1 到 Γ_2 的夹角等于在 z_0 处曲线 C_1 到 C_2 的夹角,这个角度用 α 表示,$\alpha = \arg f'(z)$ 在映射前后大小与方向保持不变.

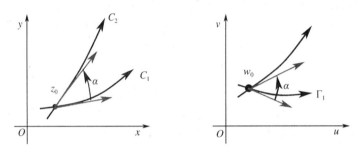

图 6.11　映射前后曲线间的夹角

如果 $f(z)$ 在 z_0 解析并且 $f'(z_0) \neq 0$,那么用函数 $w = f(z)$ 作映射时,曲线间的夹角的大小及方向保持不变. 这一性质称为**保角性**,这时称映射 $w = f(z)$ 在 z_0 点是保形的。

f 在 z_0 解析意味着在 z_0 的某邻域内解析,而且根据 $f'(z)$ 的连续性,可以找到 z_0 的某个邻域,$f(z)$ 解析并且 $f'(z) \neq 0$,所以当 $f(z)$ 在 z_0 保形时,在 z_0 的某个邻域也是保形的.

例 6.13　映射 $w = e^z$ 是 z 平面的保形映射,因为 e^z 在 z 平面解析,并且 $(e^z)' = e^z \neq 0$. 考察 $x = c_1$ 和 $y = c_2$ 两条直线,在映射 $w = e^z$ 下变为何种曲线,两条直线在交点处的切向夹角在映射前后是否变化.

解　$w = e^z$ 把 $x = c_1$ 映射为正向圆周,把 $y = c_2$ 映射为射线. 从图 6.12 可知,交点处的夹角同为顺时针方向 $\pi/2$(从实线箭头方向到虚线箭头方向).

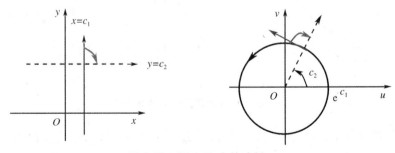

图 6.12　例 6.13 中的映射

例 6.14 两条光滑曲线的夹角在反射变换 $w = \bar{z}$ 的作用下会发生如何变化？该映射是保形映射么？

解 如图 6.13 所示，假设两条光滑曲线在 z_0 点的切向夹角为 α，方向为逆时针，在反射映射 $w = \bar{z}$ 作用下，夹角大小不变，但是方向变为顺时针，由于 $w = \bar{z}$ 不解析，所以它不是保形映射.

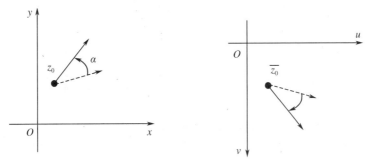

图 6.13 例 6.14 中的映射

6.6.2 伸缩率

前面解析函数导数的幅角进行了几何解释，现在来阐述它的模的几何意义.

$$|f'(z_0)| = \left| \lim_{z \to z_0} \frac{f(z) - f(z_0)}{z - z_0} \right| = \lim_{z \to z_0} \frac{|f(z) - f(z_0)|}{|z - z_0|}$$

$|z - z_0|$ 及 $|f(z) - f(z_0)|$ 分别表示 z 平面上向量 $z - z_0$ 的长度及 w 平面上向量 $f(z) - f(z_0)$ 的长度. 当 z 接近 z_0 时，即 $|z - z_0|$ 较小时，这两个长度的比可表示为

$$\frac{|f(z) - f(z_0)|}{|z - z_0|} \approx |f'(z_0)|$$

所以 $|f'(z_0)|$ 可近似地表示通过映射后，$|f(z) - f(z_0)|$ 对 $|z - z_0|$ 的伸缩倍数，$|f'(z_0)|$ 是一个与方向无关的量，称为在点 z_0 的**伸缩率**.

一般说来，不同点的旋转角度 $\arg f'(z)$ 和伸缩率 $|f'(z)|$ 是不同的，但如果 z 接近 z_0，根据 $f'(z)$ 的连续性，$\arg f'(z)$ 与 $\arg f'(z_0)$，$|f'(z)|$ 与 $|f'(z_0)|$ 就很接近. 于是映射 $w = f(z)$，$f'(z_0) \neq 0$ 把 z_0 的一个邻域内的任一三角形映射成 w 平面上含点 $w_0 = f(z_0)$ 的一个区域内的近似三角形. 这两个三角形对应角相等，对应边近似成比例，因此这两个三角形是相似的. 此外，这个映射还把 z 平面上半径充分小的圆 $|z - z_0| = \rho$ 近似地映射成圆

$$|w - w_0| = |f'(z_0)|\rho$$

解析函数所确定的映射称为保形映射或保角映射、共形映射.

例 6.15 求出映射 $f(z) = z^2$ 的具有保形性质的点及在保形点处的伸缩率和旋转角.

解 $f'(z) = 2z$，只要 $z \neq 0$，则 $f'(z) \neq 0$，因此在除去 $z = 0$ 的点外均保形. 又由于 $|w'| = 2|z|$，

$\arg f'(z) = \arg(2z) = \arg z$,所以当 $z \neq 0$ 时,在 z 点处该映射的伸缩率为 $2|z|$,旋转角为 $\arg z$.

例6.16 利用上式分析半直线 $C_1:y=x(x \geq 0)$ 和 $C_2:x=1(y \geq 0)$ 及其交点处 C_1 到 C_2 的夹角在映射 $f(z)=z^2$ 后的变化情况(图6.14).

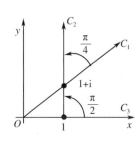 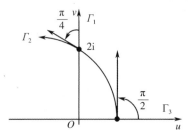

图6.14　例6.16中的映射

解　C_1 到 C_2 的夹角为 $\pi/4$,交点为 $1+i$. 该映射把点 $z=(x,y)$ 映射为
$$u = x^2 - y^2, \quad v = 2xy$$
所以 C_1 被映射为 Γ_1
$$u = 0, \quad v = 2x^2 \quad (0 \leq x < \infty)$$
C_2 被映射为 Γ_2
$$u = 1 - y^2, \quad v = 2y \quad (0 \leq y < \infty)$$
消去 y,可以看出 Γ_2 是抛物线 $v^2 = -4(u-1)$ 的上半支,交点 $1+i$ 被映射为 $2i$.

现在来计算 Γ_1 到 Γ_2 的夹角.
$$\frac{dv}{du} = \frac{dv/dy}{du/dy} = \frac{2}{-2y} = -\frac{2}{v}$$
当 $v=2$ 时,$dv/du = -1$,所以在点 $2i$ 时,Γ_1 到 Γ_2 的夹角为 $\pi/4$. $f(z)$ 在 $1+i$ 的伸缩率是
$$|f'(1+i)| = 2\sqrt{2}$$

我们不加证明地给出一个对求保形映射具有一定指导意义的定理.

定理6.6　设区域 D 的边界 Γ 为一条光滑闭曲线(或分段光滑闭曲线).在 D 内及 Γ 上的解析函数 $w=f(z)$ 将 Γ 一一映射成闭曲线 Γ',Γ' 所围成区域为 D',且当 z 沿着 Γ 朝一个给定方向移动使区域 D 总在左(右)侧时,它映射后的点 w 沿 Γ' 移动且区域 D' 也总在左(右)侧,则 $w=f(z)$ 将 D 一一保形映射成 D'.

利用定理6.6可知,若想将区域 D 保形映射成区域 D',只要找到把 D 的边界映射成 D' 的边界,且走向一致的解析函数即可.

6.6.3　一些例子

例6.17　求一保形映射,把半圆盘 $|z|<1$,$\mathrm{Im}\,z>0$ 保形映射成上半平面.

解 因为圆 $|z|=1$ 与实数轴在 -1 和 $+1$ 点处直交,所以作分式线性映射

$$w = \frac{z+1}{z-1} \tag{6-51}$$

把 -1 和 $+1$ 分别映射成 w_1 平面上 0 及 ∞ 两点,根据分式线性映射的性质,把过分母零点的圆或直线映射为直线,于是把 $|z|=1$ 及 x 轴映射成 w 平面上在原点互相直交的两条直线. 由于分式线性映射中的常数是实数,所以 x 轴被映射为 u 轴,在式 $(6-51)$ 中带入 $A(-1,0)$,$B(0,0)$,$C(1,0)$,可得象点 $A'(0,0)$,$B'(-1,0)$,C' 为实轴负无穷远处,所以直径 AC 被映射为负半实轴.

圆 $|z|=1$ 被映射为 w_1 平面的虚轴,由于 D 点 $z=\mathrm{i}$ 被映射为 $-\mathrm{i}$,所以半圆 ADC 被映射为下半虚轴,如图 6.15 所示.

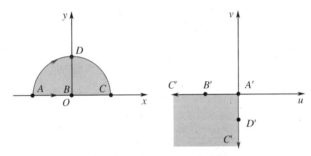

图 6.15 例 6.17 中的映射

根据在保形映射下区域及其边界之间的对应关系,已给半圆盘所映射到 w_1 平面上的区域应当在周线 ABC 的左方,因此它是第三象限.

最后作映射

$$w = w_1^2$$

这样,w_1 平面的第三象限变成 w 平面的上半平面.

综合得所求的保形映射为

$$w = w_1^2 = \left(\frac{z+1}{z-1}\right)^2$$

例 6.18 求一保形映射,把 z 平面上的带形 $0 < \mathrm{Im}z < \pi$ 保形映射成 w 平面上的单位圆盘 $|w| < 1$.

解 如例 6.13 所示,函数 $w_1 = \mathrm{e}^z$ 把带形域 $0 < \mathrm{Im}z < \pi$ 映射为 w_1 平面的上半平面.

上半平面到单位圆的映射形如式 $(6-31)$,为方便起见,取 w_1 平面上关于实轴的对称点 $-\mathrm{i}$ 及 i,$\mathrm{e}^{\mathrm{i}\alpha}=1$,那么函数

$$w = \frac{\mathrm{e}^z - \mathrm{i}}{\mathrm{e}^z + \mathrm{i}}$$

就把 w_1 平面的上半平面映射成 w 平面上的单位圆盘 $|w|<1$.

例 6.19 圆心分别在 $z=\mathrm{i}$ 和 $z=-\mathrm{i}$,半径为 $\sqrt{2}$ 的两圆弧所围包含原点的那一部分区域,被 $w=\dfrac{z-1}{z+1}$ 映射成什么区域?

解 如图 6.16 所示,由于题中所给映射是分式线性映射,且两圆弧都过该分式线性映射的分母零点 $z=-1$ 和分子零点 $z=1$. 根据定理 6.2 的讨论,该映射将两圆弧都映射成了过原点的直线. 又由于在 $z=1$ 处,由 $z=1$ 出发的这两段圆弧的切线方向与正实轴的夹角分别是 $3\pi/4$ 和 $5\pi/4$. 而在 $z=1$ 处该映射导数的幅角为

$$\arg w'\big|_{z=1}=\arg\left[\frac{z+1-(z-1)}{(z+1)^2}\right]\bigg|_{z=1}=\arg\frac{1}{2}=0$$

所以映射后的直线在 $z=0$ 处与正实轴的夹角分别是 $3\pi/4$ 和 $5\pi/4$. 从而该映射将题中区域映射成两射线所夹的区域 $3\pi/4<\arg w<5\pi/4$.

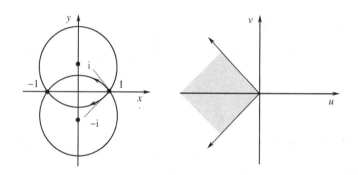

图 6.16 例 6.19 中的映射

例 6.20 求一保形映射,将扩充 z 平面上单位圆外部 $|z|>1$ 映射成扩充 w 平面上去掉实轴上从 -1 到 1 的闭区间所得区域.

解 可从 6.3 节最后思考,或者根据分式线性映射的边界对应法则构造分式线性映射

$$w_1=\frac{z+1}{z-1}$$

将扩充 z 平面的单位圆外部映射成为 w_1 平面上实部大于零的右半平面.

而 $w_2=w_1^2$ 又将其映射成 w_2 平面的去掉负实轴的全平面.

最后利用 $w=\dfrac{w_2+1}{w_2-1}$ 映射成题中要求区域,即

$$w = \frac{\left(\dfrac{z+1}{z-1}\right)^2 + 1}{\left(\dfrac{z+1}{z-1}\right)^2 - 1} = \frac{z}{2} + \frac{1}{2z}$$

映射过程如图 6.17 所示.

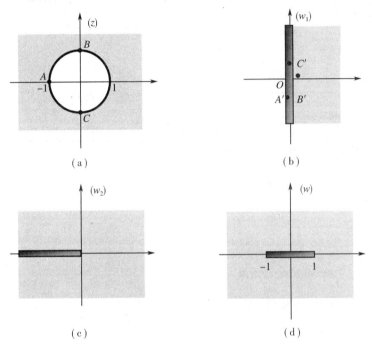

图 6.17　6.20 中的映射

例 6.21　把一个带形域 $a < \mathrm{Re}z < b$ 映射成上半平面 $\mathrm{Im}z > 0$ 的保形映射.

解　将带形域 $a < \mathrm{Re}z < b$ 经过适当的平移、旋转和放缩,可映射成带形域 $0 < \mathrm{Im}w_1 < \pi$. 这一映射由分式线性映射

$$w_1 = \mathrm{i}\pi\,\frac{z-a}{b-a}$$

就可以完成.

接着根据例 6.13 用指数映射 $w = \mathrm{e}^{w_1}$ 就把 w_1 平面映射成上半平面.

例 6.22　求一个将具有割痕: $-\infty < \mathrm{Re}z \leqslant a, \mathrm{Im}z = H$ 的带形域 $0 < \mathrm{Im}z < 2H$ 映射成带形域 $0 < \mathrm{Im}w < 2H$ 的一个保形映射.

解　函数 $|w_1 = \mathrm{e}^{\frac{\pi}{2H}z}|$ 把题中所给区域映射成在虚轴上有一段割痕 $0 < \mathrm{Im}z \leqslant \mathrm{e}^{\frac{a\pi}{2H}}, \mathrm{Re}z = 0$ 的上半平面,再经过映射

$$w_2 = w_1^2, w_3 = w_2 + e^{\frac{a\pi}{H}}, w_4 = \sqrt{w_3}$$

可将所得区域逐步映射为上半平面,最后利用映射

$$w = \frac{2H}{\pi}\ln w_4$$

就可映射为所求区域(图6.18).所以一个满足要求的保形映射为其复合函数

$$w = \frac{2H}{\pi}\ln \sqrt{e^{\frac{\pi z}{H}} + e^{\frac{\pi a}{H}}}$$

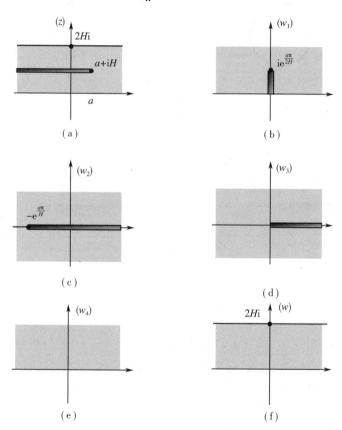

图 6.18   例 6.22 中的映射

例 6.23   求一个保形映射,把圆 $C_1: |z| = 2$ 与 $C_2: |z-1| = 1$ 的相交部分,映射成上半平面.

解   利用分式线性映射把过分母零点的圆映射为直线的性质,构造函数

$$w_1 = \frac{1}{z-2}$$

这样,两个圆的圆周都被映射为直线,C_1 被映射为 $\Gamma_1: u_1 = -1/4$,C_2 被映射为 $\Gamma_2: u_2 = -1/2$.
再由例 6.21,首先把带形域经过平移、旋转与缩放变为 $0 < \mathrm{Im}z < \pi$,这可以用

$$w_2 = \mathrm{i}\left(w_1 + \frac{1}{2}\right)4\pi$$

来实现,最后 $w = e^{w_2}$ 即是所求映射

$$w = e^{\mathrm{i}\left(\frac{1}{z-2} + \frac{1}{2}\right)4\pi}$$

整个过程如图 6.19 所示.

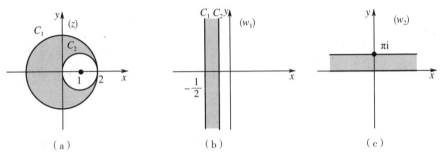

图 6.19　例 6.23 中的映射

6.7　保形映射的应用 *

6.7.1　网格的保形变换

现代计算机图形学在进行图像识别,计算力学等学科在求解某一物理量分布时都需要首先针对具体问题对求解域进行网格划分,图 6.20 是船体表面网格划分示意图. 物理域的网格有时候过于复杂,在求解的时候人们通常把复杂区域及其不规则网格变为计算域内规则网格,实现这种网格变换的方法为代数变换法. 为了提高计算精度,我们假设物理域内的网格是正交的,变换后的计算域内网格也是正交的,保形映射可以帮我们实现二维问题这一要求.

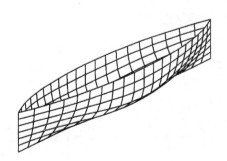

图 6.20　船体表面网格划分

设 z 代表物理平面,ζ 代表计算平面. 两个平面之间的物理量 $z = x + iy$ 和 $\zeta = \xi + i\eta$ 可以通过变换 $\zeta = f(z)$ 来实现. 假设 ζ 平面内,曲线族 $\Phi(\xi,\eta) =$ 常数与 $\Psi(\xi,\eta) =$ 常数互相正交,如果 $z = f(\zeta)$ 是保形映射,则变换到 z 平面内的对应的曲线族 $\varphi(x,y) =$ 常数和 $\psi(x,y) =$ 常数也保持正交. 事实上,ζ 平面内的正交线族可以用复函数来表示:

$$W(\zeta) = \Phi(\xi,\eta) + i\Psi(\xi,\eta)$$

利用变换 $\zeta = f(z)$,得

$$W(f(z)) = w(z) = \varphi(x,y) + i\psi(x,y)$$

这表明 z 平面上各条网线 $\varphi(x,y)$ 和 $\psi(x,y)$ 分别与 ζ 平面上各条网线 $\Phi(\xi,\eta)$ 和 $\Psi(\xi,\eta)$ 对应,z 平面上网格线 $\varphi(x,y) = c_1$ 和 $\psi(x,y) = c_2$ 交点与 ζ 平面上网格线 $\Phi(\xi,\eta) = c_1$ 和 $\Psi(\xi,\eta) = c_2$ 的交点对应.

例 6.24 设 ζ 平面内正交线族的函数为

$$\Phi(\xi,\eta) = \xi, \Psi(\xi,\eta) = \eta$$

则

$$W(\zeta) = \zeta = \xi + i\eta$$

设

$$\zeta = z + \frac{a^2}{z} = (x + iy) + \frac{a^2}{x + iy} = \xi + i\eta$$

由此可得到两个平面对应点的坐标关系

$$\xi = x\left(1 + \frac{a^2}{x^2 + y^2}\right), \ \eta = y\left(1 - \frac{a^2}{x^2 + y^2}\right)$$

两平面的网格线族为

$$\xi = x\left(1 + \frac{a^2}{x^2 + y^2}\right) = c_1, \ \eta = y\left(1 - \frac{a^2}{x^2 + y^2}\right) = c_2$$

如 c_1 和 c_2 分别取 $0.1, 0.2, \cdots, 1.0$,则 z 平面的网格线与 ζ 平面的网格线如图 6.21 所示,它可用于圆柱体二维绕流计算的网格设计中.

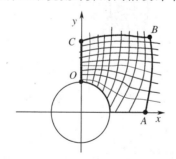
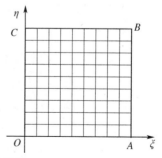

图 6.21 网格的映射

6.7.2 流体力学中的应用

1. 速度与环量在保形映射前后的关系

来看两个平面上流体速度和环量之间的关系. 假设 z 平面的流体速度为 u, v, ζ 平面的流体速度为 u^*, v^*. 在变换 $\zeta = f(z)$ 下, 两平面上的复势函数存在下面的对应

$$w^*(\zeta) = w^*(f(z)) = w(z)$$

按照复速度的定义, 有

$$u^* - \mathrm{i}v^* = \frac{\mathrm{d}w^*}{\mathrm{d}\zeta} = \frac{\mathrm{d}w}{\mathrm{d}z}\frac{\mathrm{d}z}{\mathrm{d}\zeta} = \frac{u - \mathrm{i}v}{\dfrac{\mathrm{d}\zeta}{\mathrm{d}z}} = \frac{u - \mathrm{i}v}{f'(z)}$$

于是在 ζ 平面的速度 $V^* = u^* - \mathrm{i}v^*$ 与在 z 平面的速度 $V = u - \mathrm{i}v$ 之间存在如下关系, 即

$$V^* = \frac{V}{f'(z)}$$

令 $f'(z) = m\mathrm{e}^{\mathrm{i}\theta}$, 则 $V^* = V/m\mathrm{e}^{\mathrm{i}\theta}$, 即

$$\overline{V^*} = \overline{\left(\frac{V}{m\mathrm{e}^{\mathrm{i}\theta}}\right)}$$

亦即

$$u^* + \mathrm{i}v^* = \frac{u + \mathrm{i}v}{m}\mathrm{e}^{\mathrm{i}\theta} \tag{6-52}$$

所以 ζ 平面的流体速度大小是 z 平面的流体速度的 $1/|f'(z)|$, 方向向逆时针旋转 $\theta = \arg f'(z)$.

下面证明, 保形映射不改变速度环量的大小. 绕封闭曲线 C 的速度环量定义为

$$\Gamma = \oint_C V \cdot \mathrm{d}s = \int_C u\mathrm{d}x + v\mathrm{d}y$$

其中积分取逆时针方向. 由于 $\mathrm{d}w/\mathrm{d}z = u - \mathrm{i}v, \mathrm{d}z = \mathrm{d}x + \mathrm{i}dy$. 因为物体静止不动, 物面是流线, 所以 $u\mathrm{d}y - v\mathrm{d}x = 0$, 故

$$\mathrm{d}w = (u - \mathrm{i}v)\mathrm{d}z = (u - \mathrm{i}v)(\mathrm{d}x + \mathrm{i}dy) = u\mathrm{d}x + v\mathrm{d}y$$

得

$$\Gamma = \oint_C \mathrm{d}w$$

因此, 绕物面的环量等于复势函数 w 绕一圈后的增量. 由于保形映射不改变环量大小, 所以有

$$\Gamma = \oint_C \mathrm{d}w = \oint_C \mathrm{d}w^*$$

环量反映了流体绕物面的旋转效应, 对于无旋流动, 升力与环量、来流速度成正比. 因此可以构造这样的变换, 使得该变换不改变来流速度, 从而在两个平面上, 物体的升力一样大.

既然环量等于绕物面复势 w 的增量,那么如果复势函数在物面上处处为单值函数,该增量就为 0. 因此,为了绕物面有环量,必须有几何奇点,机翼尾缘就是这样的点,使得在该点 w 不为单值函数.

2. 儒可夫斯基(Joukowski)变换

在例 6.24 中,我们用到的变换

$$\zeta = f(z) = z + \frac{a^2}{z} \tag{6-53}$$

称为儒可夫斯基变换.

由于 $f'(z) = 1 - \dfrac{a^2}{z^2}$,所以在无穷远处,$f'(\infty) = 1$,因此儒可夫斯基变换不改变远方来流的速度大小和方向.

我们记得,绕半径为 a 的圆流动的复势为 $w(z) = V_\infty \left(z + \dfrac{a^2}{z}\right)$. 通过儒可夫斯基变换,得对应的 ζ 平面的复势

$$w^*(\zeta) = V_\infty \zeta$$

这就是绕平板流动(来流平行于平板)的复势函数. 考虑圆周 $z_c = a e^{i\theta}$,它对应的 ζ 平面的物面坐标

$$\xi_c = a e^{i\theta} + a e^{-i\theta} = 2a\cos\theta$$

为实数,即把 z 平面的圆周 $z_c = a e^{i\theta}$ 映射为 ζ 平面没有厚度的平板,长度为 $4a$(图 6.22).

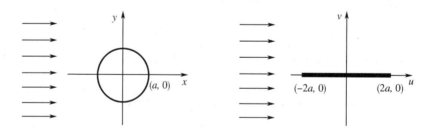

图 6.22 圆周到平板的映射

3. 儒可夫斯基对称翼型

考虑水平来流绕偏心圆的流动. 圆心位置为 $(-\varepsilon a, 0)$,半径为 $c = a(1 + \varepsilon)$,其中 $\varepsilon \ll 1$,现在来看经过儒可夫斯基变换,偏心圆的圆周在 ζ 平面的形状.

在 z 平面,圆周坐标 (x, y) 满足

$$(x + \varepsilon a)^2 + y^2 = c^2 \tag{6-54}$$

令 $z = re^{i\theta}$,则式(6-54)可写为

$$r^2 + a^2\varepsilon^2 + 2a\varepsilon r\cos\theta = c^2$$

略去 ε^2,则圆周坐标方程简写为

$$r = a\left[1 + \varepsilon(1 - \cos\theta)\right]$$

带入儒可夫斯基变换式,得

$$\zeta = re^{i\theta} + \frac{a^2}{re^{i\theta}} = \xi + i\eta$$

消去 r,得 ζ 平面中与 z 平面的偏心圆对应的物面坐标

$$\xi = 2a\cos\theta, \quad \eta = 2a\varepsilon(1 - \cos\theta)\sin\theta, \quad 0 \leqslant \theta \leqslant 2\pi \tag{6-55}$$

式(6-55)定义的封闭物面称为儒可夫斯基对称翼型,尾缘点坐标为 $\xi_{TE} = 2a\cos 0 = 2a$,$\eta_{TE} = 0$;前缘点坐标为 $\xi_{LE} = 2a\cos\pi = -2a$,$\eta_{LE} = 0$. 最厚的地方可由 $\mathrm{d}\eta/\mathrm{d}\theta = 0$ 求得,即当 $\theta = 2\pi/3$ 时,有

$$\xi\left(\frac{2}{3}\pi\right) = -a, \quad \eta\left(\frac{2}{3}\pi\right) = \frac{3\sqrt{3}}{2}a\varepsilon$$

示意如图 6.23 所示.

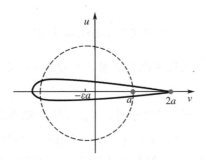

图 6.23 儒可夫斯基对称翼型

小　结

1. 两相交曲线的夹角的概念

若复平面上两条有向曲线(规定了动点在曲线上运动的一个正方向)在 $z = z_0$ 点相交,则称第一条曲线在 $z = z_0$ 处切线的正方向到第二条曲线在 $z = z_0$ 处切线的正方向的夹角为第一条曲线到第二条曲线在交点 $z = z_0$ 处的夹角.

2. 映射的保角性概念

若从 z 平面到 w 平面的映射 $w = f(z)$ 在 $z = z_0$ 的一个邻域里有意义（或定义域包含 $z = z_0$ 的一个邻域），且该映射将在 $z = z_0$ 处相交的任意两条有向曲线 C_1 和 C_2 映射成在 $w_0 = f(z_0)$ 处相交的两条有向曲线 Γ_1 和 Γ_2 时，Γ_1 和 Γ_2 在 $w = w_0$ 处的夹角在大小和方向上总是等于 C_1 和 C_2 在 $z = z_0$ 处的夹角，则称该映射在 $z = z_0$ 处具有保角性.

3. 伸缩率不变性及保形映射的概念

若从 z 平面到 w 平面的映射 $w = f(z)$ 和 $z = z_0$ 的一个邻域里有意义且当 z 沿某个固定方向充分接近于 $z = z_0$ 时，$|f(z) - f(z_0)|$ 与 $|z - z_0|$ 的比值的极限存在，则称该极限为映射 $w = f(z)$ 在 $z = z_0$ 点沿固定方向的伸缩率. 若在 $z = z_0$ 点沿各方向的伸缩率都相等，则称 $w = f(z)$ 在 $z = z_0$ 处具有伸缩率不变性.

若 $w = f(z)$ 在 $z = z_0$ 点既具有保角性又具有伸缩率不变性，则称 $wf(z)$ 是 $z = z_0$ 点处的保形映射.

4. 保形映射的充要条件及解析函数导数的模与辐角的几何意义

一个映射 $w = f(z)$ 在 $z = z_0$ 处成为保形映射的充分必要条件是 $w = f(z)$ 在 $z = z_0$ 处解析，且 $f'(z_0) \neq 0$.

当 $f'(z_0) \neq 0$ 时，其辐角 $\arg f'(z_0)$ 等于过 $z = z_0$ 的任一光滑曲线 C 经过 $w = f(z)$ 映射后曲线的转动角. 严格地说 $\arg f'(z_0)$ 等于 C 经 $w = f(z)$ 映射后的曲线 Γ 在 $w = w_0 = f(z_0)$ 处切线正方向与正实轴方向夹角和 C 在 $z = z_0$ 处切线正方向与正实轴方向的夹角之差，从而保证了保角性. 而模 $|f'(z_0)|$ 等于映射 $w = f(z)$ 在 $z = z_0$ 点的伸缩率. 这里的 $\arg f'(z_0)$ 和 $|f'(z_0)|$ 都只是与 $z = z_0$ 相关而与曲线 C 的形状和方向及 z 的变化方向无关.

5. 几个初等函数构成的映射

（1）幂函数 $w = z^\alpha$

当 $\alpha \neq 0$ 时，该函数所表示的映射，除割线外，处处为保形映射. 特别当 α 为整数时，除 $z = 0$ 外，处处保形. 该映射将环形区域的一部分 $\theta_1 < \arg z < \theta_2$，$r_1 < |z| < r_2$ 映射成为另一环形区域的一部分 $\alpha\theta_1 < \arg w < \alpha\theta_2$，$r_1^\alpha < |z| < r_2^\alpha \left(\text{其中} -\dfrac{2\pi}{\alpha} < \theta_1 < \theta_2 < \dfrac{2\pi}{\alpha}\right)$. 特别地当 $r_1 = 0$ 或当 $r_2 = \infty$ 时，该映射把一扇形或角形等区域映射成另一扇形或角形等区域.

（2）指数函数 $w = e^z$

该函数是在复平面上保形的. 该映射将矩形区域 $a < \mathrm{Re}z < b, c < \mathrm{Im}z < d$ 映射成环形区域的一部分 $c < \arg w < d, a < |w| < b$. 特别地当 $a = -\infty$ 或 $b = +\infty$ 时,该映射将带形或半带形区域等映射成扇形或角形区域等.

（3）对数函数 $w = \ln z$

由于该函数为指数函数的反函数,所以它的每一个单值分支都对应于一个解析函数,从而在其定义域里都是保形的,对各种区域的映射性质与指数函数相反.

6. 分式线性映射 $w = \dfrac{az+b}{cz+d}$

该映射在除分母的零点 $z = -\dfrac{d}{c}(c \neq 0)$ 外处处为保形映射. 在推广的保形(保角)概念意义下,在全复平面(包括无穷远点)处处保形,且具有如下映射性质.

（1）分式线性映射必可由平移变换 $\xi = z + b$,旋转与伸缩变换 $\eta = a\xi$ 和倒数变换 $w = \dfrac{1}{\eta}$ 等复合而成.

（2）将 z 平面上 3 个不同点 z_1, z_2, z_3 映射成 w 平面上 3 个不同点 w_1, w_2, w_3 的分式线性映射是唯一的,可由隐函数

$$\frac{w - w_1}{w - w_2} \cdot \frac{w_3 - w_2}{w_3 - w_1} = \frac{z - z_1}{z - z_2} \cdot \frac{z_3 - z_2}{z_3 - z_1}$$

表示. 在此称

$$\frac{z - z_1}{z - z_2} \cdot \frac{z_3 - z_2}{z_3 - z_1}$$

为 z, z_1, z_2, z_3 四点的交比,分式线性映射具有保持交比不变的性质.

（3）分式线性映射的逆映射也是分式线性映射.

（4）两分式线性映射的复合映射还是分式线性映射.

（5）分式线性映射具有保圆性:分式线性映射把圆(或直线)映射成圆(或直线). 具体地说,分式线性映射把过其分母零点的圆或直线映射成直线,而把不经过其分母零点的圆或直线映射成圆.

（6）分式线性映射具有保持对称点不变性的性质. 分式线性映射将某圆(或直线) C 映射成另一个圆(或直线) Γ 时,若有两点 $z = z_1, z = z_2$ 关于 C 对称,则该两点被上述分式线性映射成的两点 $w = w_1, w = w_2$ 也关于 Γ 对称.

（7）若已知分式线性映射将圆 C 映射成圆 C',那么它要么将 C 的内(外)部全部映射成

C' 的内部, 要么将 C 的内(外)部全部映射成 C' 的外部. 当上述的圆 C, C' 中有退化成直线的情况时, 该性质中的内(外)部应改成直线的某一(另一)侧.

(8) 若某分式线性映射将圆 C 映射成圆 C', 且将 C 上按闭曲线的正方向(逆时针方向)顺序排序的三点 $z = z_1, z = z_2, z = z_3, w = w_1, w = w_2, w = w_3$, 则该分式线性映射将 C 的内部映射成 C' 的内部, 否则它将 C 的内部映射 C' 的外部.

(9) 将上半平面 $\text{Im}(z) > 0$ 映射成单位圆 $|w| < 1$ 的分式线性映射, 都具有如下形式

$$w = e^{i\theta} \frac{z - z_0}{z - \bar{z}_0}$$

其中, θ 为实常数, z_0 为虚部大于零的复常数. 反过来, 具有上述形式的分式线性映射, 也都将上半平面映射成单位圆内部.

(10) 将单位圆 $|z| < 1$ 映射成单位圆 $|w| < 1$ 的分式线性映射都具有如下形式

$$w = e^{i\varphi} \frac{z - z_0}{1 - \bar{z}_0 z}$$

其中, φ 为实常数, z_0 为模小于 1 的复常数.

反过来, 具有上述形式的分式线性映射, 也都将单位圆 $|z| < 1$ 映射成单位圆 $|w| < 1$.

习 题

1. 求下列给定的有向曲线在指定点处切线正向与实轴正方向的夹角.

(1) 单位圆 $|z| = 1$ 规定逆时针方向为正向, 在 $z_0 = \frac{\sqrt{2}}{2} + \frac{\sqrt{2}}{2} i$ 处;

(2) $z = z(t) = t + i\sin t \ (-\infty < t < +\infty)$, 在 $t = t_0 = \frac{\pi}{2}$ 处所对应的点处;

(3) $z = z(t) = e^{(1+i)t} \ (-\infty < t < +\infty)$, 在 $z_0 = 1$ 处.

2. 求下列给定的每组曲线中, 两曲线在交点处的夹角(第一条曲线到第二条曲线的夹角).

(1) 直线: $z = z(t) = t + ikt \ (-\infty < t < +\infty)$ 和单位圆 $z = z(t) = \cos t + i\sin t, \ (-\pi < t \leqslant \pi)$, 其中 k 为一常实数;

(2) 曲线 $c_1: z = z(t) = t + i(t + \sin t) \ (-\infty < t < \infty)$ 和曲线 $c_2: z = z(t) = t + i(2\pi - t) \ (-\infty < t < \infty)$.

3. 在什么条件下一个解析函数表示的映射具有伸缩率不变性和保角性? 指出 $w = z^3$ 的所有这样的点.

4. 映射 $w = iz$ 将下列图形映射成什么图形?

（1）圆 $|z - \mathrm{i}| = 1$ 的外部区域；

（2）矩形：$a < \mathrm{Re}z < b$；$c < \mathrm{Im}z < d.$

5. 证明：映射 $w = \mathrm{e}^{\mathrm{i}z}$ 将互相正交的直线族 $\mathrm{Re}z = c_1$ 和 $\mathrm{Im}z = c_2$ 分别映射成互相正交的直线族 $v = u\arg c_1$ 和圆族 $u^2 + v^2 = \mathrm{e}^{-2c_2}.$

6. 下列区域在指定的映射下映射成什么区域？

（1）$\mathrm{Re}z > 0$，$w = \mathrm{i}z + 1$；

（2）$\mathrm{Im}z > 0$，$w = (2 + 2\mathrm{i})z$；

（3）$0 < \mathrm{Im}z < 1, w = \dfrac{1}{z}$；

（4）$\mathrm{Re}z > 0$，$0 < \mathrm{Im}z < 1$，$w = \dfrac{\mathrm{i}}{z}.$

7. 若分式线性映射 $w = \dfrac{az + b}{cz + d}$ 将上半平面 $\mathrm{Im}z > 0$ 映射成下面的区域，那么它的系数满足什么关系？

（1）上半平面 $\mathrm{Im}w > 0$；

（2）下半平面 $\mathrm{Im}w < 0.$

8. 证明：任一分式线性映射都可以表示成 $w = \dfrac{az + b}{cz + d}$，而 $ad - bc = 1.$

9. 求将单位圆 $|z| < 1$ 映射成圆 $|w - \mathrm{i}| < 1$ 的分式线性映射的一般形式.

10. 若 $w = \mathrm{e}^{\mathrm{i}\varphi}\left(\dfrac{z - \alpha}{1 + \bar{\alpha}z}\right)$，其中 α 为模小于 1 的常数，证明 $\varphi = \arg w'(\alpha).$

11. 求把单位圆 $|z| < 1$ 映射成单位圆 $|w| < 1$，且满足下面条件的分式线性映射.

（1）$f\left(\dfrac{1}{2}\right) = 0$，$\arg f'\left(\dfrac{1}{2}\right) = 0$；

（2）$f\left(\dfrac{1}{2}\right) = 0$，$f(1) = 1$；

（3）$f(\alpha) = \alpha$，$\arg f'(\alpha) = \varphi$；

（4）$f(0) = \dfrac{1}{2}$，$f'(0) > 0.$

12. 求把上半平面 $\mathrm{Im}z > 0$ 映射成单位圆 $|w| < 1$，且满足下面条件的分式线性映射.

（1）$f(2\mathrm{i}) = 0$，$\arg f'(2\mathrm{i}) = 0$；

（2）$f(1) = 1$，$f(\mathrm{i}) = \dfrac{1}{\sqrt{5}}$；

（3）$f(\mathrm{i})=0$，$\arg f'(\mathrm{i})=0$.

13. 求把 $-1,0,1$ 映射成 $-\mathrm{i},1,\mathrm{i}$ 的分式线性映射，并说明把上半平面 $\mathrm{Im}z>0$ 映射成了什么区域.

14. 把右半平面 $\mathrm{Re}z>0$ 映射成单位圆 $|w|<1$ 的映射，应具有什么形式？

15. 求把下列各图中阴影部分所示区域互为单值地变成上半平面的保形映射.

（1）

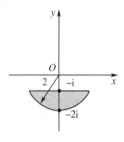

$$\mathrm{Im}z<-1,|z|<2$$

（2）

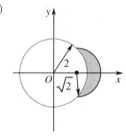

$$|z|>2,|z-\sqrt{2}|<\sqrt{2}$$

（3）

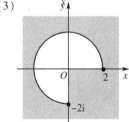

$$|z|>2,0<\arg z<\frac{3}{2}\pi$$

（4）

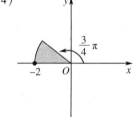

$$|z|<2,\frac{3}{4}\pi<\arg z<2\pi$$

（5）

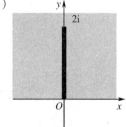

在从 $z=0$ 到 $z=2\mathrm{i}$ 有一段直割线
段的上半平面

（6）

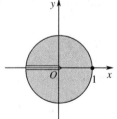

在从 $z=-1$ 到 $z=0$ 有一段直割线段
的单位圆内部

（7）

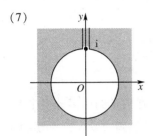

在虚轴上从 $z = i$ 沿上方到
$z = \infty$ 有割痕的单位圆区域

（8）

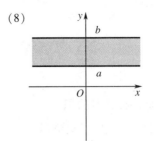

$a < \operatorname{Im} z < b$

（9）

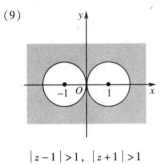

$|z - 1| > 1$，$|z + 1| > 1$

（10）

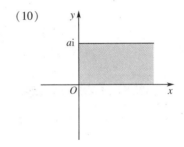

$\operatorname{Re} z > 0$，$0 < \operatorname{Im} z < a$

图 6.24　习题 15 配图

第7章 傅里叶变换

傅里叶变换是一种经典的积分变换方法,它的理论和方法不仅在数学的许多分支中有着广泛的应用,而且在物理学、电子类学科、声学、光学、海洋学、结构力学等领域发挥着重要的作用,在连续傅里叶变换基础上发展起来的离散傅里叶变换和快速傅里叶变换是进行数字信号处理的重要手段.这一章,我们主要介绍傅里叶变换的理论、性质及其在求解微积分方程中的应用.

7.1 傅里叶变换

7.1.1 傅里叶变换的概念

在微积分中学习傅里叶级数的时候,我们知道,一个以 T 为周期的函数 $f_T(t)$,如果在 $\left[-\dfrac{T}{2}, \dfrac{T}{2}\right]$ 上满足如下的迪里克莱条件:

(1)连续或只有有限个第一类间断点;

(2)只有有限个极值点.

那么 $f_T(t)$ 在 $\left[-\dfrac{T}{2}, \dfrac{T}{2}\right]$ 上就可以展成傅里叶级数,在 $f_T(t)$ 的连续点处,级数的三角形式为

$$f_T(t) = \frac{a_0}{2} + \sum_{n=1}^{\infty}(a_n\cos n\omega t + b_n\sin n\omega t) \qquad (7-1)$$

其中

$$\omega = \frac{2\pi}{T}$$

$$a_0 = \frac{2}{T}\int_{-\frac{T}{2}}^{\frac{T}{2}} f_T(t)\,\mathrm{d}t$$

$$a_n = \frac{2}{T}\int_{-\frac{T}{2}}^{\frac{T}{2}} f_T(t)\cos n\omega t\mathrm{d}t \quad (n = 1,2,3,\cdots)$$

$$b_n = \frac{2}{T}\int_{-\frac{T}{2}}^{\frac{T}{2}} f_T(t)\sin n\omega t\mathrm{d}t \quad (n = 1,2,3,\cdots)$$

由欧拉公式,有

$$f_T(t) = \frac{a_0}{2} + \sum_{n=1}^{\infty} \left[a_n \frac{e^{in\omega t} + e^{-in\omega t}}{2} + b_n \frac{e^{in\omega t} - e^{-in\omega t}}{2i} \right]$$

$$= \frac{a_0}{2} + \sum_{n=1}^{\infty} \left[\frac{a_n - ib_n}{2} e^{in\omega t} + \frac{a_n + ib_n}{2} e^{-in\omega t} \right]$$

若令

$$c_0 = \frac{a_0}{2} = \frac{1}{T} \int_{-\frac{T}{2}}^{\frac{T}{2}} f_T(t) \, dt$$

$$c_n = \frac{a_n - ib_n}{2} = \frac{1}{T} \left[\int_{-\frac{T}{2}}^{\frac{T}{2}} f_T(t) \cos n\omega t dt - i \int_{-\frac{T}{2}}^{\frac{T}{2}} f_T(t) \sin n\omega t dt \right]$$

$$= \frac{1}{T} \int_{-\frac{T}{2}}^{\frac{T}{2}} f_T(t) \left[\cos n\omega t - i \sin n\omega t \right] dt$$

$$= \frac{1}{T} \int_{-\frac{T}{2}}^{\frac{T}{2}} f_T(t) e^{-in\omega t} dt \qquad (n = 1, 2, 3, \cdots)$$

$$c_{-n} = \frac{a_n + ib_n}{2} = \frac{1}{T} \int_{-\frac{T}{2}}^{\frac{T}{2}} f_T(t) e^{in\omega t} dt \qquad (n = 1, 2, 3, \cdots)$$

而它们可合写成一个式子

$$c_n = \frac{1}{T} \int_{-\frac{T}{2}}^{\frac{T}{2}} f_T(t) e^{-in\omega t} dt \qquad (n = 0, \pm 1, \pm 2, \cdots)$$

若令

$$\omega_n = n\omega \qquad (n = 0, \pm 1, \pm 2, \cdots)$$

则式(7-1)可写为

$$f_T(t) = c_0 + \sum_{n=1}^{\infty} \left[c_n e^{i\omega_n t} + c_{-n} e^{i\omega_n t} \right] = \sum_{n=-\infty}^{+\infty} c_n e^{i\omega_n t}$$

这就是傅里叶级数的复指数形式,或者写为

$$f_T(t) = \frac{1}{T} \sum_{n=-\infty}^{+\infty} \left[\int_{-\frac{T}{2}}^{\frac{T}{2}} f_T(\tau) e^{-i\omega_n \tau} d\tau \right] e^{i\omega_n t} \qquad (7-2)$$

任何一个非周期函数 $f(t)$ 都可以看成是周期 $T \to +\infty$ 的周期函数 $f_T(t)$,即

$$\lim_{T \to +\infty} f_T(t) = f(t)$$

在(7-2)式中令 $T \to +\infty$,则

$$f(t) = \lim_{T \to +\infty} \frac{1}{T} \sum_{n=-\infty}^{+\infty} \left[\int_{-\frac{T}{2}}^{\frac{T}{2}} f_T(\tau) e^{-i\omega_n \tau} d\tau \right] e^{i\omega_n t}$$

当 n 取一切整数时，ω_n 所对应的点便均匀地分布在整个数轴上. 若两个相邻点的距离以 $\Delta\omega_n$ 表示，即

$$\Delta\omega_n = \omega_n - \omega_{n-1} = \frac{2\pi}{T}，\text{或}\ T = \frac{2\pi}{\Delta\omega_n} \tag{7-3}$$

则 $T \to +\infty$ 时，有 $\Delta\omega_n \to 0$，所以式(7-3)又可以写为

$$f(t) = \lim_{\Delta\omega_n \to 0} \frac{1}{2\pi} \sum_{n=-\infty}^{+\infty} \left[\int_{-\frac{T}{2}}^{\frac{T}{2}} f_T(\tau) \mathrm{e}^{-\mathrm{i}\omega_n\tau} \mathrm{d}\tau \right] \mathrm{e}^{\mathrm{i}\omega_n t} \Delta\omega_n \tag{7-4}$$

记

$$F_T(\omega_n) = \frac{1}{2\pi} \int_{-\frac{T}{2}}^{\frac{T}{2}} f_T(\tau) \mathrm{e}^{-\mathrm{i}\omega_n\tau} \mathrm{d}\tau \tag{7-5}$$

将式(7-5)代入式(7-4)得

$$f(t) = \lim_{\Delta\omega_n \to 0} \sum_{n=-\infty}^{+\infty} F_T(\omega_n) \mathrm{e}^{\mathrm{i}\omega_n t} \Delta\omega_n$$

令

$$F(\omega_n) = \lim_{T \to +\infty} F_T(\omega_n)$$

则

$$f(t) = \int_{-\infty}^{+\infty} F(\omega_n) \mathrm{e}^{\mathrm{i}\omega_n t} \mathrm{d}\omega_n$$

即

$$f(t) = \int_{-\infty}^{+\infty} F(\omega) \mathrm{e}^{\mathrm{i}\omega t} \mathrm{d}\omega$$

亦即

$$f(t) = \frac{1}{2\pi} \int_{-\infty}^{+\infty} \left[\int_{-\infty}^{+\infty} f(\tau) \mathrm{e}^{-\mathrm{i}\omega\tau} \mathrm{d}\tau \right] \mathrm{e}^{\mathrm{i}\omega t} \mathrm{d}\omega \tag{7-6}$$

式(7-6)称为函数 $f(t)$ 的傅里叶积分公式. 应该指出，式(7-6)只是由式(7-4)的右端从形式上推导出来的，是不严格的. 至于一个非周期函数 $f(t)$ 在什么条件下可以用傅里叶积分公式来表示，有下面的收敛定理.

定理7.1 若 $f(t)$ 在 $(-\infty, +\infty)$ 上满足下列条件：

(1) $f(t)$ 在任一有限区间上满足狄利克雷条件；

(2) $f(t)$ 在无限区间 $(-\infty, +\infty)$ 上绝对可积(即积分 $\int_{-\infty}^{+\infty} |f(t)| \mathrm{d}t$ 收敛)，则有

$$f(t) = \frac{1}{2\pi} \int_{-\infty}^{+\infty} \left[\int_{-\infty}^{+\infty} f(\tau) \mathrm{e}^{-\mathrm{i}\omega\tau} \mathrm{d}\tau \right] \mathrm{e}^{\mathrm{i}\omega t} \mathrm{d}\omega \tag{7-7}$$

成立,而左端的 $f(t)$ 在它的间断点 t 处,应以 $\dfrac{f(t+0)+f(t-0)}{2}$ 来代替.

这个定理的条件是充分的,证明从略.

若函数 $f(t)$ 满足定理 7.1 中的条件,则在 $f(t)$ 的连续点处,式(7-7)即

$$f(t) = \frac{1}{2\pi}\int_{-\infty}^{+\infty}\Big[\int_{-\infty}^{+\infty}f(\tau)\,\mathrm{e}^{-\mathrm{i}\omega\tau}\mathrm{d}\tau\Big]\mathrm{e}^{\mathrm{i}\omega t}\mathrm{d}\omega$$

成立. 由式(7-7)出发我们得到傅里叶变换和傅里叶逆变换的定义.

定义 7.1　设函数 $f(t)$ 在 $(-\infty, +\infty)$ 内有定义,且广义积分

$$F(\omega) = \int_{-\infty}^{+\infty}f(t)\,\mathrm{e}^{-\mathrm{i}\omega t}\mathrm{d}t \tag{7-8}$$

$$f(t) = \frac{1}{2\pi}\int_{-\infty}^{+\infty}F(\omega)\,\mathrm{e}^{\mathrm{i}\omega t}\mathrm{d}\omega \tag{7-9}$$

都收敛,则称 $F(\omega)$ 是 $f(t)$ 的傅里叶变换,记为

$$F(\omega) = \mathscr{F}[f(t)]$$

$F(w)$ 叫作 $f(t)$ 的象函数. $f(t)$ 是 $F(w)$ 的傅里叶逆变换式,记为

$$f(t) = \mathscr{F}^{-1}[F(\omega)]$$

$f(t)$ 叫作 $F(\omega)$ 的象原函数.

式(7-8)右端的积分运算,叫作取 $f(t)$ 的傅里叶变换,同样,式(7-9)右端的积分运算,叫作取 $F(\omega)$ 的傅里叶逆变换. 可以说象函数 $F(\omega)$ 和象原函数 $f(t)$ 构成了一个傅里叶变换对,它们有相同的奇偶性.

例 7.1　求函数 $f(t) = \begin{cases} A, 0 \leqslant t \leqslant T \\ 0, 其他 \end{cases}$ 的傅里叶变换.

解　$F(\omega) = \mathscr{F}[f(t)] = \displaystyle\int_{0}^{T}A\mathrm{e}^{-\mathrm{i}\omega t}\mathrm{d}t = -\dfrac{\mathrm{i}A(1-\mathrm{e}^{-\mathrm{i}\omega T})}{\omega}$

例 7.2　求 $f(t) = \begin{cases} 0, & t<0 \\ \mathrm{e}^{-\beta t}, & t\geqslant 0 \end{cases}$ (指数衰减函数)的傅里叶变换,其中 $\beta>0$.

解　$\qquad F(\omega) = \mathscr{F}[f(t)] = \displaystyle\int_{-\infty}^{+\infty}f(t)\,\mathrm{e}^{-\mathrm{i}\omega t}\mathrm{d}t = \int_{0}^{+\infty}\mathrm{e}^{-\beta t}\mathrm{e}^{-\mathrm{i}\omega t}\mathrm{d}t$

$$\qquad\qquad = \int_{0}^{+\infty}\mathrm{e}^{-(\beta+\mathrm{i}\omega)t}\mathrm{d}t = \frac{1}{\beta+\mathrm{i}\omega} = \frac{\beta-\mathrm{i}\omega}{\beta^2+\omega^2}$$

这便是指数衰减函数的傅里叶变换.

7.1.2 单位脉冲函数与单位阶跃函数

许多物理现象具有脉冲性质,如在电学中,要研究线性电路受具有脉冲性质的电势作用所产生的电流;在力学中,要研究机械系统受冲击力作用后的运动情况等. 研究此类问题就会产生我们要介绍的单位脉冲函数.

定义 7.2 设 $\delta_\varepsilon(t) = \begin{cases} 0, & t < 0; \\ \dfrac{1}{\varepsilon}, & 0 \leq t \leq \varepsilon, \\ 0, & t > \varepsilon, \end{cases}$ 则 $\lim\limits_{\varepsilon \to 0} \delta_\varepsilon(t)$ 定义了一个广义函数,记 $\delta(t) = \lim\limits_{\varepsilon \to 0} \delta_\varepsilon(t)$,

则 $\delta(t)$ 称为单位脉冲函数,或 δ - 函数.

有一些工程书上,将 δ - 函数用一个长度等于 1 的有向线段来表示,如图 7.1 所示. 这个线段的长度表示 δ - 函数的积分值,称为 δ - 函数的强度.

δ - 函数具有如下性质:

(1) $\delta(t) = \begin{cases} 0, & t \neq 0 \\ \infty, & t = 0 \end{cases}$;

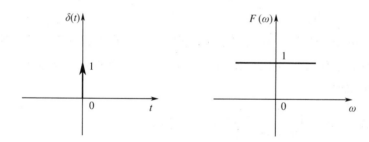

图 7.1 δ - 函数及其傅里叶变换

(2) $\displaystyle\int_{-\infty}^{+\infty} \delta(t)\,\mathrm{d}t = 1$;

(3) δ - 函数是偶函数,即 $\delta(t) = \delta(-t)$;

(4) 若 $f(t)$ 在 $t = 0$ 点连续,则有 $\displaystyle\int_{-\infty}^{+\infty} \delta(t)f(t)\,\mathrm{d}t = f(0)$,一般情况下,若 $f(t)$ 在 $t = t_0$ 点连续,则 $\displaystyle\int_{-\infty}^{+\infty} \delta(t - t_0)f(t)\,\mathrm{d}t = f(t_0)$;

(5) $\int_{-\infty}^{t} \delta(\tau)\,\mathrm{d}\tau = u(t)$，$\dfrac{\mathrm{d}}{\mathrm{d}t}u(t) = \delta(t)$，其中 $u(t) = \begin{cases} 0, t < 0 \\ 1, t > 0 \end{cases}$ 称为单位阶跃函数.

证明 这里只证(2)和(4).

(2) $\displaystyle\int_{-\infty}^{+\infty} \delta(t)\,\mathrm{d}t = \int_{-\infty}^{+\infty} \lim_{\varepsilon \to 0}\delta_\varepsilon(t)\,\mathrm{d}t = \lim_{\varepsilon \to 0}\int_{-\infty}^{+\infty} \delta_\varepsilon(t)\,\mathrm{d}t = \lim_{\varepsilon \to 0}\int_{0}^{\varepsilon} \frac{1}{\varepsilon}\,\mathrm{d}t = 1.$

(4) $\displaystyle\int_{-\infty}^{+\infty} \delta(t)f(t)\,\mathrm{d}t = \lim_{\varepsilon \to 0}\int_{-\infty}^{+\infty} \delta_\varepsilon(t)f(t)\,\mathrm{d}t = \lim_{\varepsilon \to 0}\int_{0}^{\varepsilon} \frac{1}{\varepsilon}f(t)\,\mathrm{d}t = \lim_{\varepsilon \to 0}\frac{1}{\varepsilon}\int_{0}^{\varepsilon}f(t)\,\mathrm{d}t.$

按积分中值定理,有

$$\int_{-\infty}^{+\infty} \delta(t)f(t)\,\mathrm{d}t = \lim_{\varepsilon \to 0}\frac{1}{\varepsilon}\int_{0}^{\varepsilon}f(t)\,\mathrm{d}t = \lim_{\varepsilon \to 0}f(\theta\varepsilon) \quad (0 < \theta < 1)$$

所以, $\displaystyle\int_{-\infty}^{+\infty} \delta(t)f(t)\,\mathrm{d}t = f(0).$

根据性质(4),我们可以很方便地求出 δ - 函数的傅里叶变换:

$$F(\omega) = \mathscr{F}\left[\delta(t)\right] = \int_{-\infty}^{+\infty} \delta(t)\mathrm{e}^{-\mathrm{i}\omega t}\,\mathrm{d}t = \mathrm{e}^{-\mathrm{i}\omega t}\Big|_{t=0} = 1$$

可见,单位脉冲函数 $\delta(t)$ 与常数 1 构成了一个傅里叶变换对. 同理, $\delta(t - t_0)$ 和 $\mathrm{e}^{-\mathrm{i}\omega t_0}$ 亦构成了一个傅里叶变换对.

在物理学和工程技术中,有许多重要函数不满足傅里叶积分定理中的绝对可积条件,即不满足条件

$$\int_{-\infty}^{+\infty} |f(t)|\,\mathrm{d}t < +\infty$$

例如常数、符号函数、单位阶跃函数以及正、余弦函数等,然而它们的广义傅里叶变换也是存在的,利用单位脉冲函数及其傅里叶变换就可以求出它们的傅里叶变换. 所谓广义是相对于古典意义而言的,在广义意义下,同样可以说,象函数 $F(\omega)$ 和象原函数 $f(t)$ 亦构成一个傅里叶变换对. 为了不涉及 δ - 函数的较深入的理论,我们可以通过傅里叶逆变换来推证单位阶跃函数的傅里叶变换.

例 7.3 证明单位阶跃函数 $u(t) = \begin{cases} 0, t < 0 \\ 1, t > 0 \end{cases}$ 经过傅里叶变换的象函数是 $\dfrac{1}{\mathrm{i}\omega} + \pi\delta(\omega).$

证明 若 $F(\omega) = \dfrac{1}{\mathrm{i}\omega} + \pi\delta(\omega)$,则

$$f(t) = \mathscr{F}^{-1}\left[F(\omega)\right] = \frac{1}{2\pi}\int_{-\infty}^{+\infty}\left[\frac{1}{\mathrm{i}\omega} + \pi\delta(\omega)\right]\mathrm{e}^{\mathrm{i}\omega t}\,\mathrm{d}\omega$$

$$= \frac{1}{2\pi}\int_{-\infty}^{+\infty} \pi\delta(\omega)\,\mathrm{e}^{\mathrm{i}\omega t}\mathrm{d}\omega + \frac{1}{2\pi}\int_{-\infty}^{+\infty} \frac{\mathrm{e}^{\mathrm{i}\omega t}}{\mathrm{i}\omega}\mathrm{d}\omega$$

$$= \frac{1}{2}\int_{-\infty}^{+\infty} \delta(\omega)\,\mathrm{e}^{\mathrm{i}\omega t}\mathrm{d}\omega + \frac{1}{2\pi}\int_{-\infty}^{+\infty} \frac{\sin\omega t}{\omega}\mathrm{d}\omega$$

$$= \frac{1}{2} + \frac{1}{\pi}\int_{0}^{+\infty} \frac{\sin\omega t}{\omega}\mathrm{d}\omega$$

由于 $\int_{0}^{+\infty} \frac{\sin\omega}{\omega}\mathrm{d}\omega = \frac{\pi}{2}$. 因此,有

$$\int_{0}^{+\infty} \frac{\sin\omega t}{\omega}\mathrm{d}\omega = \begin{cases} -\dfrac{\pi}{2}, & t < 0 \\[2mm] 0, & t = 0 \\[2mm] \dfrac{\pi}{2}, & t > 0 \end{cases}$$

其中,当 $t=0$ 时,结果是显然的;当 $t<0$ 时,可令 $u=-t\omega$,则

$$\int_{0}^{+\infty} \frac{\sin\omega t}{\omega}\mathrm{d}\omega = \int_{0}^{+\infty} \frac{\sin(-u)}{u}\mathrm{d}u = -\int_{0}^{+\infty} \frac{\sin u}{u}\mathrm{d}u = -\frac{\pi}{2}$$

将此结果代入 $f(t)$ 的表达式中,当 $t \neq 0$ 时,可得

$$f(t) = \frac{1}{2} + \frac{1}{\pi}\int_{0}^{+\infty} \frac{\sin\omega t}{\omega}\mathrm{d}\omega = \begin{cases} 0, & t < 0 \\ 1, & t > 0 \end{cases}$$

这就表明 $\frac{1}{\mathrm{i}\omega} + \pi\delta(\omega)$ 的傅里叶逆变换为 $f(t) = u(t)$. 因此,$u(t)$ 和 $\frac{1}{\mathrm{i}\omega} + \pi\delta(\omega)$ 构成了一个傅里叶变换对,所以,单位阶跃函数 $u(t)$ 的积分表达式在 $t \neq 0$ 时,可写为

$$u(t) = \frac{1}{2} + \frac{1}{\pi}\int_{0}^{+\infty} \frac{\sin\omega t}{\omega}\mathrm{d}\omega$$

例 7.4 证明 $\mathscr{F}^{-1}[2\pi\delta(\omega)] = 1$,$\mathscr{F}[1] = 2\pi\delta(\omega)$.

证明 若 $F(\omega) = 2\pi\delta(\omega)$ 时,则由傅里叶逆变换可得

$$f(t) = \frac{1}{2\pi}\int_{-\infty}^{+\infty} F(\omega)\,\mathrm{e}^{\mathrm{i}\omega t}\mathrm{d}\omega = \frac{1}{2\pi}\int_{-\infty}^{+\infty} 2\pi\delta(\omega)\,\mathrm{e}^{\mathrm{i}\omega t}\mathrm{d}\omega = 1$$

所以,1 和 $2\pi\delta(\omega)$ 也构成了一个傅里叶变换对,如图 7.2 所示. 同理,$\mathrm{e}^{\mathrm{i}\omega_0 t}$ 和 $2\pi\delta(\omega - \omega_0)$ 也构成了一个傅里叶变换对. 由此可得

$$\int_{-\infty}^{+\infty} \mathrm{e}^{-\mathrm{i}\omega t}\mathrm{d}t = 2\pi\delta(\omega)$$

$$\int_{-\infty}^{+\infty} \mathrm{e}^{-\mathrm{i}(\omega-\omega_0)t}\mathrm{d}t = 2\pi\delta(\omega - \omega_0)$$

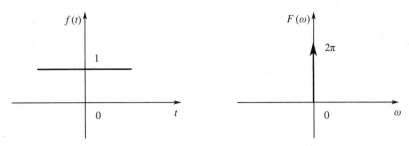

图 7.2 常数及其傅里叶变换

例 7.5 求正弦函数 $f(t) = \sin\omega_0 t$ 的傅里叶变换.

解 根据傅里叶变换公式,有

$$F(\omega) = \mathscr{F}[f(t)] = \int_{-\infty}^{+\infty} e^{-i\omega t} \sin \omega_0 t dt = \int_{-\infty}^{+\infty} \frac{e^{i\omega_0 t} - e^{-i\omega_0 t}}{2i} e^{-i\omega t} dt$$

$$= \frac{1}{2i} \int_{-\infty}^{+\infty} \left[e^{-i(\omega-\omega_0)t} - e^{-i(\omega+\omega_0)t} \right] dt = \frac{1}{2i} \left[2\pi\delta(\omega - \omega_0) - 2\pi\delta(\omega + \omega_0) \right]$$

$$= \pi i \left[\delta(\omega + \omega_0) - \delta(\omega - \omega_0) \right]$$

如图 7.3 所示.

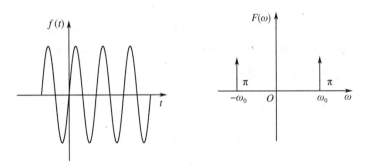

图 7.3 正弦函数及其傅里叶变换

δ - 函数是工程技术上非常重要的函数,它使得在普通意义下的一些不存在的积分,有了确定的数值;而且利用 δ - 函数及其傅里叶变换可以很方便地得到工程技术上许多重要函数的傅里叶变换.

7.1.3 非周期函数的谐波分析

傅里叶变换和频谱概念有着非常密切的关系. 随着无线电技术、声学、振动学的蓬勃发展,频谱理论也相应地得到了发展,它的应用也越来越广泛.

在傅里叶级数的理论中,我们已经知道,对于以 T 为周期的非正弦函数 $f_T(t)$,它的第 n 次谐波 $\left(\omega_n = n\omega = \dfrac{2n\pi}{T}\right)$

$$a_n \cos\omega_n t + b_n \sin\omega_n t = A_n \sin(\omega_n t + \varphi_n)$$

的振幅为

$$A_n = \sqrt{a_n^2 + b_n^2}$$

而在复指数形式中,第 n 次谐波为

$$C_n \mathrm{e}^{\mathrm{i}\omega_n t} + C_{-n} \mathrm{e}^{-\mathrm{i}\omega_n t}$$

其中

$$C_n = \frac{a_n - \mathrm{i}b_n}{2}, C_{-n} = \frac{a_n + \mathrm{i}b_n}{2}$$

并且

$$|C_n| = |C_{-n}| = \frac{1}{2}\sqrt{a_n^2 + b_n^2}$$

所以,以为 T 周期的非正弦函数 $f_T(t)$ 的第 n 次谐波的振幅为

$$A_n = 2|C_n| \quad (n = 0, 1, 2, \cdots)$$

它描述了各次谐波的振幅随频率变化的分布情况,A_n 称为 $f_T(t)$ 的振幅频谱(简称为频谱),它清楚地表明了一个非正弦周期函数包含了哪些频率分量及各分量所占的比重(如振幅的大小). 例如,周期性矩形脉冲在一个周期 T 内的表达式为

$$f_T(t) = \begin{cases} 0, & -\dfrac{T}{2} \leqslant t < -\dfrac{\tau}{2} \\[2mm] E, & -\dfrac{\tau}{2} \leqslant t < \dfrac{\tau}{2} \\[2mm] 0, & \dfrac{\tau}{2} \leqslant t \leqslant \dfrac{T}{2} \end{cases}$$

它的傅里叶级数的复指数形式为

$$f_T(t) = \frac{E\tau}{T} + \sum_{\substack{n=-\infty \\ (n \neq 0)}}^{+\infty} \frac{E}{n\pi} \sin\frac{n\pi\tau}{T} \mathrm{e}^{\mathrm{i}\omega t}$$

可见 $f_T(t)$ 的傅里叶系数为

$$C_0 = \frac{E\tau}{T}, C_n = \frac{E}{n\pi}\sin\frac{n\pi\tau}{T} \quad (n = \pm 1, \pm 2, \cdots)$$

它的频谱为

$$A_0 = 2 \mid C_0 \mid = \frac{2E\tau}{T}$$

$$A_n = 2 \mid C_n \mid = \frac{2E}{n\pi} \left| \sin \frac{n\pi\tau}{T} \right| \quad (n = 1, 2, \cdots)$$

如 $T = 4\tau$ 时,有

$$A_0 = \frac{EA_n}{2}, A_n = \frac{2E}{n\pi} \left| \sin \frac{n\pi}{4} \right|, \omega_n = n\omega = \frac{n\pi}{2\tau} \quad (n = 1, 2, \cdots)$$

对于非周期函数 $f(t)$,当它满足傅里叶积分定理中的条件时,在 $f(t)$ 的连续点处可表示为

$$f(t) = \frac{1}{2\pi} \int_{-\infty}^{+\infty} F(\omega) e^{i\omega t} d\omega$$

其中

$$F(\omega) = \int_{-\infty}^{+\infty} f(t) e^{-i\omega t} dt$$

为它的傅里叶变换. 在频谱分析中,傅里叶变换 $F(\omega)$ 又称为 $f(t)$ 的频谱函数,而频谱函数的模 $\mid F(\omega) \mid$ 称为 $f(t)$ 的振幅频谱(亦简称为频谱). 由于 ω 是连续变化的,我们称之为连续频谱. 对一个时间函数作傅里叶变换,就是求这个时间函数的频谱函数. 周期性矩形脉冲如图7.4所示,周期性矩形脉冲的频谱图如图 7.5 所示.

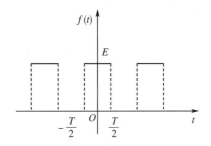

图 7.4 周期性矩形脉冲

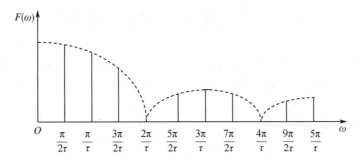

图 7.5 周期性矩形脉冲的频谱图

7.1.4 常用函数的傅里叶变换

在工程技术中,有一些常用的函数,这里不加证明地给出部分常用函数的傅里叶变换. 下表中, $f(t)$ 表示象原函数, $F(\omega)$ 表示与之相对应的象函数.

(1) $f(t) = \delta(t)$ $\qquad$ $F(\omega) = 1$

(2) $f(t) = \sum_{n=-\infty}^{+\infty} \delta(t - nT)$ $\qquad$ $F(\omega) = \dfrac{2\pi}{T} \sum_{n=-\infty}^{+\infty} \delta\left(\omega - \dfrac{2n\pi}{T}\right)$

(3) $f(t) = u(t)$ $\qquad$ $F(\omega) = \dfrac{1}{i\omega} + \pi\delta(\omega)$

(4) $f(t) = u(t - c)$ $\qquad$ $F(\omega) = \dfrac{1}{i\omega} e^{-i\omega c} + \pi\delta(\omega)$

(5) $f(t) = u(t)t^n$ $\qquad$ $F(\omega) = \dfrac{n!}{(i\omega)^{n+1}} + \pi i^n \delta^{(n)}(\omega)$

(6) $f(t) = \begin{cases} 0, & t < 0 \\ e^{-\beta t}, & t \geq 0, \beta > 0 \end{cases}$ $\qquad$ $F(\omega) = \dfrac{1}{\beta + i\omega}$

(7) $f(t) = \begin{cases} a, & |t| \leq \dfrac{\tau}{2} \\ 0, & \text{其他} \end{cases}$ $\qquad$ $F(\omega) = 2a \dfrac{\sin \dfrac{\omega\tau}{2}}{\omega}$

(8) $f(t) = \cos\omega_0 t$ $\qquad$ $F(\omega) = \pi[\delta(\omega + \omega_0) + \delta(\omega - \omega_0)]$

(9) $f(t) = \sin\omega_0 t$ $\qquad$ $F(\omega) = i\pi[\delta(\omega + \omega_0) - \delta(\omega - \omega_0)]$

(10) $f(t) = \dfrac{1}{t}\sin at$ $\qquad$ $F(\omega) = \begin{cases} \pi, & |\omega| \leq a \\ 0, & |\omega| > 0 \end{cases}$

7.2　傅里叶变换的性质

这一节介绍傅里叶变换的几条重要性质,为了叙述方便,假定在这些性质中,凡是需要求傅里叶变换的函数都满足傅里叶变换的存在条件,在证明这些性质时,不再重述这些条件.

7.2.1　线性性质

$$\mathscr{F}[af_1(t) + bf_2(t)] = a\mathscr{F}[f_1(t)] + b\mathscr{F}[f_2(t)] \qquad (7-7)$$

$$\mathscr{F}^{-1}[aF_1(\omega) + bF_2(\omega)] = a\mathscr{F}^{-1}[F_1(\omega)] + b\mathscr{F}^{-1}[F_2(\omega)] \qquad (7-8)$$

这个性质表明函数线性组合的傅里叶(逆)变换等于各函数傅里叶(逆)变换的线性组合. 此性质由积分的线性性质可得出,证明略.

例7.6　求符号函数 $\mathrm{sign}t = \begin{cases} -1, & t < 0 \\ 1, & t > 0 \end{cases}$ 的傅里叶变换.

解　由于 $\mathrm{sign}t = 2u(t) - 1$,所以

$$\mathscr{F}[\operatorname{sign}t] = \mathscr{F}[2u(t) - 1] = 2\left[\frac{1}{i\omega} + \pi\delta(\omega)\right] - 2\pi\delta(\omega) = \frac{2}{i\omega}$$

7.2.2 位移性质

$$\mathscr{F}[f(t \pm t_0)] = e^{\pm i\omega t_0}\mathscr{F}[f(t)] \qquad (7-9)$$

证明

$$\mathscr{F}[f(t \pm t_0)] = \int_{-\infty}^{+\infty} f(t \pm t_0) e^{-i\omega t}dt \xlongequal{u = t \pm t_0} \int_{-\infty}^{+\infty} f(u) e^{-i\omega(u \mp t_0)}du$$

$$= e^{\pm i\omega t_0}\int_{-\infty}^{+\infty} f(u) e^{-i\omega u}du = e^{\pm i\omega t_0}\mathscr{F}[f(t)]$$

这个性质表明时间函数 $f(t)$ 沿 t 轴向左或向右位移 t_0 的傅里叶变换等于 $f(t)$ 的傅里叶变换乘以因子 $e^{i\omega t_0}$ 或 $e^{-i\omega t_0}$，称为**时移性**.

同样，傅里叶逆变换也有类似的位移性质

$$\mathscr{F}^{-1}[F(\omega \mp \omega_0)] = e^{\pm i\omega_0 t}f(t) \qquad (7-10)$$

它表明频谱函数 $F(\omega)$ 沿 ω 轴向右或向左位移 ω_0 的傅里叶逆变换等于原来的时间函数 $f(t)$ 乘以 $e^{i\omega_0 t}$ 或 $e^{-i\omega_0 t}$，称为**频移性**.

推论 设 $\mathscr{F}[f(t)] = F(\omega)$，则

$$\mathscr{F}[f(t)\cos\omega_0 t] = \frac{1}{2}[F(\omega + \omega_0) + F(\omega - \omega_0)] \qquad (7-11)$$

$$\mathscr{F}[f(t)\sin\omega_0 t] = -\frac{1}{2i}[F(\omega + \omega_0) - F(\omega - \omega_0)] \qquad (7-12)$$

证明 只证第一式，第二式由读者自行证明.

$$\mathscr{F}[f(t)\cos\omega_0 t] = \frac{1}{2}\{\mathscr{F}[f(t)e^{i\omega_0 t}] + \mathscr{F}[f(t)e^{-i\omega_0 t}]\} = \frac{1}{2}[F(\omega - \omega_0) + F(\omega + \omega_0)]$$

例 7.7 求正弦函数 $f(t) = u(t)\sin\omega_0 t$ 的傅里叶变换.

解 由上节内容可知 $\mathscr{F}[u(t)] = \frac{1}{i\omega} + \pi\delta(\omega)$，故

$$\mathscr{F}[u(t)\sin\omega_0 t] = \frac{1}{2i}\left[\frac{1}{i(\omega - \omega_0)} + \pi\delta(\omega - \omega_0) - \frac{1}{i(\omega + \omega_0)} - \pi\delta(\omega + \omega_0)\right]$$

$$= \frac{\pi}{2i}[\delta(\omega - \omega_0) - \delta(\omega + \omega_0)] - \frac{\omega_0}{\omega^2 - \omega_0^2}$$

7.2.3 微分性质

设 $\mathscr{F}[f(t)] = F(\omega)$，且 $\lim\limits_{t \to \infty}f(t) = 0$，$f'(t)$ 在 $(-\infty, +\infty)$ 内存在，且在任何有限区间上除

有有限个第一类间断点外连续,则 $\mathscr{F}[f'(t)]$ 存在,且有

$$\mathscr{F}[f'(t)] = \mathrm{i}\omega F(\omega) \tag{7-13}$$

证明　$\mathscr{F}[f'(t)] = \displaystyle\int_{-\infty}^{+\infty} f'(t)\mathrm{e}^{-\mathrm{i}\omega t}\mathrm{d}t = f(t)\mathrm{e}^{-\mathrm{i}\omega t}\Big|_{-\infty}^{+\infty} - \int_{-\infty}^{+\infty}[-\mathrm{i}\omega f(t)\mathrm{e}^{-\mathrm{i}\omega t}]\mathrm{d}t$

$$= \int_{-\infty}^{+\infty} \mathrm{i}\omega f(t)\mathrm{e}^{-\mathrm{i}\omega t}\mathrm{d}t = \mathrm{i}\omega F(\omega)$$

它表明一个函数的导数的傅里叶变换等于这个函数的傅里叶变换乘以因子 $\mathrm{i}\omega$.

推论　若 $f^{(k)}(t)$ 在 $(-\infty, +\infty)$ 内存在,且在任意有限区间上除有有限个第一类间断点外连续,且 $\lim\limits_{t\to\infty} f^{(k)}(t) = 0(k = 1,\cdots,n)$,则 $\mathscr{F}[f^{(k)}(t)]$ 存在,且有

$$\mathscr{F}[f^{(k)}(t)] = (\mathrm{i}\omega)^k F(\omega) \tag{7-14}$$

类似地,我们还能得到象函数的导数公式

$$\frac{\mathrm{d}}{\mathrm{d}\omega}F(\omega) = -\mathrm{i}\mathscr{F}[tf(t)], \quad \mathscr{F}^{-1}[F'(\omega)] = -\mathrm{i}tf(t) \tag{7-15}$$

证明　$F'(\omega) = \left[\displaystyle\int_{-\infty}^{+\infty} f(t)\mathrm{e}^{-\mathrm{i}\omega t}\mathrm{d}t\right]' = \int_{-\infty}^{+\infty}[-\mathrm{i}tf(t)\mathrm{e}^{-\mathrm{i}\omega t}]\mathrm{d}t = -\mathrm{i}\mathscr{F}[tf(t)]$

推论　$F^{(n)}(\omega) = (-\mathrm{i})^n \mathscr{F}[t^n f(t)], \quad \mathscr{F}^{-1}[F^n(\omega)] = (-\mathrm{i}t)^n f(t).$

例7.8　已知函数 $f(t) = \begin{cases} 0 & t < 0 \\ \mathrm{e}^{-\beta t} & t \geq 0 \end{cases}, (\beta > 0)$,试求 $\mathscr{F}[tf(t)]$ 及 $\mathscr{F}[t^2 f(t)]$.

解　根据例7.2知

$$F(\omega) = \mathscr{F}[f(t)] = \frac{1}{\beta + \mathrm{i}\omega}$$

利用象函数的导数公式,有

$$\mathscr{F}[tf(t)] = \mathrm{i}\frac{\mathrm{d}}{\mathrm{d}\omega}F(\omega) = \frac{1}{(\beta + \mathrm{i}\omega)^2}$$

$$\mathscr{F}[t^2 f(t)] = \mathrm{i}^2\frac{\mathrm{d}^2}{\mathrm{d}\omega^2}F(\omega) = \frac{2}{(\beta + \mathrm{i}\omega)^3}$$

例7.9　如果 $x = f(t)$ 是微分方程

$$\frac{\mathrm{d}^2 f}{\mathrm{d}t^2} - t^2 f(t) = \lambda f(t)$$

的解,那么 $F(t)$ 同样是微分方程的解,其中,$\lim\limits_{t\to\infty} f(t) = \lim\limits_{t\to\infty} f'(t) = 0$,且 λ 是常数,$F(\omega)$ 是 $f(t)$ 的象函数.

证明　因为 $f(t)$ 是所给方程的解,所以有等式

$$\frac{\mathrm{d}^2 f}{\mathrm{d}t^2} - t^2 f(t) = \lambda f(t)$$

对式(7－13)两边同时进行傅里叶变换,再根据微分性质得

$$(\mathrm{i}\omega)^2 F(\omega) + \frac{\mathrm{d}^2}{\mathrm{d}\omega^2} F(\omega) = \lambda F(\omega)$$

即 $F''(\omega) - \omega^2 F(\omega) = \lambda F(\omega)$,故 $F(t)$ 同样是微分方程的解.

7.2.4　积分性质

设 $\mathscr{F}[f(t)] = F(\omega)$,且当 $t \to \infty$ 时, $g(t) = \displaystyle\int_{-\infty}^{t} f(t)\mathrm{d}t \to 0$,且 $g(t)$ 的傅里叶变换存在,则

$$\mathscr{F}[g(t)] = \frac{1}{\mathrm{i}\omega} F(\omega) \tag{7－16}$$

证明　因为 $\dfrac{\mathrm{d}}{\mathrm{d}t} \displaystyle\int_{-\infty}^{t} f(t)\mathrm{d}t = f(t)$,所以

$$F(\omega) = \mathscr{F}[f(t)] = \mathscr{F}[g'(t)] = \mathrm{i}\omega \mathscr{F}[g(t)]$$

即

$$\mathscr{F}[g(t)] = \frac{1}{\mathrm{i}\omega} F(\omega)$$

在上述积分性质,若 $t \to \infty$ 时, $g(t) = \displaystyle\int_{-\infty}^{t} f(t)\mathrm{d}t$ 不趋近于 0,则

$$\mathscr{F}[g(t)] = \frac{1}{\mathrm{i}\omega} F(\omega) + \pi F(0)\delta(\omega)$$

其证明在下一节给出.

例7.10　求微分方程 $ax'(t) + bx(t) + c\displaystyle\int_{-\infty}^{t} x(t)\mathrm{d}t = h(t)$ 的解,其中 $\lim\limits_{t \to \infty} x(t) = 0$,

$\lim\limits_{t \to \infty} \displaystyle\int_{-\infty}^{t} x(t)\mathrm{d}t = 0 (-\infty < t < +\infty)$, a, b, c 均为常数.

解　根据傅里叶变换的线性性质、微分性质和积分性质,且记

$$\mathscr{F}[x(t)] = X(\omega), \mathscr{F}[h(t)] = H(\omega)$$

对上述方程两端取傅里叶变换,可得

$$a\mathrm{i}\omega X(\omega) + bX(\omega) + \frac{c}{\mathrm{i}\omega} X(\omega) = H(\omega)$$

$$X(\omega) = \frac{H(\omega)}{b + \mathrm{i}\left(a\omega - \dfrac{c}{\omega}\right)} \tag{7－17}$$

而式(7 – 18)的傅里叶逆变换为

$$x(t) = \frac{1}{2\pi}\int_{-\infty}^{+\infty} X(\omega)e^{i\omega t}\,d\omega = \frac{1}{2\pi}\int_{-\infty}^{+\infty} \frac{H(\omega)}{b + i\left(a\omega - \dfrac{c}{\omega}\right)}e^{i\omega t}\,d\omega$$

一般地,根据傅里叶变换的线性性质、微分性质和积分性质,对欲求解的方程两端取傅里叶变换,将其转化为象函数的代数方程,由这个代数方程求出象函数,然后再取傅里叶逆变换就得出原来方程的解. 解法的示意图如图7.6所示,这是我们求解此类方程的主要方法.

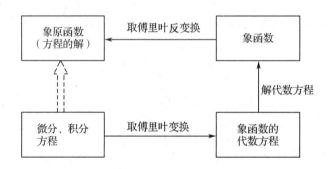

图7.6 微分方程求解示意图

例7.11 求常系数非齐次线性微分方程$\dfrac{d^2}{dt^2}y(t) - y(t) = -f(t)$的解,其中$\lim\limits_{t\to0}y(t) = 0$,$\lim\limits_{t\to0}y'(t) = 0$,$f(t)$为已知函数.

解 设$\mathscr{F}[y(t)] = Y(\omega)$,$\mathscr{F}[f(t)] = F(\omega)$. 利用傅里叶变换的线性性质和微分性质,对上述微分方程两端取傅里叶变换,可得

$$(i\omega)^2 Y(\omega) - Y(\omega) = -F(\omega)$$

所以

$$Y(\omega) = \frac{1}{1 + \omega^2}F(\omega)$$

从而

$$y(t) = \frac{1}{2\pi}\int_{-\infty}^{+\infty} Y(\omega)e^{i\omega t}\,d\omega = \frac{1}{2\pi}\int_{-\infty}^{+\infty} \frac{1}{1 + \omega^2}F(\omega)e^{i\omega t}\,d\omega$$

7.2.5 能量积分*

定理7.2 若$F_1(\omega) = \mathscr{F}[f_1(t)]$,$F_2(\omega) = \mathscr{F}[f_2(t)]$,则

$$\int_{-\infty}^{+\infty} \overline{f_1(t)} f_2(t)\,\mathrm{d}t = \frac{1}{2\pi}\int_{-\infty}^{+\infty} \overline{F_1(\omega)} F_2(\omega)\,\mathrm{d}\omega \qquad (7-18)$$

$$\int_{-\infty}^{+\infty} f_1(t) \overline{f_2(t)}\,\mathrm{d}t = \frac{1}{2\pi}\int_{-\infty}^{+\infty} F_1(\omega) \overline{F_2(\omega)}\,\mathrm{d}\omega \qquad (7-19)$$

证明
$$\begin{aligned}
\int_{-\infty}^{+\infty} \overline{f_1(t)} f_2(t)\,\mathrm{d}t &= \int_{-\infty}^{+\infty} \overline{f_1(t)}\left[\frac{1}{2\pi}\int_{-\infty}^{+\infty} F_2(\omega)\,\mathrm{e}^{i\omega t}\,\mathrm{d}\omega\right]\mathrm{d}t \\
&= \frac{1}{2\pi}\int_{-\infty}^{+\infty} F_2(\omega)\left[\int_{-\infty}^{+\infty} \overline{f_1(t)}\,\mathrm{e}^{i\omega t}\,\mathrm{d}t\right]\mathrm{d}\omega \\
&= \frac{1}{2\pi}\int_{-\infty}^{+\infty} F_2(\omega)\left[\int_{-\infty}^{+\infty} \overline{f_1(t)\,\mathrm{e}^{-i\omega t}}\,\mathrm{d}t\right]\mathrm{d}\omega \\
&= \frac{1}{2\pi}\int_{-\infty}^{+\infty} F_2(\omega)\left[\overline{\int_{-\infty}^{+\infty} f_1(t)\,\mathrm{e}^{i\omega t}\,\mathrm{d}t}\right]\mathrm{d}\omega \\
&= \frac{1}{2\pi}\int_{-\infty}^{+\infty} \overline{F_1(\omega)} F_2(\omega)\,\mathrm{d}\omega
\end{aligned}$$

同理可得

$$\int_{-\infty}^{+\infty} f_1(t) \overline{f_2(t)}\,\mathrm{d}t = \frac{1}{2\pi}\int_{-\infty}^{+\infty} F_1(\omega) \overline{F_2(\omega)}\,\mathrm{d}\omega$$

若 $f_1(t)$,$f_2(t)$ 为实函数,则该结论可写为

$$\int_{-\infty}^{+\infty} f_1(t) f_2(t)\,\mathrm{d}t = \frac{1}{2\pi}\int_{-\infty}^{+\infty} \overline{F_1(\omega)} F_2(\omega)\,\mathrm{d}\omega = \frac{1}{2\pi}\int_{-\infty}^{+\infty} F_1(\omega) \overline{F_2(\omega)}\,\mathrm{d}\omega \qquad (7-20)$$

根据定理 7.2 我们可以得到能量积分(或称为帕塞瓦尔恒等式).

定理 7.3　设 $F(\omega) = \mathscr{F}[f(t)]$,则有

$$\int_{-\infty}^{+\infty} [f(t)]^2\,\mathrm{d}t = \frac{1}{2\pi}\int_{-\infty}^{+\infty} |F(\omega)|^2\,\mathrm{d}\omega \qquad (7-21)$$

式(7-21)又称为帕塞瓦尔恒等式.

证明　在式(7-20)中,令 $f_1(t) = f_2(t) = f(t)$,则

$$\int_{-\infty}^{+\infty} [f(t)]^2\,\mathrm{d}t = \frac{1}{2\pi}\int_{-\infty}^{+\infty} F(\omega) \overline{F(\omega)}\,\mathrm{d}\omega = \frac{1}{2\pi}\int_{-\infty}^{+\infty} |F(\omega)|^2\,\mathrm{d}\omega = \frac{1}{2\pi}\int_{-\infty}^{+\infty} S(\omega)\,\mathrm{d}\omega$$

其中

$$S(\omega) = |F(\omega)|^2$$

称为能量密度函数(或称能量谱密度).它可以决定函数 $f(t)$ 的能量分布规律.将它对所有频率积分就得到 $f(t)$ 的总能量

$$\int_{-\infty}^{+\infty} [f(t)]^2\,\mathrm{d}t$$

因此,帕塞瓦尔恒等式又称为能量积分. 显然,能量密度函数 $S(\omega)$ 是偶函数.

利用帕塞瓦尔恒等式还可以用来计算某些积分.

例 7.12 求 $\int_{-\infty}^{+\infty} \dfrac{\sin^2 x}{x^2} \mathrm{d}x$.

解 根据帕塞瓦尔恒等式,设

$$f(t) = \frac{\sin t}{t}$$

由于 $f(t) = \dfrac{1}{t}\sin at$ 的象函数为

$$F(\omega) = \begin{cases} \pi, & |\omega| \leqslant a \\ 0, & |\omega| > a \end{cases}$$

则

$$\mathscr{F}\left[\frac{\sin t}{t}\right] = \begin{cases} \pi, & |\omega| \leqslant 1 \\ 0, & |\omega| > 1 \end{cases}$$

所以

$$\int_{-\infty}^{+\infty} \frac{\sin^2 x}{x^2} \mathrm{d}x = \frac{1}{2\pi}\int_{-\infty}^{+\infty} |F(\omega)|^2 \mathrm{d}\omega = \frac{1}{2\pi}\int_{-1}^{1} \pi^2 \mathrm{d}\omega = \pi$$

7.3 卷积与相关函数

7.3.1 卷积

定义 7.3 若已知函数 $f_1(t)$, $f_2(t)$,且广义积分 $\int_{-\infty}^{+\infty} f_1(\tau)f_2(t-\tau)\mathrm{d}\tau$ 对任意的 t 都收敛,则称该积分为函数 $f_1(t)$ 与 $f_2(t)$ 的卷积,记为 $f_1(t) * f_2(t)$,即

$$f_1(t) * f_2(t) = \int_{-\infty}^{+\infty} f_1(\tau)f_2(t-\tau)\mathrm{d}\tau \tag{7-22}$$

卷积具有如下的一些性质:

(1) 交换律

$$f_1(t) * f_2(t) = f_2(t) * f_1(t)$$

(2) 结合律

$$[f_1(t) * f_2(t)] * f_3(t) = f_1(t) * [f_2(t) * f_3(t)]$$

（3）分配律

$$f_1(t) * [f_2(t) + f_3(t)] = f_1(t) * f_2(t) + f_1(t) * f_3(t)$$

（4） $$|f_1(t) * f_2(t)| \leqslant |f_1(t)| * |f_2(t)|$$

证明 这里只证明第(3)条性质,其他的留给读者自己证明.

$$f_1(t) * (f_2(t) + f_3(t)) = \int_{-\infty}^{+\infty} f_1(\tau)[f_2(t - \tau) + f_3(t - \tau)] d\tau$$

$$= \int_{-\infty}^{+\infty} f_1(\tau) f_2(t - \tau) d\tau + \int_{-\infty}^{+\infty} f_1(\tau) f_3(t - \tau) d\tau$$

$$= f_1(t) * f_2(t) + f_1(t) * f_3(t)$$

例 7.13 若 $f_1(t) = \begin{cases} 0, & t < 0 \\ 1, & t \geqslant 0 \end{cases}$, $f_2(t) = \begin{cases} 0, & t < 0 \\ \mathrm{e}^{-t}, & t \geqslant 0 \end{cases}$, 求 $f_1(t)$ 和 $f_2(t)$ 的卷积.

解 根据卷积的定义,有

$$f_1(t) * f_2(t) = \int_{-\infty}^{+\infty} f_1(\tau) f_2(t - \tau) d\tau$$

当 $t < 0$ 时,显然 $f_1(\tau) f_2(t - \tau) = 0$;

当 $t \geqslant 0$ 时,根据 $f_1(t)$ 和 $f_2(t)$ 的表达式,只有当 $\tau \in [0, t]$ 时,$f_1(\tau) f_2(t - \tau) \neq 0$,否则 $f_1(\tau) f_2(t - \tau) = 0$.

所以

$$f_1(t) * f_2(t) = \int_{-\infty}^{+\infty} f_1(\tau) f_2(t - \tau) d\tau = \begin{cases} 0, & t < 0 \\ \int_0^t 1 \cdot \mathrm{e}^{-(t - \tau)} d\tau, & t \geqslant 0 \end{cases}$$

$$= \begin{cases} 0, & t < 0 \\ 1 - \mathrm{e}^{-t}, & t \geqslant 0 \end{cases}$$

同样, $f_2(t) * f_1(t)$ 也得到同样的结果.

下面我们讨论傅里叶变换的卷积定理.

定理 7.4 设 $f_1(t)$ 和 $f_2(t)$ 满足傅里叶变换存在定理,且 $\mathscr{F}[f_1(t)] = F_1(\omega)$, $\mathscr{F}[f_2(t)] = F_2(\omega)$,则

$$\mathscr{F}[f_1(t) * f_2(t)] = F_1(\omega) \cdot F_2(\omega) \tag{7-23}$$

或

$$\mathscr{F}^{-1}[F_1(\omega) \cdot F_2(\omega)] = f_1(t) * f_2(t) \tag{7-24}$$

证明 $$\mathscr{F}[f_1(t) * f_2(t)] = \int_{-\infty}^{+\infty} \int_{-\infty}^{+\infty} f_1(\tau) f_2(t - \tau) d\tau \mathrm{e}^{-\mathrm{i}\omega t} dt$$

$$= \int_{-\infty}^{+\infty} \mathrm{d}\tau \int_{-\infty}^{+\infty} f_1(\tau) f_2(t-\tau) \mathrm{e}^{-\mathrm{i}\omega t} \mathrm{d}t$$

$$= \int_{-\infty}^{+\infty} f_1(\tau) \mathrm{e}^{-\mathrm{i}\omega\tau} F_2(\omega) \mathrm{d}\tau$$

$$= F_1(\omega) F_2(\omega)$$

这个性质表明,两个函数卷积的傅里叶变换等于这两个函数傅里叶变换的乘积.

推论 若 $f_k(t)$ 满足傅里叶变换存在定理,且 $\mathscr{F}[f_k(t)] = F_k(\omega)(k=1,\cdots,n)$,则

$$\mathscr{F}[f_1(t) * f_2(t) * \cdots * f_n(t)] = F_1(\omega) \cdot F_2(\omega) \cdot \cdots \cdot F_n(\omega) \tag{7-25}$$

卷积并不总是很容易计算的,但卷积定理提供了卷积计算的简便方法,即化卷积运算为乘积运算,这使得卷积在傅里叶变换的应用中有着十分重要的作用.

例 7.14 若 $F(\omega) = \mathscr{F}[f(t)]$,证明

$$\mathscr{F}\left[\int_{-\infty}^{t} f(t)\mathrm{d}t\right] = \frac{F(\omega)}{\mathrm{i}\omega} + \pi F(0)\delta(\omega) \tag{7-26}$$

证明 在 7.2 节的积分性质中,当 $t \to \infty$ 时,$g(t) = \int_{-\infty}^{t} f(t)\mathrm{d}t \to 0$,且 $g(t)$ 的傅里叶变换存在,则

$$\mathscr{F}[g(t)] = \frac{1}{\mathrm{i}\omega} F(\omega)$$

当 $g(t)$ 为一般情况时,由于

$$f(t) * u(t) = \int_{-\infty}^{+\infty} f(\tau) u(t-\tau)\mathrm{d}\tau = \int_{-\infty}^{t} f(\tau)\mathrm{d}\tau$$

因此

$$g(t) = f(t) * u(t)$$

由卷积定理有

$$\mathscr{F}[g(t)] = \mathscr{F}[f(t) * u(t)] = \mathscr{F}[f(t)]\mathscr{F}[u(t)] = F(\omega) \cdot \left[\frac{1}{\mathrm{i}\omega} + \pi\delta(\omega)\right]$$

$$= \frac{F(\omega)}{\mathrm{i}\omega} + \pi F(\omega)\delta(\omega) = \frac{F(\omega)}{\mathrm{i}\omega} + \pi F(0)\delta(\omega)$$

特别地,若 $t \to \infty$ 时,$g(t) = \int_{-\infty}^{t} f(t)\mathrm{d}t \to 0$,即

$$\int_{-\infty}^{+\infty} f(t)\mathrm{d}t = 0$$

则

$$F(0) = \lim_{\omega \to 0} F(\omega) = \lim_{\omega \to 0} \int_{-\infty}^{+\infty} f(t) \mathrm{e}^{-\mathrm{i}\omega t} \mathrm{d}t = \int_{-\infty}^{+\infty} \lim_{\omega \to 0} [f(t)\mathrm{e}^{-\mathrm{i}\omega t}] \mathrm{d}t = \int_{-\infty}^{+\infty} f(t) \mathrm{d}t = 0$$

由此可见,若 $\lim\limits_{t \to +\infty} g(t) = 0$,就有 $F(0) = 0$,则

$$\mathscr{F}[g(t)] = \frac{1}{\mathrm{i}\omega} F(\omega)$$

有些微积分方程可以利用卷积定理进行求解.

例 7.15　求解积分方程 $g(t) = h(t) + \int_{-\infty}^{+\infty} f(\tau)g(t-\tau)\mathrm{d}\tau$,其中 $h(t)$,$f(t)$ 为已知函数,且 $g(t)$,$h(t)$ 和 $f(t)$ 的傅里叶变换都存在.

解　设 $\mathscr{F}[g(t)] = G(\omega)$,$\mathscr{F}[h(t)] = H(\omega)$ 和 $\mathscr{F}[f(t)] = F(\omega)$. 由卷积定义知,积分方程右端第二项等于 $f(t) * g(t)$. 因此上述积分方程两端取傅里叶变换,由卷积定理可得

$$G(\omega) = H(\omega) + F(\omega) \cdot G(\omega)$$

所以

$$G(\omega) = \frac{H(\omega)}{1 - F(\omega)}$$

由傅里叶逆变换,可求得积分方程的解

$$g(t) = \frac{1}{2\pi} \int_{-\infty}^{+\infty} G(\omega) \mathrm{e}^{\mathrm{i}\omega t} \mathrm{d}\omega = \frac{1}{2\pi} \int_{-\infty}^{+\infty} \frac{H(\omega)}{1 - F(\omega)} \mathrm{e}^{\mathrm{i}\omega t} \mathrm{d}\omega$$

7.3.2　相关函数 *

相关函数和卷积一样,也是傅里叶分析中的一个重要内容,本节将引入相关函数的概念,并介绍相关函数和能量谱密度之间的关系.

1. 相关函数的概念

定义 7.4　对于两个不同的函数 $f_1(t)$ 和 $f_2(t)$,称积分

$$\int_{-\infty}^{+\infty} f_1(t)f_2(t+\tau)\mathrm{d}t$$

为 $f_1(t)$ 和 $f_2(t)$ 的互相关函数,记为 $R_{12}(\tau)$,即

$$R_{12}(\tau) = \int_{-\infty}^{+\infty} f_1(t)f_2(t+\tau)\mathrm{d}t \tag{7-27}$$

同理

$$R_{21}(\tau) = \int_{-\infty}^{+\infty} f_1(t+\tau)f_2(t)\mathrm{d}t \tag{7-28}$$

当 $f_1(t) = f_2(t) = f(t)$ 时,积分

$$\int_{-\infty}^{+\infty} f(t)f(t + \tau)\mathrm{d}t$$

称为 $f(t)$ 的自相关函数(简称相关函数),记为 $R(\tau)$,即

$$R(\tau) = \int_{-\infty}^{+\infty} f(t)f(t + \tau)\mathrm{d}t \qquad (7-29)$$

互相关函数与自相关函数具有如下性质:

(1) $R_{21}(\tau) = R_{12}(-\tau)$;

(2) $R(-\tau) = R(\tau)$.

2. 相关函数和能量谱密度的关系

在式(7-21)中,令 $f_1(t) = f(t)$,$f_2(t) = f(t + \tau)$,且

$$F(\omega) = \mathscr{F}[f(t)]$$

由傅里叶变换的位移性质,有

$$\mathscr{F}[f(t + \tau)] = F(\omega)\mathrm{e}^{\mathrm{i}\omega\tau}$$

$$R(\tau) = \int_{-\infty}^{+\infty} f(t)f(t + \tau)\mathrm{d}t = \frac{1}{2\pi}\int_{-\infty}^{+\infty} \overline{F(\omega)}F(\omega)\mathrm{e}^{\mathrm{i}\omega\tau}\mathrm{d}\omega$$

$$= \frac{1}{2\pi}\int_{-\infty}^{+\infty} |F(\omega)|^2\mathrm{e}^{\mathrm{i}\omega\tau}\mathrm{d}\omega = \frac{1}{2\pi}\int_{-\infty}^{+\infty} S(\omega)\mathrm{e}^{\mathrm{i}\omega\tau}\mathrm{d}\omega$$

由能量谱密度的定义,有

$$S(\omega) = \int_{-\infty}^{+\infty} R(\tau)\mathrm{e}^{-\mathrm{i}\omega\tau}\mathrm{d}\tau \qquad (7-30)$$

因此,相关函数 $R(\tau)$ 和能量谱密度 $S(\omega)$ 构成了一个傅里叶变换对.

令 $\tau = 0$,则

$$R(0) = \int_{-\infty}^{+\infty} [f(t)]^2\mathrm{d}t = \frac{1}{2\pi}\int_{-\infty}^{+\infty} S(\omega)\mathrm{d}\omega$$

即帕塞瓦尔恒等式.

小　　结

1. 傅里叶变换及其逆变换

设函数 $f(t)$ 在 $(-\infty, +\infty)$ 内有定义,且广义积分

$$F(\omega) = \int_{-\infty}^{+\infty} f(t) e^{-i\omega t} dt$$

$$f(t) = \frac{1}{2\pi} \int_{-\infty}^{+\infty} F(\omega) e^{i\omega t} d\omega$$

都收敛,则称 $F(\omega)$ 是 $f(t)$ 的傅里叶变换,记为 $F(\omega) = \mathscr{F}[f(t)]$, $F(\omega)$ 叫作 $f(t)$ 的象函数. $f(t)$ 是 $F(\omega)$ 的傅里叶逆变换式,记为 $f(t) = \mathscr{F}^{-1}[F(\omega)]$, $f(t)$ 叫作 $F(\omega)$ 的象原函数.

2. 存在定理

若 $f(t)$ 在 $(-\infty, +\infty)$ 上满足下列条件:

(1) $f(t)$ 在任一有限区间上满足迪里克莱条件;

(2) $f(t)$ 在无限区间 $(-\infty, +\infty)$ 上绝对可积(即积分 $\int_{-\infty}^{+\infty} |f(t)| dt$ 收敛),则 $f(t)$ 的傅里叶变换存在,且

$$f(t) = \frac{1}{2\pi} \int_{-\infty}^{+\infty} \left[\int_{-\infty}^{+\infty} f(\tau) e^{-i\omega\tau} d\tau \right] e^{i\omega t} d\omega = \frac{f(t+0) + f(t-0)}{2}$$

3. 单位脉冲函数和单位阶跃函数

(1)设 $\delta_{\varepsilon}(t) = \begin{cases} 0, & t < 0 \\ \dfrac{1}{\varepsilon}, & 0 \le t \le \varepsilon \\ 0, & t > 0 \end{cases}$,则 $\lim\limits_{\varepsilon \to 0} \delta_{\varepsilon}(t)$ 定义了一个广义函数,记 $\delta(t) = \lim\limits_{\varepsilon \to 0} \delta_{\varepsilon}(t)$,则 $\delta(t)$

称为单位脉冲函数,或 δ - 函数.

δ - 函数的傅里叶变换:

$$F(\omega) = \mathscr{F}[\delta(t)] = \int_{-\infty}^{+\infty} \delta(t) e^{-i\omega t} dt = e^{-i\omega t} \Big|_{t=0} = 1$$

(2) 称函数 $u(t) = \begin{cases} 0, t < 0 \\ 1, t > 0 \end{cases}$ 为单位阶跃函数.

单位阶跃函数与单位脉冲函数的关系为

$$\int_{-\infty}^{t} \delta(\tau) d\tau = u(t), \frac{d}{dt} u(t) = \delta(t)$$

单位阶跃函数的傅里叶变换为

$$F(\omega) = \mathscr{F}[u(t)] \frac{1}{i\omega} + \pi\delta(\omega)$$

4. 非周期函数的谐波分析

对于非周期函数 $f(t)$，傅里叶变换 $F(\omega)$ 又称为 $f(t)$ 的频谱函数，而频谱函数的模 $|F(\omega)|$ 称为 $f(t)$ 的振幅频谱.

5. 傅里叶变换的性质

（1）线性性质
$$\mathscr{F}[af_1(t) + bf_2(t)] = a\mathscr{F}[f_1(t)] + b\mathscr{F}[f_2(t)]$$
$$\mathscr{F}^{-1}[aF_1(\omega) + bF_2(\omega)] = a\mathscr{F}^{-1}[F_1(\omega)] + b\mathscr{F}^{-1}[F_2(\omega)]$$

（2）位移性质
$$\mathscr{F}[f(t \pm t_0)] = e^{\pm i\omega t_0}\mathscr{F}[f(t)]$$
$$\mathscr{F}^{-1}[F(\omega \mp \omega_0)] = e^{\pm i\omega_0 t}f(t)$$

（3）微分性质

设 $\mathscr{F}[f(t)] = F(\omega)$，且 $\lim\limits_{t\to\infty}f(t) = 0$，$f'(t)$ 在 $(-\infty, +\infty)$ 内存在，且在任何有限区间上除有有限个第一类间断点外连续，则 $\mathscr{F}[f'(t)]$ 存在，且有
$$\mathscr{F}[f'(t)] = i\omega F(\omega)$$

（4）积分性质

设 $\mathscr{F}[f(t)] = F(\omega)$，且当 $t \to \infty$ 时，$g(t) = \int_{-\infty}^{t} f(t)\mathrm{d}t \to 0$，且 $g(t)$ 的傅里叶变换存在，则
$$\mathscr{F}[g(t)] = \frac{1}{i\omega}F(\omega)$$

（5）能量积分

设 $F(\omega) = \mathscr{F}[f(t)]$，则有
$$\int_{-\infty}^{+\infty}[f(t)]^2\mathrm{d}t = \frac{1}{2\pi}\int_{-\infty}^{+\infty}|F(\omega)|^2\mathrm{d}\omega$$

这一等式又称为帕塞瓦尔恒等式.

$S(\omega) = |F(\omega)|^2$ 称为能量密度函数（或称能量谱密度）.

6. 卷积

若已知函数 $f_1(t)$，$f_2(t)$，且广义积分 $\int_{-\infty}^{+\infty}f_1(\tau)f_2(t-\tau)\mathrm{d}\tau$ 对任意的 t 都收敛，则称该积分

为函数 $f_1(t)$ 与 $f_2(t)$ 的卷积,记为 $f_1(t)*f_2(t)$,即

$$f_1(t)*f_2(t) = \int_{-\infty}^{+\infty} f_1(\tau)f_2(t-\tau)\mathrm{d}\tau$$

7. 卷积的性质

（1）交换律

$$f_1(t)*f_2(t) = f_2(t)*f_1(t)$$

（2）结合律

$$(f_1(t)*f_2(t))*f_3(t) = f_1(t)*(f_2(t)*f_3(t))$$

（3）分配律

$$f_1(t)*(f_2(t)+f_3(t)) = f_1(t)*f_2(t)+f_1(t)*f_3(t)$$

（4）
$$|f_1(t)*f_2(t)| \leqslant |f_1(t)|*|f_2(t)|$$

8. 卷积定理

设 $f_1(t)$ 和 $f_2(t)$ 满足傅里叶变换存在定理,且

$$\mathscr{F}[f_1(t)] = F_1(\omega),\mathscr{F}[f_2(t)] = F_2(\omega)$$

则

$$\mathscr{F}[f_1(t)*f_2(t)] = F_1(\omega)\cdot F_2(\omega)$$

或

$$\mathscr{F}^{-1}[F_1(\omega)\cdot F_2(\omega)] = f_1(t)*f_2(t)$$

9. 相关函数

（1）互相关函数

对于两个不同的函数 $f_1(t)$ 和 $f_2(t)$,称积分

$$\int_{-\infty}^{+\infty} f_1(t)f_2(t+\tau)\mathrm{d}t$$

为 $f_1(t)$ 和 $f_2(t)$ 的互相关函数,记为 $R_{12}(\tau)$.

（2）自相关函数

当 $f_1(t) = f_2(t) = f(t)$ 时，积分

$$\int_{-\infty}^{+\infty} f(t)f(t+\tau)\,\mathrm{d}t$$

称为 $f(t)$ 的自相关函数（简称相关函数），记为 $R(\tau)$.

（3）相关函数与能量谱密度的关系

$$R(\tau) = \frac{1}{2\pi}\int_{-\infty}^{+\infty} S(\omega)\mathrm{e}^{\mathrm{i}\omega\tau}\,\mathrm{d}\omega$$

$$S(\omega) = \int_{-\infty}^{+\infty} R(\tau)\mathrm{e}^{-\mathrm{i}\omega\tau}\,\mathrm{d}\tau$$

相关函数 $R(\tau)$ 和能量谱密度 $S(\omega)$ 构成了一个傅里叶变换对.

习　　题

1. 求函数下列函数的傅里叶变换.

（1）$f(t) = \begin{cases} 4, & 0 \leqslant t \leqslant 2 \\ 0, & \text{其他} \end{cases}$

（2）$f(t) = \begin{cases} 1+t, & -1 < t < 0 \\ 1-t, & 0 < t < 1 \\ 0, & |t| > 0 \end{cases}$

（3）$f(t) = \begin{cases} \mathrm{e}^{-t}\sin 2t, & t \geqslant 0 \\ 0, & t < 0 \end{cases}$

2. 设 $F(\omega)$ 是函数 $f(t)$ 的傅里叶变换，证明 $F(\omega)$ 与 $f(t)$ 有相同的奇偶性.

3. 求函数 $f(t) = \mathrm{e}^{-\beta|t|}(\beta > 0)$ 的傅里叶变换，并证明

$$\int_0^{+\infty} \frac{\cos t}{\beta^2 + \omega^2}\,\mathrm{d}\omega = \frac{\pi}{2\beta}\mathrm{e}^{-\beta|t|}$$

4. 求函数 $f(t) = \frac{1}{2}\left[\delta(t+a) + \delta(t-a) + \delta\left(t+\frac{a}{2}\right) + \delta\left(t-\frac{a}{2}\right)\right]$ 的傅里叶变换，其中 a 为实常数.

5. 求函数 $f(t) = \delta(t-1)(t-2)^2\cos t$ 的傅里叶变换.

6. 求下列函数的傅里叶变换.

（1）$f(t) = \cos t\sin t$；

(2) $f(t) = \sin^3 t$;

(3) $f(t) = \sin\left(5t + \dfrac{\pi}{3}\right)$.

7. 证明:若 $\mathscr{F}[e^{i\varphi(t)}] = F(\omega)$,其中 $\varphi(t)$ 为一实函数,则

$$\mathscr{F}[\cos\varphi(t)] = \frac{1}{2}[F(\omega) + \overline{F(-\omega)}]$$

$$\mathscr{F}[\sin\varphi(t)] = \frac{1}{2i}[F(\omega) - \overline{F(-\omega)}]$$

8. 若 $F(\omega) = \mathscr{F}[f(t)]$,证明:$F(\pm\omega) = \dfrac{1}{2\pi}\displaystyle\int_{-\infty}^{+\infty} f(\mp t)e^{-i\omega t}dt$,即 $\mathscr{F}[f(\mp t)] = 2\pi F(\pm\omega)$.

$F(\omega)$ 是函数 $f(t)$ 的傅里叶变换,证明 $F(\omega)$ 与 $f(t)$ 有相同的奇偶性.

9. 利用傅里叶变换的性质求下列函数的傅里叶变换:

(1) $f(t) = u(t)e^{-t}\sin 2t$;

(2) $f(t) = u(t)\sin^2 t$;

(3) $f(t) = t^2\sin t$;

(4) $f(t) = \delta(t)e^t\sin\left(t + \dfrac{\pi}{4}\right)$;

(5) $f(t) = \sin(\omega_0 t) \cdot u(t)$;

(6) $f(t) = e^{-at}\cos(wt) \cdot u(t)$ $(a > 0)$;

(7) $f(t) = e^{i\omega_0 t}u(t - t_0)$ $(a > 0)$.

10. 利用卷积求下列函数的傅里叶逆变换:

(1) $F(\omega) = \dfrac{1}{(1 + i\omega)^2}$;

(2) $F(\omega) = \dfrac{\sin 3\omega}{\omega(2 + i\omega)}$.

11. 已知某函数的傅里叶变换为 $F(\omega) = \dfrac{\sin\omega}{\omega}$,求象原函数 $f(t)$.

12. 求下列微分积分方程的解:

(1) $x'(t) + 4\displaystyle\int_{-\infty}^{t} x(t)dt = e^{-|t|}$ $(-\infty < t < +\infty)$;

(2) $x'(t) + x(t) = \delta(t)$ $(-\infty < t < +\infty)$.

13. 利用能量积分求下列积分的值:

(1) $\displaystyle\int_{-\infty}^{+\infty} \dfrac{1 - \cos x}{x^2}dx$;

(2) $\displaystyle\int_{-\infty}^{+\infty} \dfrac{1}{(1+x^2)^2}\mathrm{d}x$.

14. 求卷积 $f_1(t) * f_2(t)$.

$$f_1(t) = \begin{cases} 0, & t < 0 \\ \mathrm{e}^{-t}, & t \geqslant 0 \end{cases}, \quad f_2(t) = \begin{cases} \sin t, & 0 \leqslant t \leqslant \dfrac{\pi}{2} \\ 0, & \text{其他} \end{cases}$$

15. 若 $F_1(\omega) = \mathscr{F}[f_1(t)]$，$F_2(\omega) = \mathscr{F}[f_2(t)]$，证明

$$\mathscr{F}[f_1(t) \cdot f_2(t)] = \dfrac{1}{2\pi} F_1(\omega) * F_2(\omega)$$

16*. 证明相关函数的下列性质：

(1) $R_{21}(\tau) = R_{12}(-\tau)$；

(2) $R(-\tau) = R(\tau)$.

17*. 若函数 $f_1(t) = \begin{cases} \dfrac{b}{a}t, & 0 \leqslant t \leqslant a \\ 0, & \text{其他} \end{cases}$，$f_2(t) = \begin{cases} 1, & 0 \leqslant t \leqslant a \\ 0, & \text{其他} \end{cases}$，求 $f_1(t)$ 与 $f_2(t)$ 的互相关函数 $R_{12}(\tau)$.

第8章　拉普拉斯变换

傅里叶变换虽然具有许多很好的性质,并且应用范围也很广,但是,由于它有如下两个缺点,使其在应用的范围上还是受到了很大的限制.

(1)傅里叶变换要求象原函数除了满足迪里克莱条件以外,还要求在$(-\infty,+\infty)$上满足绝对可积的条件,而绝对可积的条件是比较强的,许多函数,即使是很简单的函数,如单位阶跃函数、正弦函数、余弦函数以及线性函数等都不满足这个条件.

(2)傅里叶变换要求象原函数在整个数轴上有定义,但是在许多实际应用中,如物理、信息理论以及无线电技术等问题多是以时间t为自变量的函数出现,这样在$t<0$时是无意义的,或者根本就不需要考虑,像这样的函数都不能取傅里叶变换.

为了克服上述缺点,人们自然想到对于已知函数$f(t)$加以改造,例如乘以因子$u(t)\mathrm{e}^{-\sigma t}$($\sigma>0$),这里$u(t)$是单位阶跃函数,且

$$u(t)=\begin{cases}0,t<0\\1,t>0\end{cases}$$

同$f(t)$相乘后,则我们只需要考虑$f(t)$在$(0,+\infty)$上的值,而$\mathrm{e}^{-\sigma t}(\sigma>0)$是指数衰减函数,同$f(t)$相乘能使之变为绝对可积. 这样只要$\sigma$选择得适当,$f(t)u(t)\mathrm{e}^{-\sigma t}(\sigma>0)$的傅里叶变换就存在,但是,由于象原函数的改变引起了核函数和积分区域的改变(核函数指参与积分运算的指数部分,例如傅里叶变换的核函数为$\mathrm{e}^{-\mathrm{i}w}$),因而产生了一种新的称之为拉普拉斯变换的积分变换.

设$f(t)$为定义在$(-\infty,+\infty)$上的一个函数,对于$f(t)u(t)\mathrm{e}^{-\mathrm{i}w}(\sigma>0)$取傅里叶变换,可得

$$F_{\sigma}(w)=\mathscr{F}[f(t)u(t)\mathrm{e}^{-\sigma t}]=\int_{-\infty}^{+\infty}f(t)u(t)\mathrm{e}^{-\sigma t}\mathrm{e}^{-\mathrm{i}w}\mathrm{d}t$$

$$=\int_{0}^{+\infty}f(t)\mathrm{e}^{-(\sigma+\mathrm{i}w)t}\mathrm{d}t=\int_{0}^{+\infty}f(t)\mathrm{e}^{-st}\mathrm{d}t \tag{8-1}$$

其中,$s=\sigma+\mathrm{i}w$. 若记$F(s)=F_{\sigma}(w)$,我们就得到一个新的积分变换,它将定义域为实数域的函数变换成定义在复数域中的函数,人们称这种变换为拉普拉斯变换.

拉普拉斯变换理论是在19世纪末由英国工程师赫维赛德首先提出的,用以解决电工计算中遇到的一些基本问题,但缺乏严密的数学论证. 后来由法国数学家拉普拉斯给出严格的数学

定义,并称之为拉普拉斯变换方法. 拉普拉斯变换是一种很成功的数学方法,在电学、力学以及控制学等众多工程技术领域都有着重要的应用,是连续、线性、时不变系统分析的一个不可缺少的强有力工具. 在数学上,拉普拉斯变换方法是求解常系数线性微分方程的重要工具,其优点体现在:

(1) 求解的步骤得到简化,可以同时给出微分方程的特解和相应的齐次解,而且初始条件自动地包含在变换式中;

(2) 拉普拉斯变换分别将"微分"与"积分"运算转换为"乘法"与"除法"运算,从而把微分、积分方程转换为代数方程,使得方程的求解变得容易;

(3) 指数函数、三角函数以及一些不连续函数,经拉普拉斯变换后可转化为简单的初等函数. 特别是对一些非周期性的不连续函数,用古典方法求解比较烦琐,用拉普拉斯变换方法就变得简单.

8.1 拉普拉斯变换的概念

8.1.1 概念及存在条件

定义 8.1 设函数 $f(t)$ 当 $t \geq 0$ 时有定义,且广义积分

$$F(s) = \int_0^{+\infty} f(t) e^{-st} dt \tag{8-2}$$

在复平面区域 $(\mathrm{Re}s > C \geq 0)$ 内收敛,则称复变函数 $F(s)$ 为函数 $f(t)$ 的拉普拉斯变换,记为

$$F(s) = \mathscr{L}[f(t)]$$

而称 $f(t)$ 是 $F(s)$ 的拉普拉斯逆变换,记为

$$f(t) = \mathscr{L}^{-1}[F(s)]$$

同傅里叶变换一样,拉普拉斯变换也可看成自变量和因变量均为函数的广义映射,所以我们常称 $F(s)$ 是 $f(t)$ 的象函数,而称 $f(t)$ 是 $F(s)$ 的象原函数.

由式 $(8-1)$ 可知,$f(t)(t \geq 0)$ 的拉普拉斯变换,实际上就是 $f(t)u(t)e^{-\sigma t}$ 的傅里叶变换,所以有

$$f(t)u(t)e^{-\sigma t} = \mathscr{F}^{-1}\{F_\sigma(w)\} = \frac{1}{2\pi}\int_{-\infty}^{+\infty} F_\sigma(w)e^{iwt}dw \quad (t > 0)$$

等式两边同乘 $e^{\sigma t}$,可得

$$f(t) = \frac{1}{2\pi}\int_{-\infty}^{+\infty} F_\sigma(w)e^{(\sigma+iw)t}dw \quad (t > 0) \tag{8-3}$$

令 $s = \sigma + \mathrm{i}w$，则 $\mathrm{d}s = \mathrm{i}\mathrm{d}w$，代入式(8 - 3)得

$$f(t) = \mathscr{L}^{-1}[F(s)] = \frac{1}{2\pi\mathrm{i}}\int_{\sigma-\mathrm{i}\infty}^{\sigma+\mathrm{i}\infty} F(s)\mathrm{e}^{st}\mathrm{d}s \qquad (8 - 4)$$

式(8 - 4)就是由象函数 $F(s)$ 求象原函数 $f(t)$ 的一般公式，称之为拉普拉斯变换的反演公式. 其中右端积分称之为反演积分，其积分路径是 s 平面上的一条直线 $\mathrm{Re}s = \sigma > C$（$C$ 为 $f(t)$ 的增长指数），该直线处于 $F(s)$ 的存在域中. 由于 $F(s)$ 在存在域中解析，因此 $F(s)$ 在 $\mathrm{Re}s \geqslant \sigma$ 内无奇点.

不是所有的函数都存在拉普拉斯变换的，下面我们给出拉普拉斯变换存在定理.

定理 8.1　（存在定理）若函数 $f(t)$ 满足下列条件：

（1）在 $t \geqslant 0$ 的任意有限区间上分段连续；

（2）存在常数 $M > 0$ 和 $C \geqslant 0$，使得对充分大的实数 t，有 $|f(t)| \leqslant M\mathrm{e}^{Ct}$，即当 $t \to +\infty$ 时，$|f(t)|$ 的增长速度不超过某一指数函数 $M\mathrm{e}^{Ct}$（满足此条件的函数，称它的增大是指数级的，C 称为它的增长指数）.

则 $f(t)$ 的拉普拉斯变换 $\mathscr{L}[f(t)]$ 在 $\mathrm{Re}s > C$ 上存在，积分 $F(s) = \int_0^{+\infty} f(t)\mathrm{e}^{-st}\mathrm{d}t$ 在 $\mathrm{Re}(s) > C$ 上绝对收敛，且 $F(s) = \mathscr{L}[f(t)]$ 是 s 的解析函数.

证明　对任何满足 $\mathrm{Re}s > C$ 的定点 s，设 $\sigma = \mathrm{Re}s$，则对任意的 $t \geqslant 0$，有

$$|f(t)\mathrm{e}^{-st}| = |f(t)|\mathrm{e}^{-\sigma t} \leqslant M\mathrm{e}^{-(\sigma-C)t}$$

若令 ε 为小于 $\sigma - C$ 的正数，则

$$|f(t)\mathrm{e}^{-st}| \leqslant M\mathrm{e}^{-\varepsilon t}$$

有

$$F(s) = \int_0^{+\infty} |f(t)\mathrm{e}^{-st}|\mathrm{d}t \leqslant \int_0^{+\infty} M\mathrm{e}^{-\varepsilon t}\mathrm{d}t = \frac{M}{\varepsilon}$$

由此得出，当 $\mathrm{Re}s > C$ 时，积分 $F(s) = \int_0^{+\infty} f(t)\mathrm{e}^{-st}\mathrm{d}t$ 存在且为绝对收敛.

利用含参变量广义积分一致收敛的判别法，由 $\int_0^{+\infty} M\mathrm{e}^{-\varepsilon t}\mathrm{d}t$ 收敛，亦可判断 $\int_0^{+\infty} f(t)\mathrm{e}^{-st}\mathrm{d}t$ 在 $\mathrm{Re}s \geqslant C_1 > C$ 上一致收敛. 不仅如此，而且 $\int_0^{+\infty} \frac{\mathrm{d}}{\mathrm{d}s}[f(t)\mathrm{e}^{-st}]\mathrm{d}t$ 也在 $\mathrm{Re}s > C$ 上绝对收敛，在 $\mathrm{Re}s \geqslant C_1 > C$ 上一致收敛.

在 $\mathrm{Re}s > C$ 上，$|-tf(t)\mathrm{e}^{-st}| \leqslant Mt\mathrm{e}^{-(\sigma-C)t} \leqslant Mt\mathrm{e}^{-\varepsilon t}$，所以

$$\int_0^{+\infty} \left|\frac{\mathrm{d}}{\mathrm{d}s}[f(t)\mathrm{e}^{-st}]\right|\mathrm{d}t \leqslant \int_0^{+\infty} Mt\mathrm{e}^{-\varepsilon t}\mathrm{d}t = \frac{M}{\varepsilon^2}$$

因此可知(8-2)式定义的函数 $F(s)$ 可导,并由一致收敛性求导与积分交换顺序得

$$F'(s) = \int_0^{+\infty} \frac{\mathrm{d}}{\mathrm{d}s}[f(t)\mathrm{e}^{-st}]\mathrm{d}t = -\int_0^{+\infty} tf(t)\mathrm{e}^{-st}\mathrm{d}t$$

这就表明,$F(s)$ 在 $\mathrm{Re}s > C$ 上是解析的.

一个函数的增大是指数级的和函数的绝对可积相比,前者的条件要弱得多.物理学和工程实践中常见的函数都能满足存在定理中的两个条件,如

$$|\sin kt| \leqslant 1 \cdot \mathrm{e}^{0t}, \text{此时 } M = 1, C = 0$$

$$|t^m| \leqslant 1 \cdot \mathrm{e}^t, \text{此时 } M = 1, C = 1$$

因此,拉普拉斯变换的应用就更广泛.

另外,拉普拉斯存在定理中的条件是充分的,而不是必要的.如函数 $f(t) = t^{-\frac{1}{2}}$,其拉普拉斯变换 $F(s)$ 是存在的(见本节例8.4),但点 $t = 0$ 却不是其第一类间断点,因而在 $t \geqslant 0$ 上,函数 $f(t) = t^{-\frac{1}{2}}$ 不是逐段连续的,不满足存在定理条件.

定理8.2 (1) 如果 $F(s) = \int_0^{+\infty} f(t)\mathrm{e}^{-st}\mathrm{d}t$ 在 $s_1 = \sigma_1 + iw_1$ 处收敛,则这个积分在 $\mathrm{Re}s > \sigma_1$ 上处处收敛,且由这个积分确定的函数 $F(s)$ 在 $\mathrm{Re}s > \sigma_1$ 上解析.

(2) 如果 $\int_0^{+\infty} f(t)\mathrm{e}^{-st}\mathrm{d}t$ 在 $s_2 = \sigma_2 + iw_2$ 处发散,则这个积分在 $\mathrm{Re}s < \sigma_2$ 上处处发散.

证明 (1) 设 $\Phi(t) = \int_0^t \mathrm{e}^{-s_1\tau}f(\tau)\mathrm{d}\tau$,则对 $t \geqslant 0$,$\Phi(t)$ 是连续的,故有界.即存在常数 M,对任意的 $t \geqslant 0$,下式成立.

$$|\Phi(t)| \leqslant M$$

因此,当 $\mathrm{Re}s > \sigma_1$ 时

$$\lim_{t \to +\infty} \mathrm{e}^{-(s-s_1)t}\Phi(t) = 0$$

由分部积分法得

$$\int_0^{+\infty} f(t)\mathrm{e}^{-st}\mathrm{d}t = \int_0^{+\infty} \mathrm{e}^{-(s-s_1)t}\Phi'(t)\mathrm{d}t = \Phi(t)\mathrm{e}^{-(s-s_1)t}\Big|_0^{+\infty} + (s-s_1)\int_0^{+\infty} \Phi(t)\mathrm{e}^{-(s-s_1)t}\mathrm{d}t$$

$$= (s-s_1)\int_0^{+\infty} \Phi(t)\mathrm{e}^{-(s-s_1)t}\mathrm{d}t$$

因右端积分 $\int_0^{+\infty} \Phi(t)\mathrm{e}^{-(s-s_1)t}\mathrm{d}t$ 绝对收敛,故左端积分在 $\mathrm{Re}(s-s_1) = \mathrm{Re}s - \sigma_1 > 0$ 上收敛且为解析函数.

(2)如果结论不对,则存在某个 s',使得当 $\mathrm{Re}s' < \sigma_2$ 时,$\int_0^{+\infty} f(t)\mathrm{e}^{-s't}\mathrm{d}t$ 收敛.由(1)推出

$\int_0^{+\infty} f(t)\mathrm{e}^{-s_2 t}\mathrm{d}t$ 收敛,与假设矛盾,故(2)的结论成立,证毕.

根据定理 8.2,必存在实数 σ(或是 $\pm\infty$),使得在 $\mathrm{Re}\,s > \sigma$ 上积分 $\int_0^{+\infty} f(t)\mathrm{e}^{-st}\mathrm{d}t$ 收敛,而在 $\mathrm{Re}\,s < \sigma$ 上积分 $\int_0^{+\infty} f(t)\mathrm{e}^{-st}\mathrm{d}t$ 处处发散(图 8.1).在收敛区域上 $F(s) = \mathscr{L}[f(t)]$ 是 s 的解析函数.这里的 σ 被称为拉普拉斯变换 $\mathscr{L}[f(t)]$ 的收敛横坐标.

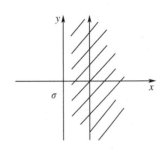

图 8.1

如果设 $\rho = \inf\{c_0 \in R \mid \exists M > 0, c_0 \in R, \text{s. t. } |f(t)| \leqslant M\mathrm{e}^{c_0 t}\}$,那么显然由定义可知 $\sigma \leqslant \rho$.

集合 $\{s \mid \mathrm{Re}\,s > \sigma\}$ 称为收敛半平面.可见若 $\sigma = -\infty$,收敛域即是全平面.

8.1.2　常用函数的拉普拉斯变换

下面给出一些常用函数的拉普拉斯变换.

例 8.1　求单位阶跃函数

$$u(t) = \begin{cases} 0, & t < 0 \\ 1, & t > 0 \end{cases}$$

的拉普拉斯变换.

解
$$\mathscr{L}[u(t)] = \int_0^{+\infty} u(t)\mathrm{e}^{-st}\mathrm{d}t = \int_0^{+\infty} \mathrm{e}^{-st}\mathrm{d}t = \frac{1}{-s}\mathrm{e}^{-st}\Big|_0^{+\infty} = \frac{1}{s}$$

例 8.2　求单位脉冲函数 $\delta(t)$ 的拉普拉斯变换.

解　由第 7 章定义 7.2 可知

$$\mathscr{L}[\delta_\varepsilon(t)] = \int_0^{+\infty} \delta_\varepsilon(t)\mathrm{e}^{-st}\mathrm{d}t = \int_0^\varepsilon \frac{1}{\varepsilon}\mathrm{e}^{-st}\mathrm{d}t = \frac{1}{-\varepsilon s}\mathrm{e}^{-st}\Big|_0^\varepsilon = \frac{1 - \mathrm{e}^{-\varepsilon s}}{\varepsilon s}$$

有

$$\mathscr{L}[\delta(t)] = \lim_{\varepsilon \to 0}\mathscr{L}[\delta_\varepsilon(t)] = 1$$

例 8.3　求函数 $f(t) = \mathrm{e}^{at}$(a 为复常数)的拉普拉斯变换.

解
$$\mathscr{L}[f(t)] = \int_0^{+\infty} \mathrm{e}^{at}\mathrm{e}^{-st}\mathrm{d}t = \frac{1}{a-s}\mathrm{e}^{(a-s)t}\Big|_0^{+\infty}$$

故当 $\mathrm{Re}\,s > \mathrm{Re}\,a$ 时,有 $\mathscr{L}[f(t)] = \dfrac{1}{s-a}$.

例 8.4　求函数 $f(t) = t^m$($m > -1$)的拉普拉斯变换.

解 m 为正整数时,有

$$\mathscr{L}[t] = \int_0^{+\infty} te^{-st}dt = \frac{1}{-s}\int_0^{+\infty} td(e^{-st}) = \frac{1}{-s}(te^{-st}\big|_0^{+\infty} - \int_0^{+\infty} e^{-st}dt) = \frac{1}{s^2} \quad (\text{Re}s > 0)$$

则

$$\mathscr{L}[t^m] = \int_0^{+\infty} t^m e^{-st}dt = \frac{1}{-s}\int_0^{+\infty} t^m d(e^{-st}) = \frac{1}{-s}(t^m e^{-st}\big|_0^{+\infty} - m\int_0^{+\infty} t^{m-1}e^{-st}dt)$$

$$= \frac{m}{s}\mathscr{L}[t^{m-1}] \quad (\text{Re}s > 0)$$

所以

$$\mathscr{L}[t^m] = \frac{m!}{s^{m+1}} \quad (\text{Re}s > 0)$$

当 m 不是正整数时,则有

$$\mathscr{L}[t^m] = \int_0^{+\infty} t^m e^{-st}dt \stackrel{u=st}{=} \int_0^{+\infty} \frac{u^m e^{-u}}{s^{m+1}}du = \frac{1}{s^{m+1}}\int_0^{+\infty} u^m e^{-u}du \quad (8-5)$$

且当 $m > -1$ 时,式(8-5)右端的广义积分收敛,其中,$\Gamma(m+1) = \int_0^{+\infty} u^m e^{-u}du$ 为 Gamma 函数,因此

$$\mathscr{L}[t^m] = \frac{\Gamma(m+1)}{s^{m+1}}$$

很容易验证伽马函数具有性质 $\Gamma(m+1) = m\Gamma(m)$,从而当 m 为正整数时得到 $\Gamma(m+1) = m!$,因此伽马函数也可以看成是阶乘运算的推广.

8.2　拉普拉斯变换的性质

本节将介绍在实际应用中极为重要的拉普拉斯变换的一些性质,为了方便起见,假定本节中涉及拉普拉斯变换的函数 $f(t)$ 都满足存在性定理中的条件,并统一地用 C 表示这些函数的增长指数.

8.2.1　线性性质

定理8.3　设 $\mathscr{L}[f_1(t)] = F_1(s)$ $(\text{Re}s > C_1)$,$\mathscr{L}[f_2(t)] = F_2(s)$ $(\text{Re}s > C_2)$,$C = \max\{C_1, C_2\}$,α,β 是任意常数,则有

$$\mathscr{L}[\alpha f_1(t) + \beta f_2(t)] = \alpha F_1(s) + \beta F_2(s)$$

$$\mathscr{L}^{-1}\big[\alpha F_2(s) + \beta F_2(s)\big] = \alpha f_1(t) + \beta f_2(t)$$

且均有 $\mathrm{Res} > C$ 成立. 即若函数的拉普拉斯变换存在,则其线性组合的拉普拉斯变换等于各函数拉普拉斯变换的线性组合. 此性质由积分的线性性质很容易得出,证明略.

例 8.5 求函数 $f(t) = \cos wt$ 的拉氏变换.

解 $\mathscr{L}\big[f(t)\big] = \mathscr{L}\Big[\dfrac{\mathrm{e}^{iwt} + \mathrm{e}^{-iwt}}{2}\Big] = \dfrac{1}{2}\mathscr{L}\big[\mathrm{e}^{iwt}\big] + \dfrac{1}{2}\mathscr{L}\big[\mathrm{e}^{-iwt}\big]$

$$= \frac{1}{2} \cdot \frac{1}{s - iw} + \frac{1}{2} \cdot \frac{1}{s + iw}$$

$$= \frac{s}{s^2 + w^2} \quad (\mathrm{Res} > 0)$$

例 8.6 已知 $F(s) = \dfrac{3s}{(s+1)(s-2)}$,求 $\mathscr{L}^{-1}\big[F(s)\big]$.

解 首先把 $F(s)$ 转化为简单分式的和,有

$$F(s) = \frac{2}{s - 2} + \frac{1}{s + 1}$$

则有

$$\mathscr{L}^{-1}\big[F(s)\big] = 2\mathscr{L}^{-1}\Big[\frac{1}{s - 2}\Big] + \mathscr{L}^{-1}\Big[\frac{1}{s + 1}\Big] = 2\mathrm{e}^{2t} + \mathrm{e}^{-t}$$

8.2.2 微分性质

定理 8.4 设 $F(s) = \mathscr{L}\big[f(t)\big]\,(\mathrm{Res} > C)$,且 $f(t)$ 在 $(0, \infty)$ 内可微,而 $f'(t)$ 在 $t > 0$ 的任意有限区间内除有限个第一类间断点外连续,则 $\mathscr{L}\big[f'(t)\big]$ 存在,且有

$$\mathscr{L}\big[f'(t)\big] = sF(s) - f(0) \quad (\mathrm{Res} > C)$$

其中

$$f(0) = \lim_{t \to 0^+} f(t)$$

证明 $\mathscr{L}\big[f'(t)\big] = \displaystyle\int_0^{+\infty} f'(t)\mathrm{e}^{-st}\mathrm{d}t = f(t)\mathrm{e}^{-st}\Big|_0^{+\infty} + \int_0^{+\infty} sf(t)\mathrm{e}^{-st}\mathrm{d}t$

由于函数 $f(t)$ 的增长指数为 C,即 $|f(t)| \leqslant M\mathrm{e}^{Ct}$,所以当 $\mathrm{Res} > C$ 时,有

$$\lim_{t \to +\infty} f(t)\mathrm{e}^{-st} = 0$$

因此

$$\mathscr{L}\big[f'(t)\big] = sF(s) - f(0) \quad (\mathrm{Res} > C)$$

推论 8.1 设 $F(s) = \mathscr{L}\big[f(t)\big]\,(\mathrm{Res} > C)$,且 $f(t)$ 在 $(0, \infty)$ 内的 n 阶导数满足拉普拉斯变换存在条件,则有

$$\mathscr{L}\left[f^{(n)}(t)\right] = s^n F(s) - s^{n-1} f(0) - s^{n-2} f'(0) - \cdots - f^{(n-1)}(0) \quad (\operatorname{Re} s > C)$$

特别当 $f(0) = f'(0) = \cdots = f^{n-1}(0) = 0$ 时,有

$$\mathscr{L}\left[f^{(k)}(t)\right] = s^k F(s) \quad (k \leqslant n)$$

类似地,我们有象函数(s 域)微分性质.

定理 8.5 设 $F(s) = \mathscr{L}[f(t)]$,则 $F'(s) = \dfrac{\mathrm{d}F(s)}{\mathrm{d}s} = \mathscr{L}[-tf(t)] \quad (\operatorname{Re} s > C)$.

证明 $\dfrac{\mathrm{d}F(s)}{\mathrm{d}s} = \dfrac{\mathrm{d}}{\mathrm{d}s} \displaystyle\int_0^{+\infty} f(t) \mathrm{e}^{-st} \mathrm{d}t = \int_0^{+\infty} -tf(t) \mathrm{e}^{-st} \mathrm{d}t = \mathscr{L}[-tf(t)]$

推论 8.2 设 $F(s) = \mathscr{L}[f(t)]$,则 $F^{(n)}(s) = \mathscr{L}[(-t)^n f(t)] \quad (\operatorname{Re} s > C)$.

例 8.7 求函数 $f(t) = t^2 \cos kt$ 的拉普拉斯变换.

解 因为 $\mathscr{L}[\cos kt] = \dfrac{s}{s^2 + k^2}$,所以由象函数的微分性质得

$$\mathscr{L}[t^2 \cos kt] = (-1)^2 \frac{\mathrm{d}^2}{\mathrm{d}s^2}\left(\frac{s}{s^2 + k^2}\right) = \frac{2s(s^2 - 3k^2)}{(s^2 + k^2)^3}$$

8.2.3 积分性质

定理 8.6 设 $F(s) = \mathscr{L}[f(t)]$,则

$$\mathscr{L}\left[\int_0^t f(t)\mathrm{d}t\right] = \frac{1}{s} F(s) \quad (\operatorname{Re} s > C)$$

证明 令 $g(t) = \displaystyle\int_0^t f(t)\mathrm{d}t$,有

$$\mathscr{L}[f(t)] = \mathscr{L}[g'(t)] = s\mathscr{L}[g(t)] - g(0) = s\mathscr{L}[g(t)]$$

所以

$$\mathscr{L}[g(t)] = \frac{1}{s} F(s)$$

推论 8.3 设 $F(s) = \mathscr{L}[f(t)]$,若函数

$$g(t) = \int_0^t \mathrm{d}u_1 \int_0^{u_1} \mathrm{d}u_2 \cdots \int_0^{u_{n-1}} f(u_n)\mathrm{d}u_n$$

则有

$$\mathscr{L}[g(t)] = \frac{1}{s^n} F(s)$$

类似地,我们可以得到象函数的积分性质.

定理 8.7 设 $F(s) = \mathscr{L}[f(t)]$,则 $\displaystyle\int_s^{+\infty} F(s)\mathrm{d}s = \mathscr{L}\left[\dfrac{f(t)}{t}\right] \quad (\operatorname{Re} s > C)$.

证明 令 $G(s) = \int_s^\infty F(s)\mathrm{d}s, \mathscr{L}^{-1}[G(s)] = g(t)$，则

$$-F(s) = G'(s) = \mathscr{L}[-g(t)t]$$

所以

$$f(t) = g(t)t$$

即

$$\mathscr{L}\left[\frac{f(t)}{t}\right] = G(s) = \int_s^{+\infty} F(s)\mathrm{d}s$$

推论8.4 设 $F(s) = \mathscr{L}[f(t)]$，若函数

$$G(s) = \int_s^\infty \mathrm{d}s_1 \int_{s_1}^\infty \mathrm{d}s_2 \cdots \int_{s_{n-1}}^\infty F(s_n)\mathrm{d}s_n$$

则有

$$\mathscr{L}^{-1}[G(s)] = \frac{1}{t^n}f(t)$$

例8.8 求函数 $f(t) = \dfrac{\sin t}{t}$ 的拉普拉斯变换.

解 $\mathscr{L}[f(t)] = \int_s^{+\infty} \mathscr{L}[\sin t]\mathrm{d}s = \int_s^{+\infty} \dfrac{1}{1+s^2}\mathrm{d}s = \dfrac{\pi}{2} - \arctan s$

例8.9 求函数 $f(t) = \int_0^t \dfrac{\sin x}{x}\mathrm{d}x$ 的拉普拉斯变换.

解 $\mathscr{L}[f(t)] = \dfrac{1}{s}\mathscr{L}\left[\dfrac{\sin t}{t}\right] = \dfrac{1}{s}\left(\dfrac{\pi}{2} - \arctan s\right)$

8.2.4 平移性质

1. 延迟性质(时域平移)

定理8.8 设 $F(s) = \mathscr{L}[f(t)]$ $(\operatorname{Re} s > C)$，且 $t < 0$ 时，$f(t) = 0$，则对任意 $\tau \geq 0$，有

$$\mathscr{L}[f(t-\tau)] = \mathrm{e}^{-s\tau}F(s)$$

$$\mathscr{L}^{-1}[\mathrm{e}^{-s\tau}F(s)] = f(t-\tau) \quad (\operatorname{Re} s > C)$$

证明 $\mathscr{L}[f(t-\tau)] = \int_0^{+\infty} f(t-\tau)\mathrm{e}^{-st}\mathrm{d}t = \int_{-\tau}^{+\infty} f(u)\mathrm{e}^{-su}\mathrm{e}^{-s\tau}\mathrm{d}u$

$$= \int_0^{+\infty} f(u)\mathrm{e}^{-su}\mathrm{e}^{-s\tau}\mathrm{d}u = \mathrm{e}^{-s\tau}F(s)$$

函数 $f(t-\tau)$ 与 $f(t)$ 相比较，$f(t)$ 从 $t = 0$ 开始有非零数值，而 $f(t-\tau)$ 从 $t = \tau$ 开始有非零

值,时间上延迟了 τ,则其象函数等于 $f(t)$ 象函数乘以指数因子 $e^{-s\tau}$.

例 8.10 求函数 $f(t) = (t-\tau)^n u(t-\tau)$ 的拉普拉斯变换.

解 $\mathscr{L}[f(t)] = e^{-s\tau}\mathscr{L}[t^n u(t)] = e^{-s\tau}\mathscr{L}[t^n] = \dfrac{n!}{s^{n+1}}e^{-s\tau}$ （$\mathrm{Re}s > 0$）

2. 位移性质(s 域平移)

定理 8.9 设 $F(s) = \mathscr{L}[f(t)]$（$\mathrm{Re}s > C$）,则有

$$\mathscr{L}[e^{\alpha t}f(t)] = F(s-\alpha) \quad (\mathrm{Re}(s-\alpha) > C)$$

证明 $\mathscr{L}[e^{\alpha t}f(t)] = F(s-\alpha) = \displaystyle\int_0^{+\infty} f(t)e^{-(s-\alpha)t}\mathrm{d}t = F(s-\alpha) \quad (\mathrm{Re}(s-\alpha) > C)$

例 8.11 求函数 $f(t) = e^{\alpha t}t^m$ 的拉普拉斯变换.

解 由于 $\mathscr{L}[t^m] = \dfrac{\Gamma(m+1)}{s^{m+1}}$,所以由位移性质得

$$\mathscr{L}[e^{at}t^m] = \frac{\Gamma(m+1)}{(s-\alpha)^{m+1}}$$

例 8.12 求函数 $f(t) = te^{\alpha t}\cos t$ 的拉普拉斯变换.

解 $\mathscr{L}[f(t)] = -(\mathscr{L}[e^{\alpha t}\cos t])' = -\left[\dfrac{s-\alpha}{1+(s-\alpha)^2}\right]' = \dfrac{(s-\alpha)^2-1}{[1+(s-\alpha)^2]^2}$

注:例 8.12 中我们是先利用微分的性质,再利用位移性质,也可先利用位移性质计算 $\mathscr{L}[t\cos t]$,再利用微分性质.

8.2.5 相似性质

定理 8.10 设 $\mathscr{L}[f(t)] = F(s)$ （$\mathrm{Re}s > C$）,则

$$\mathscr{L}[f(\alpha t)] = \frac{1}{\alpha}F\left(\frac{s}{\alpha}\right) \quad (\alpha > 0, \mathrm{Re}\left(\frac{s}{\alpha}\right) > C)$$

证明 $\mathscr{L}[f(\alpha t)] = \displaystyle\int_0^{+\infty} f(\alpha t)e^{-st}\mathrm{d}t = \int_0^{+\infty} \frac{1}{\alpha}f(u)e^{-su/\alpha}\mathrm{d}u = \frac{1}{\alpha}F\left(\frac{s}{\alpha}\right) \quad (\mathrm{Re}\left(\frac{s}{\alpha}\right) > C)$

工程中,很多时候我们只想知道象原函数的某些性质.这时我们无须通过拉普拉斯逆变换求出象原函数,下面的初值定理和终值定理给我们提供了一些方法.

8.2.6 初值定理

定理 8.11 函数 $f(t)$ 及其导数 $f'(t)$ 满足拉普拉斯变换存在条件,$\mathscr{L}[f(t)] = F(s)$,且

$\lim\limits_{s\to\infty}F(s)$ 存在,则

$$\lim_{t\to 0^+}f(t)=\lim_{s\to\infty}sF(s)$$

证明 根据拉普拉斯变换的微分性质,有

$$\mathscr{L}[f'(t)]=\int_0^{+\infty}f'(t)\mathrm{e}^{-st}\mathrm{d}t=sF(s)-f(0) \tag{8-6}$$

由于假设 $\lim\limits_{s\to\infty}sF(s)$ 存在,故 $\lim\limits_{\mathrm{Res}\to+\infty}sF(s)$ 亦必存在,且两者相等,则

$$\lim_{\mathrm{Res}\to+\infty}\mathscr{L}[f'(t)]=\lim_{\mathrm{Res}\to+\infty}[sF(s)-f(0)]=\lim_{s\to\infty}sF(s)-f(0)$$

但

$$\lim_{\mathrm{Res}\to+\infty}\mathscr{L}[f'(t)]=\lim_{\mathrm{Res}\to+\infty}\int_0^{+\infty}f'(t)\mathrm{e}^{-st}\mathrm{d}t=\int_0^{+\infty}\lim_{\mathrm{Re}(s)\to+\infty}f'(t)\mathrm{e}^{-st}\mathrm{d}t=0$$

因此

$$\lim_{s\to\infty}sF(s)-f(0)=0$$

证毕.

8.2.7 终值定理

定理 8.12 函数 $f(t)$ 及其导数 $f'(t)$ 满足拉普拉斯变换存在条件,且 $\mathscr{L}[f(t)]=F(s)$,$\lim\limits_{t\to+\infty}f(t)$ 存在,$sF(s)$ 在包含虚轴在内的右半平面解析,则 $\lim\limits_{t\to+\infty}f(t)=\lim\limits_{s\to 0}sF(s)$.

证明 针对(8-4)式,两端取 $s\to 0$ 时的极限,得

$$\lim_{s\to 0}sF(s)-f(0)=\lim_{s\to 0}\int_0^{+\infty}f'(t)\mathrm{e}^{-st}\mathrm{d}t=\int_0^{+\infty}f'(t)\lim_{s\to 0}\mathrm{e}^{-st}\mathrm{d}t=\int_0^{+\infty}f'(t)\mathrm{d}t=\lim_{t\to+\infty}f(t)-f(0)$$

即

$$\lim_{t\to+\infty}f(t)=\lim_{s\to 0}sF(s)$$

在拉普拉斯变换的应用中,往往先得到 $F(s)$ 再去求出 $f(t)$,但我们有时并不关心函数 $f(t)$ 的具体表示,只想知道其在 $t\to 0$ 或 $t\to+\infty$ 时的性质,此时,初值定理和终值定理便给我们提供了方便,可以直接由 $F(s)$ 求出 $f(t)$ 的初始状态 $f(0)$ 和稳定状态 $f(\infty)=\lim\limits_{t\to+\infty}f(t)$.

例 8.13 若 $\mathscr{L}[f(t)]=\dfrac{1}{s+1}$,试求 $f(0)$,$f(\infty)$.

解 由初值定理和终值定理得

$$f(0)=\lim_{s\to\infty}sF(s)=\lim_{s\to\infty}\frac{s}{s+1}=1$$

$$f(\infty)=\lim_{s\to 0}sF(s)=\lim_{s\to 0}\frac{s}{s+1}=0$$

8.3 拉普拉斯逆变换

前面主要讨论了已知函数 $f(t)$ 求其拉普拉斯变换的函数 $F(s)$ 的问题. 但在实际应用中,往往还会遇到已知象函数 $F(s)$ 求其象原函数 $f(t)$ 的问题. 当 $F(s)$ 较简单时,可以通过拉普拉斯变换的性质很容易地求出其象原函数 $f(t)$,但当 $F(s)$ 形式复杂时,其象原函数 $f(t)$ 的求解则需要借助一些新的方法.

这一节,我们主要介绍求拉普拉斯逆变换的留数法、部分分式法,在实际求解拉普拉斯逆变换的过程中要结合 Laplace 变换的性质灵活运用各种方法.

8.3.1 留数法

本章第一节中(8-2)式和(8-3)式构成了一对互逆的积分变换公式,也可称函数 $f(t)$ 和 $F(s)$ 构成了一个拉普拉斯变换对. 但公式(8-3)描述的是一个复变函数的积分,通常计算比较复杂,可以利用留数定理来计算这个复积分.

定理 8.13 设 $s_1, s_2, \cdots, s_n$ 是函数 $F(s)$ 的所有奇点,且 $\lim\limits_{s \to \infty} F(s) = 0$,则适当选取 $\beta \in R$,使得 $\mathrm{Re}(s_k) < \beta (k = 1, 2, \cdots, n)$,则在 $f(t)$ 的连续点有

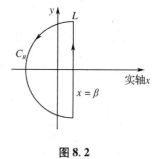

$$f(t) = \frac{1}{2\pi \mathrm{i}} \int_{\beta - \mathrm{i}\infty}^{\beta + \mathrm{i}\infty} F(s) \mathrm{e}^{st} \mathrm{d}s$$

$$= \sum_{k=1}^{n} \mathrm{Res}[F(s) \mathrm{e}^{st}, s_k] \quad (t > 0)$$

图 8.2

证明 如图 8.2 所示的闭曲线 $C = L + C_R$,其中 C_R 在 $\mathrm{Re}s < \beta$ 的区域内是半径为 R 的半圆. 当 R 充分大时,可以使 $F(s)$ 的所有奇点包含在闭曲线 C 围成的区域内. 同时,e^{st} 在全平面解析,所以 $F(s) \mathrm{e}^{st}$ 的奇点就是 $F(s)$ 的奇点. 根据留数定理可得

$$\oint_C F(s) \mathrm{e}^{st} \mathrm{d}s = 2\pi \mathrm{i} \sum_{k=1}^{n} \mathrm{Res}[F(s) \mathrm{e}^{st}, s_k]$$

即

$$\frac{1}{2\pi \mathrm{i}} \Big[\int_{\beta - \mathrm{i}\infty}^{\beta + \mathrm{i}\infty} F(s) \mathrm{e}^{st} \mathrm{d}s + \int_{C_R} F(s) \mathrm{e}^{st} \mathrm{d}s \Big] = \sum_{k=1}^{n} \mathrm{Res}[F(s) \mathrm{e}^{st}, s_k]$$

同第 5 章 5.3.3 (5-20) 式的证明一样,可以证明 $\lim\limits_{R \to \infty} \int_{C_R} F(s) \mathrm{e}^{st} \mathrm{d}s = 0$. 所以,

$$\frac{1}{2\pi i} \int_{\beta-i\infty}^{\beta+i\infty} F(s) e^{st} ds = \sum_{k=1}^{n} \text{Res} \left[F(s) e^{st}, s_k \right].$$ 由拉普拉斯变换的定义，在$f(t)$的连续点有

$$f(t) = \sum_{k=1}^{n} \text{Res}[F(s) e^{st}, s_k] \quad (t > 0)$$

例 8.14 已知 $F(s) = \dfrac{1}{s(s+b)}$（b 为任意常数），求其象原函数 $f(t)$.

解 因 $\lim\limits_{s \to \infty} F(s) = 0$，所以

$$f(t) = \text{Res}\left[\frac{1}{s(s+b)} e^{st}, 0 \right] + \text{Res}\left[\frac{1}{s(s+b)} e^{st}, -b \right] = \frac{1}{b} - \frac{e^{-bt}}{b} = \frac{1 - e^{-bt}}{b}$$

例 8.15 已知 $F(s) = \dfrac{s}{s^2 + 1}$，求其象原函数 $f(t)$.

解 由于 $\lim\limits_{s \to \infty} F(s) = 0$，所以

$$f(t) = \text{Res}\left[\frac{s}{s^2 + 1} e^{st}, i \right] + \text{Res}\left[\frac{s}{s^2 + 1} e^{st}, -i \right] = \frac{1}{2} (e^{it} + e^{-it}) = \cos t$$

由象函数找象原函数除了上述介绍的方法外，还可以用部分分式和查表的方法来解决.

8.3.2 部分分式法

当给定的象函数是有理函数时，可以通过将该函数分解为若干个简单而又易于看出其象原函数的部分分式的代数和的形式，再利用拉普拉斯逆变换的性质求出各个分式的象原函数，这些象原函数的代数和便是所给象函数的象原函数.

定理 8.14 设 $F(s) = \dfrac{A(s)}{B(s)} = \dfrac{a_m s^m + a_{m-1} s^{m-1} + \cdots + a_0}{s^n + b_{n-1} s^{n-1} + \cdots + b_0}$ 是有理既约真分式，s_k（$k = 1, 2, \cdots, p$）是 $B(s)$ 的 p 个单根，z_j 是 $B(s)$ 的 n_j（$j = 1, 2, \cdots, q$）阶重根，且 $p + n_1 + n_2 + \cdots + n_q = n$，有

$$\frac{A(s)}{B(s)} = \frac{c_1}{s - s_1} + \frac{c_2}{s - s_2} + \cdots + \frac{c_p}{s - s_p} + \left[\frac{c_{11}}{s - z_1} + \frac{c_{12}}{(s - z_1)^2} + \cdots + \frac{c_{1n_1}}{(s - z_1)^{n_1}} \right] +$$

$$\left[\frac{c_{21}}{s - z_2} + \frac{c_{22}}{(s - z_2)^2} + \cdots + \frac{c_{2n_2}}{(s - z_2)^{n_2}} \right] + \cdots + \left[\frac{c_{q1}}{s - z_q} + \frac{c_{q2}}{(s - z_q)^2} + \cdots + \frac{c_{qn_q}}{(s - z_q)^{n_q}} \right]$$

利用定理 8.14 可以将一个复杂复变函数（象函数）$F(s)$ 拆分成若干分母为单项式的简单函数，因此，求 $F(s)$ 的拉普拉斯变换象原函数时可以分别对每项去拉普拉斯逆变换，简化计算的复杂度.

例 8.16 已知 $F(s) = \dfrac{1}{s^2(s+1)}$，求其象原函数 $f(t)$.

解　由于 $s = 0$ 和 $s = -1$ 分别为 $F(s)$ 的二阶和一阶极点. 因此 $F(s)$ 有如下分解形式

$$F(s) = -\frac{1}{s} + \frac{1}{s^2} + \frac{1}{s+1}$$

故

$$f(t) = \mathscr{L}^{-1}[F(s)] = -\mathscr{L}^{-1}\left[\frac{1}{s}\right] + \mathscr{L}^{-1}\left[\frac{1}{s^2}\right] + \mathscr{L}^{-1}\left[\frac{1}{s+1}\right] = -1 + t + e^{-t}$$

例 8.17　设 $F(s) = \dfrac{3s+1}{(s^2+1)(s-1)}$,求其象原函数 $f(t)$.

解一　设 $F(s) = \dfrac{a}{s-1} + \dfrac{b}{s-i} + \dfrac{c}{s+i}$

逆向运算可得

$$(a+b+c)s^2 + (bi - b - ci - c)s + (a - bi + ci) = 3s + 1$$

对应项相等,可得如下方程组

$$\begin{cases} a + b + c = 0 \\ bi - b - ci - c = 3 \\ a - bi + ci = 1 \end{cases}$$

求得

$$\begin{cases} a = 2 \\ b = -1 - \dfrac{i}{2} \\ c = -1 + \dfrac{i}{2} \end{cases}$$

从而

$$F(s) = \frac{2}{s-1} + \frac{-1 - \dfrac{i}{2}}{s - i} + \frac{-1 + \dfrac{i}{2}}{s + i}$$

$$f(t) = \mathscr{L}^{-1}[F(s)] = 2e^t + \left(-1 - \frac{i}{2}\right)e^{it} + \left(-1 + \frac{i}{2}\right)e^{-it} = 2e^t - 2\cos t + \sin t$$

注:　当象函数具有共轭复极点时,不将其完全分解成分母为单项式的情形往往更简便.

解二　设 $F(s) = \dfrac{a}{s-1} + \dfrac{B(s)}{s^2+1}$,其中 $B(s) = bs + c$,逆向运算求解可得

$$\begin{cases} a = 2 \\ b = -2 \\ c = 1 \end{cases}$$

故

$$f(t) = \mathscr{L}^{-1}[F(s)] = \mathscr{L}^{-1}\left[\frac{2}{s-1} + \frac{-2s}{s^2+1} + \frac{1}{s^2+1}\right] = 2e^t - 2\cos t + \sin t$$

8.4 卷积定理与拉普拉斯变换

设函数 $f_1(t)$ 和 $f_2(t)$ 满足条件：当 $t < 0$ 时，$f_1(t) = f_2(t) = 0$，则按照第 7 章中定义的两函数的卷积运算有

$$\begin{aligned}
f_1(t) * f_2(t) &= \int_{-\infty}^{+\infty} f_1(\tau) f_2(t-\tau) \mathrm{d}\tau \\
&= \int_{-\infty}^{0} f_1(\tau) f_2(t-\tau) \mathrm{d}\tau + \int_{0}^{t} f_1(\tau) f_2(t-\tau) \mathrm{d}\tau + \int_{t}^{+\infty} f_1(\tau) f_2(t-\tau) \mathrm{d}\tau \\
&= \int_{0}^{t} f_1(\tau) f_2(t-\tau) \mathrm{d}\tau
\end{aligned}$$

定义 8.2 设函数 $f_1(t)$ 和 $f_2(t)$ 满足当 $t < 0$ 时，$f_1(t) = f_2(t) = 0$，并且在 $[0, +\infty)$ 绝对可积，则称含参变量 t 的积分

$$\int_{0}^{t} f_1(\tau) f_2(t-\tau) \mathrm{d}\tau$$

为函数 $f_1(t)$ 和 $f_2(t)$ 的卷积. 记为 $f_1(t) * f_2(t)$.

显然，如此定义的卷积仍满足有关卷积的所有性质（与第 7 章一致）：

(1)不等式

$$|f_1(t) * f_2(t)| \leqslant |f_1(t)| * |f_2(t)|$$

(2)交换律

$$f_1(t) * f_2(t) = f_2(t) * f_1(t)$$

(3)结合律

$$f_1(t) * [f_2(t) * f_3(t)] = [f_1(t) * f_2(t)] * f_3(t)$$

(4)分配律

$$f_1(t) * [f_2(t) + f_3(t)] = f_1(t) * f_2(t) + f_1(t) * f_3(t)$$

这几个性质的证明，读者可以简单地通过积分的换元等性质得到，在书中不赘述.

例 8.18 设函数 $f_1(t) = e^{at}$，$f_2(t) = 1 - at$，且 $t < 0$ 时，$f_1(t) = f_2(t) = 0$，求 $f_1(t) * f_2(t)$.

解 由卷积定义，有

$$f_1(t) * f_2(t) = \int_{0}^{t} e^{a\tau}(1 - a(t-\tau)) \mathrm{d}\tau$$

$$\xlongequal{\text{令}\, t - \tau = u} - \int_t^0 e^{a(t-u)}(1 - au)\,du$$

$$= e^{at}\int_0^t e^{-au}(1 - au)\,du$$

$$= e^{at}\cdot\left(-\frac{1}{a}\right)\int_0^t (1 - au)\,de^{-au}$$

$$= e^{at}\cdot\left(-\frac{1}{a}\right)\left[e^{-au}(1 - au)\,\bigg|_0^t - \int_0^t e^{-au}\,d(-au)\right]$$

$$= e^{at}\cdot\left(-\frac{1}{a}\right)\left[e^{-au}(1 - au)\,\bigg|_0^t - e^{-au}\,\bigg|_0^t\right] = t$$

定理 8.15(拉普拉斯变换卷积定理) 设函数 $f_1(t)$ 和 $f_2(t)$ 都满足拉普拉斯变换的存在定理,且有 $\mathscr{L}[f_1(t)] = F_1(s)(\mathrm{Res} > C_1)$,$\mathscr{L}[f_2(t)] = F_2(s)(\mathrm{Res} > C_2)$,则

$$\mathscr{L}[f_1(t) * f_2(t)] = F_1(s)F_2(s) \quad (\mathrm{Res} > C = \max\{C_1, C_2\})$$

$$\mathscr{L}^{-1}[F_1(s)F_2(s)] = f_1(t) * f_2(t)$$

证明 由定义 8.2 有

$$\mathscr{L}[f_1(t) * f_2(t)] = \int_0^{+\infty}\int_{-\infty}^{+\infty} f_1(x)f_2(t-x)\,dx\,e^{-st}\,dt$$

$$= \int_0^{+\infty}\int_0^t f_1(x)f_2(t-x)\,dx\,e^{-st}\,dt$$

$$= \int_0^{+\infty}dx\int_x^{+\infty} f_1(x)f_2(t-x)\,e^{-st}\,dt$$

$$= \int_0^{+\infty}dx\int_0^{+\infty} f_1(x)f_2(u)\,e^{-su}e^{-sx}\,du$$

$$= \int_0^{+\infty} f_1(x)\,e^{-sx}F_2(s)\,dx = F_1(s)F_2(s)$$

需要说明的是:

(1)可以把上述卷积定理推广到多个的情形;

(2)卷积定理在拉普拉斯变换中起着十分重要的作用,通常可以利用其计算拉普拉斯逆变换.

例 8.19 若 $F(s) = \dfrac{1}{s^2(s-1)}$,求其象原函数 $f(t)$.

解 取 $F_1(s) = \dfrac{1}{s^2}$,$F_2(s) = \dfrac{1}{s-1}$,则 $F(s) = F_1(s)F_2(s)$,所以

$$f(t) = \mathscr{L}^{-1}[F_1(s)] * \mathscr{L}^{-1}[F_2(s)] = t * e^t = \int_0^t x e^{t-x}\,dx = e^t - t - 1$$

例 8.20　若 $F(s) = \dfrac{s^2}{(s^2+1)^2}$，求其象原函数 $f(t)$.

解　因为 $F(s) = \dfrac{s}{s^2+1} \cdot \dfrac{s}{s^2+1}$，所以

$$f(t) = \mathscr{L}^{-1}\left[\frac{s}{s^2+1}\right] * \mathscr{L}^{-1}\left[\frac{s}{s^2+1}\right] = \cos t * \cos t = \int_0^t \cos x \cos(t-x)\,\mathrm{d}x = \frac{1}{2}(t\cos t + \sin t)$$

8.5　拉普拉斯变换的应用

拉普拉斯变换在线性系统的分析和研究中起着重要的作用. 一般地,一个线性系统的数学模型可以用一个线性微分方程来描述. 这类系统在电路原理和自动控制理论中都占有重要地位. 下面我们介绍拉普拉斯变换的一些具体应用,这里着重讨论拉普拉斯变换在微分、积分方程求解中的应用,以及在线性控制系统中的应用.

具体的方法是先取拉普拉斯变换把微分、积分方程化为象函数的代数方程,根据这个代数方程求出象函数,然后再取逆变换就得出原微分方程的解. 这种解法的过程可参看示意图 8.3.

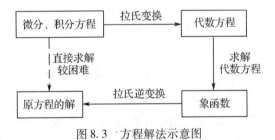

图 8.3　方程解法示意图

8.5.1　线性微分、积分方程求解中的应用

1. 线性常系数微分方程的求解

在讨论线性常系数微分方程的初值问题的求解时,拉普拉斯变换是一个有力的工具. 在图 8.3 的求解过程中,主要用到拉普拉斯变换的线性性质、微分性质等. 下面给出几个具体实例.

例 8.21　求方程 $y''(t) + 2y'(t) - 3y(t) = e^{-t}$ 满足初始条件 $y(0) = 0, y'(0) = 1$ 的解.

解　令 $\mathscr{L}[y(t)] = Y(s)$，对原方程两边取拉普拉斯变换,并考虑初始条件得

$$s^2 Y(s) - 1 + 2sY(s) - 3Y(s) = \frac{1}{s+1}$$

解得 $Y(s) = \dfrac{s+2}{(s+1)(s-1)(s+3)}$, 取其逆变换即可求得方程的解. 因为

$$Y(s) = \frac{s+2}{(s+1)(s-1)(s+3)} = -\frac{1}{4}\cdot\frac{1}{s+1} + \frac{3}{8}\cdot\frac{1}{s-1} - \frac{1}{8}\cdot\frac{1}{s+3}$$

所以, $y(t) = \mathscr{L}^{-1}[Y(s)] = -\dfrac{1}{4}\mathrm{e}^{-t} + \dfrac{3}{8}\mathrm{e}^{t} - \dfrac{1}{8}\mathrm{e}^{-3t}$ 即为所求的解.

例 8.22 求方程组 $\begin{cases} y''(t) - x''(t) + x'(t) - y(t) = \mathrm{e}^{t} - 2 \\ 2y''(t) - x''(t) - 2y'(t) + x(t) = -t \end{cases}$, 满足初始条件 $\begin{cases} y(0) = y'(0) = 0 \\ x(0) = x'(0) = 0 \end{cases}$ 的解.

解 令 $\mathscr{L}[y(t)] = Y(s)$, $\mathscr{L}[x(t)] = X(s)$ 对方程组两边取拉普拉斯变换得

$$\begin{cases} s^2 Y(s) - s^2 X(s) + sX(s) - Y(s) = \dfrac{1}{s-1} - \dfrac{2}{s} \\[2mm] 2s^2 Y(s) - s^2 X(s) - 2sY(s) + X(s) = -\dfrac{1}{s^2} \end{cases}$$

整理后解这个代数方程得

$$\begin{cases} Y(s) = \dfrac{1}{s(s-1)^2} \\[3mm] X(s) = \dfrac{2s-1}{s^2(s-1)^2} \end{cases}$$

分别求其逆变换得

$$\begin{cases} y(t) = \mathscr{L}^{-1}[Y(s)] = 1 - \mathrm{e}^{t} + t\mathrm{e}^{t} \\ x(t) = \mathscr{L}^{-1}[X(s)] = -t + t\mathrm{e}^{t} \end{cases}$$

例 8.23 如图 8.4 所示 RLC 电路中, 开关 K 在 $t = 0$ 时刻闭合, $E(t) \equiv E$ 表示输入直流电源, 求回路中电流 $i(t)$.

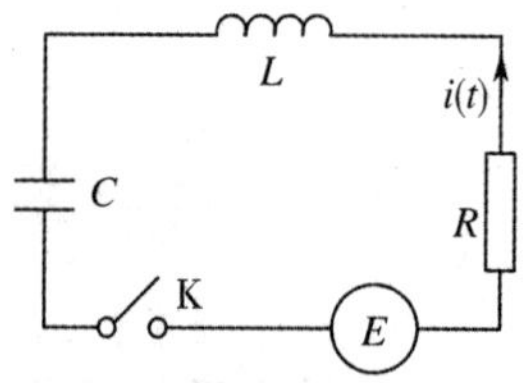

解 根据基尔霍尔定律, 有

$$u_C + u_R + u_L = E$$

且, $u_C = \dfrac{1}{C}\displaystyle\int_0^t i(v)\mathrm{d}v$, $u_R = R\cdot i(t)$, $u_L = L\cdot\dfrac{\mathrm{d}}{\mathrm{d}t}i(t)$, 因此, 输出 (函数) $i(t)$ 与输入 (函数) $E(t) \equiv E$ 的关系为

图 8.4

$$\int_0^t i(v)\mathrm{d}v + RC\cdot i(t) + LC\cdot\frac{\mathrm{d}}{\mathrm{d}t}i(t) = CE \tag{8-7}$$

相应初始条件为

$$i(0) = i'(0) = 0$$

(8-5) 式实际上描述了 RLC 电路中电流 $i(t)$ 的一个常微分方程, 两边同取拉普拉斯

变换得

$$\frac{1}{s}I(s) + RCI(s) + LCsI(s) = \frac{CE}{s}$$

其中,$\mathscr{L}[i(t)] = I(s)$.

所以

$$I(s) = \frac{CE}{LCs^2 + RCs + 1} = \frac{E}{L(s - s_1)(s - s_2)}$$

为求得电流 $i(t)$ 的表达式,就需要对方程 $LCs^2 + RCs + 1 = 0$ 的根进行讨论.

(1) 当 $\Delta = R^2C^2 - 4LC > 0$,即 $R > 2\sqrt{\dfrac{L}{C}}$ 时,则 s_1, s_2 为两个不同的实根,求 $I(s)$ 的拉普拉斯逆变换,得

$$i(t) = \mathscr{L}^{-1}[I(s)] = \mathscr{L}^{-1}\left\{\frac{E}{L(s_1 - s_2)}\left[\frac{1}{(s - s_1)} - \frac{1}{(s - s_2)}\right]\right\} = \frac{E(e^{s_1 t} - e^{s_2 t})}{L(s_1 - s_2)}$$

(2) 当 $\Delta = R^2C^2 - 4LC < 0$,即 $R < 2\sqrt{\dfrac{L}{C}}$ 时,则 s_1, s_2 为一对共轭复根,不妨设 $s_1 = -\alpha + i\beta$,$s_2 = -\alpha - i\beta$,则

$$I(s) = \frac{CE}{LCs^2 + RCs + 1} = \frac{E}{L\left[(s + \frac{R}{2L})^2 + \frac{1}{LC} - (\frac{R}{2L})^2\right]} \qquad \cdot (8-8)$$

若设 $w^2 = \dfrac{1}{LC} - (\dfrac{R}{2L})^2$,因为 $\alpha = \dfrac{R}{2L}$,代入式 $(8-8)$ 得

$$I(s) = \frac{Ew}{Lw\left[(s + \alpha)^2 + w^2\right]}$$

对 $I(s)$ 求拉普拉斯逆变换,便得到

$$i(t) = \mathscr{L}^{-1}[I(s)] = \frac{E}{Lw}e^{-\alpha t}\sin wt$$

这表明在 RLC 电路中产生了角频率为 w 的衰减正弦振动.

(3) 当 $\Delta = R^2C^2 - 4LC = 0$,即 $R = 2\sqrt{\dfrac{L}{C}}$,这是临界状态,且有 $s_1 = s_2 = -\dfrac{R}{2L}$,有

$$I(s) = \frac{E}{L(s - s_1)(s - s_2)} = \frac{E}{L(s + \frac{R}{2L})^2} = \frac{E}{L(s + \alpha)^2}$$

做拉普拉斯逆变换得

$$i(t) = \mathscr{L}^{-1}[I(s)] = \frac{E}{L}t\mathrm{e}^{-\alpha t}$$

其中,$a = \dfrac{R}{2L}$.

2. 线性常系数微分、积分方程的求解

对很多线性系统来说,其数学模型描述中往往不仅涉及了微分,而且还涉及了积分,因此求解同时含有微分、积分项的方程(组)也是非常重要的. 拉普拉斯变换在求解线性微分、积分方程与求解微分方程的思路一致,具体操作如下几个例子.

例 8.24 求方程 $x'(t) - 2x(t) + \displaystyle\int_0^t x(\tau)\mathrm{d}\tau = t$ 满足初始条件 $x(0) = 0$ 的解.

解 令 $\mathscr{L}[x(t)] = X(s)$,对上述方程两端同取拉普拉斯变换,得

$$sX(s) - 2X(s) + \frac{1}{s}X(s) = \frac{1}{s^2}$$

解得象函数

$$X(s) = \frac{1}{s(s-1)^2} = \frac{1}{s} - \frac{1}{s-1} + \frac{1}{(s-1)^2}$$

求拉普拉斯逆变换,得象原函数

$$x(t) = \mathscr{L}^{-1}[X(s)] = 1 - \mathrm{e}^t + t\mathrm{e}^t$$

例 8.25 求方程组 $\begin{cases} x''(t) + 2x'(t) + \displaystyle\int_0^t y(\tau)\mathrm{d}\tau = 0 \\ 4x''(t) - x'(t) + y(t) = \mathrm{e}^{-t} \end{cases}$ 满足初始条件 $x(0) = 0, x'(0) = -1$

的解.

解 令 $\mathscr{L}[y(t)] = Y(s), \mathscr{L}[x(t)] = X(s)$ 对方程组两边取拉普拉斯变换,得

$$\begin{cases} s^2 X(s) + 1 + 2sX(s) + \dfrac{1}{s}Y(s) = 0 \\ 4s^2 X(s) + 4 - sX(s) + Y(s) = \dfrac{1}{s+1} \end{cases}$$

化简,得

$$\begin{cases} (s^3 + 2s^2)X(s) + Y(s) = -s \\ (4s^2 - s)X(s) + Y(s) = \dfrac{1}{s+1} - 4 \end{cases}$$

求解得

$$X(s) = \frac{4}{s(s-1)^2} - \frac{1}{(s-1)^2} - \frac{1}{s(s+1)(s-1)^2}$$

$$= \frac{3}{s} + \frac{1}{4} \cdot \frac{1}{s+1} - \frac{13}{4} \cdot \frac{1}{s-1} + \frac{5}{2} \cdot \frac{1}{(s-1)^2}$$

$$Y(s) = -s - \frac{4s(s+2)}{(s-1)^2} + \frac{s^2(s-2)}{(s-1)^2} + \frac{s(s+2)}{(s+1)(s-1)^2}$$

$$= -\frac{1}{4} \cdot \frac{1}{s+1} - \frac{15}{2} \cdot \frac{1}{(s-1)^2} - \frac{31}{4} \cdot \frac{1}{s-1}$$

对 $X(s), Y(s)$ 求拉普拉斯逆变换得方程组的解为

$$\begin{cases} x(t) = \mathscr{L}^{-1}[X(s)] = 3 + \frac{1}{4}e^{-t} - \frac{13}{4}e^t + \frac{5}{2}te^t \\ y(t) = \mathscr{L}^{-1}[Y(s)] = -\frac{1}{4}e^{-t} - \frac{15}{2}te^t - \frac{31}{4}e^t \end{cases}$$

3. 线性变系数微分、积分方程的求解

同样,利用拉普拉斯变换还可以求解变系数的微分方程等,下面给出一个简单的实例,有兴趣的读者可参看相关数据.

例 8.26　求微分方程 $tx''(t) + 2(t-1)x'(t) + (t-2)x(t) = 0$ 的满足初始条件 $x(0) = 0$ 的解.

解　令 $\mathscr{L}[x(t)] = X(s)$,对方程两端同时取拉普拉斯变换,并利用其线性和微分性质,得

$$\mathscr{L}[tx''(t)] + \mathscr{L}[2(t-1)x'(t)] + \mathscr{L}[(t-2)x(t)] = 0$$

其中

$$\mathscr{L}[tx''(t)] = -\frac{d[s^2X(s) - sx(0) - x'(0)]}{ds}$$

$$\mathscr{L}[2(t-1)x'(t)] = 2\mathscr{L}[tx'(t)] - 2\mathscr{L}[x'(t)]$$

$$= -2\frac{d[sX(s) - x(0)]}{ds} - 2[sX(s) - x(0)]$$

$$\mathscr{L}[(t-2)x(t)] = \mathscr{L}[tx(t)] - 2\mathscr{L}[x(t)] = -X'(s) - 2X(s)$$

化简后得

$$X'(s) + \frac{4}{s+1}X(s) = \frac{3x(0)}{(s+1)^2} = 0$$

利用分离变量法求解上述微分方程,得

$$X(s) = \frac{c}{(s+1)^4}$$

其中, c 为一积分常数. 对 $X(s)$ 取拉普拉斯逆变换, 得象原函数

$$x(t) = ct^3 e^{-t}$$

8.5.2 线性系统及传递函数中的应用*

在实际应用中, 常遇到对系统的分析和研究, 通常所指的系统是由一组相互关联的任意种类的元素构成的整体, 如图8.5所示的MKC(质量 – 弹簧 – 阻尼)和图8.4所示的RLC电路系统. 当外界有一作用(称为输入或激励)施加于该系统时, 系统对外界就有一个反作用(称为输出或响应). MKC系统中的外力 $f(t)$ 或RLC电路中外加的电势 $E(t)$ 都是系统的输入(函数); 而相应MKC系统中物体的位置 $x(t)$ 或者RLC系统中电容器两端的电压 $u_C(t)$ 或电路中的电流 $i(t)$ 均为系统的输出(函数).

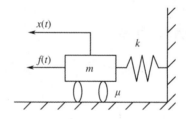

图8.5 MKC系统示意图

系统由输入(激励)到输出(响应)的过程可以用图8.6描述. 在系统理论中, 最基本的问题就是已知系统的输入, 求出系统的输出.

图8.6 输入 – 系统 – 响应框图

系统的输出是由输入与系统本身的特性(包括元件的参数与联结方式)所决定的, 对于不同的线性系统, 即使在同一输入下, 其输出一般也是不同的. 在线性系统分析中, 我们并不关心系统内部的各种不同的结构情况, 而是研究输入和输出同系统本身特性之间的联系, 常引入传递函数的概念来描述(即复频域分析的方法).

一个单输入 – 单输出线性定常系统可描述为

$$a_0 y^{(n)} + a_1 y^{(n-1)} + \cdots + a_{n-1} y' + a_n y = b_0 x^{(m)} + b_1 x^{(m-1)} + \cdots + b_{m-1} x' + b_m x \qquad (8-9)$$

其中，$a_0,a_1,\cdots,a_n,b_0,b_1,\cdots,b_m$ 均为实常数，m,n 为正整数，且 $n\geq m$. 这里 $y(t)$ 和 $x(t)$ 都是连续可微函数，通常称 $y(t)$ 为系统的输出（响应），$x(t)$ 为系统的输入（激励）. 控制系统设计的目的就是利用系统本身的特性通过适当选取系统输入（激励）$x(t)$，使得系统输出（响应）$y(t)$ 具有所希望的性质. 式(8-9)描述的系统，其零初始状态为

$$y(0)=y'(0)=\cdots=y^{(n-1)}(0)=0$$

和零初始输入为

$$x(0)=x'(0)=\cdots=x^{(m-1)}(0)=0 \qquad (8-10)$$

对式(8-10)两边作拉普拉斯变换得

$$(a_0s^n+a_1s^{n-1}+\cdots+a_{n-1}s+a_n)Y(s)=(b_0s^m+b_1s^{m-1}+\cdots+b_{m-1}s+b_m)X(s)$$

其中

$$Y(s)=\mathscr{L}[y(t)],X(s)=\mathscr{L}[x(t)]$$

则定义

$$G(s)=\frac{Y(s)}{X(s)}=\frac{(b_0s^m+b_1s^{m-1}+\cdots+b_{m-1}s+b_m)}{(a_0s^n+a_1s^{n-1}+\cdots+a_{n-1}s+a_n)}$$

为此系统的传递函数（也称系统函数或网络函数）. 它表达了系统本身的特性，而与输入及系统的初始状态无关. 当知道了系统的传递函数以后，就可以由系统的输入 $X(s)$ 求出其输出 $Y(s)$，再通过拉普拉斯逆变换得到输出 $y(t)$. $x(t)$ 和 $y(t)$ 之间的关系，可用图 8.7 表示出来.

图 8.7

　　显然，线性定常系统的传递函数为在零初始状态和零初始输入条件下输出量 $y(t)$ 的拉普拉斯变换与输入量 $x(t)$ 的拉普拉斯变换之比.

　　例 8.27　如图 8.5 所示的线性机械振动系统，根据牛顿第二定律，可以建立系统的微分方程模型

$$m\frac{\mathrm{d}^2x}{\mathrm{d}t^2}+\mu\frac{\mathrm{d}x}{\mathrm{d}t}+kx=f(t)$$

在零初始状态和零初始输入条件下，对方程两边进行拉普拉斯变换，得

$$ms^2X(s)+\mu sX(s)+kX(s)=F(s)$$

其中，$\mathscr{L}[f(t)]=F(s)$，$\mathscr{L}[x(t)]=X(s)$，则系统的传递函数为

$$G(s) = \frac{X(s)}{F(s)} = \frac{1}{ms^2 + \mu s + k}$$

显然系统的传递函数与系统输入的外力 $f(t)$ 无关,只与系统参数有关. 若已求得或已知系统的传递函数 $G(s)$,便可利用拉普拉斯逆变换得到系统的输出响应,即

$$x(t) = \mathscr{L}^{-1}[X(s)] = \mathscr{L}^{-1}[G(s)F(s)]$$

或者利用拉普拉斯变换的卷积性质求解,因为

$$X(s) = G(s)F(s)$$

由卷积定理有

$$x(t) = f(t) * g(t) = \int_0^t f(\tau)g(t-\tau)\,\mathrm{d}\tau$$

其中,$g(t) = \mathscr{L}^{-1}G(s)$. 因此,可以求得系统传递函数的象原函数 $g(t)$,再与系统输入函数 $f(t)$ 作卷积运算,便可求得系统的输出响应 $x(t)$.

传递函数代表了系统故有的特征,许多性质不同的物理系统可以有相同的传递函数,而传递函数不同的物理系统,即使系统的输入相同,其输出也是不同的,因此对传递函数的分析研究,就能统一处理各种物理性质不同的线性系统. 在实际中,常常利用拉普拉斯变换等方法对系统的传递函数 $G(s)$ 进行定量或定性地分析,可以间接地去认识 $G(s)$ 所代表的实际系统本质特征. 关于这方面的更深入的内容,将在有关的专业课程中进行讨论,这里不叙述.

8.5.3 系统时-频响应分析中的应用

例 8.28 设原点处有一质量为 m 的质点,在 $t=0$ 时刻受到 x 方向上的大小为 $k\delta(t)$ 的冲击力作用,其中 k 为任意常数,假定质点的初速度为零,在忽略其他外力情况下求其运动规律.

解 由前面的知识有

$$\delta(t) = \lim_{\varepsilon \to 0}\delta_\varepsilon(t)$$

其中

$$\delta_\varepsilon(t) = \begin{cases} \dfrac{1}{\varepsilon}, & t \in (0, \varepsilon) \\ 0, & \text{其他} \end{cases}$$

分析题意即质点在 $t=0$ 时刻受到了大小为 $k\delta(t)$ 的脉冲力作用,若设 t 时刻质点的运动位移为 $x(t)$(距原点的距离),则相应的运动速度和加速度分别为 $x'(t), x''(t)$,且有 $x(0) = x'(0) = 0$. 由牛顿第二定理有

$$mx''(t) = k\delta(t) \tag{8-11}$$

若设 $\mathscr{L}[x(t)] = X(s)$，式$(8-11)$两边同取拉普拉斯变换得

$$ms^2 X(s) = k$$

即

$$X(s) = \frac{k}{m}\frac{1}{s^2}$$

取拉普拉斯逆变换后得质点运动位移

$$x(t) = \frac{k}{m}t$$

例 8.29 设某系统的时域响应信号为如图 8.8 所示的矩形脉冲函数，求其相应的频域响应函数 $F(s)$.

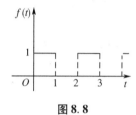

图 8.8

解 图 8.8 中所示矩形脉冲函数为一周期 $T = 2$ 的周期函数，且第一个周期内的函数表示为

$$f_1(t) = \begin{cases} 1, & 0 < t < 1 \\ 0, & 1 < t < 2 \\ 0, & \text{其他} \end{cases}$$

则矩形脉冲函数可表示为

$$f(t) = \begin{cases} f_1(t), & 0 < t < 2 \\ f_1(t - 2k), & t > 2 \end{cases}$$

其中，k 为一常数，且 $k = \dfrac{t}{2}$ 向下取整. 则矩形脉冲函数 $f(t)$ 的频域信号为

$$F(s) = \int_0^\infty f(t)\,\mathrm{e}^{-st}\mathrm{d}t = \int_0^2 f_1(t)\,\mathrm{e}^{-st}\mathrm{d}t + \int_2^4 f(t)\,\mathrm{e}^{-st}\mathrm{d}t + \cdots + \int_{2k}^{2(k+1)} f(t)\,\mathrm{e}^{-st}\mathrm{d}t + \cdots$$

考虑 $f(t)$ 为周期函数

$$F(s) = \int_0^2 f_1(t)\,\mathrm{e}^{-st}\mathrm{d}t + \int_0^2 f_1(t-2)\,\mathrm{e}^{-st}\mathrm{d}t + \cdots + \int_0^2 f_1(t-2k)\,\mathrm{e}^{-st}\mathrm{d}t + \cdots$$

由拉普拉斯变换的平移性质得

$$F(s) = (1 + e^{-2s} + \cdots + e^{-2ks} + \cdots) \cdot \int_0^2 f_1(t) e^{-st} dt = \frac{\int_0^2 f_1(t) e^{-st} dt}{1 - e^{-2s}}$$

进而

$$F(s) = \frac{\int_0^1 f_1(t) e^{-st} dt}{1 - e^{-2s}} = \frac{\frac{1}{s}(1 - e^{-s})}{1 - e^{-2s}} = \frac{1}{s(1 + e^{-s})}$$

注：例 8.29 中利用拉普拉斯变换的平移性质，可以退出周期函数的拉普拉斯变换公式. 若函数 $f(t)$ 为以 T 为周期的周期函数，则其拉普拉斯变换可表示为

$$F(s) = f(t) = \frac{\int_0^T f(t) e^{-st} dt}{1 - e^{-Ts}}$$

小　　结

1. 拉普拉斯变换定义及其存在性

（1）拉普拉斯变换定义

设函数 $f(t)$ 当 $t \geq 0$ 时有定义，且积分

$$F(s) = \int_0^{+\infty} f(t) e^{-st} dt$$

在复平面区域（$\mathrm{Re}s > C \geq 0$）内收敛，则称其为 $f(t)$ 的拉普拉斯变换，简称拉氏变换，记为

$$F(s) = \mathscr{L}[f(t)]$$

并称 $f(t)$ 是 $F(s)$ 的拉普拉斯逆变换，记为 $f(t) = \mathscr{L}^{-1}[F(t)]$.

（2）拉普拉斯变换存在定理

若函数 $f(t)$ 满足：

（1）在 $t \geq 0$ 的任意有限区间上分段连续；

（2）$\exists M > 0, C \geq 0$，使得 $|f(t)| \leq Me^{Ct}$（C 称为它的增长指数），则 $f(t)$ 的拉普拉斯变换

$F(s) = \int_0^{+\infty} f(t) e^{-st} dt$ 在半平面 $\mathrm{Re}s > C$ 上存在.

2. 拉普拉斯变换性质

（1）线性性质

设 $\mathscr{L}[f_1(t)] = F_1(s)(\mathrm{Re}s > C_1)$，$\mathscr{L}[f_2(t)] = F_2(s)(\mathrm{Re}s > C_2)$，$C = \max\{C_1, C_2\}$，$\alpha, \beta$ 是

任意常数,有

$$\mathscr{L}\left[\alpha f_1(t) + \beta f_2(t)\right] = \alpha F_1(s) + \beta F_2(s)$$

$$\mathscr{L}^{-1}\left[\alpha F_1(s) + \beta F_2(s)\right] = \alpha f_1(t) + \beta f_2(t)$$

且均有 $\mathrm{Re}s > C$ 成立,即若函数的 Laplace 变换存在,则其线性组合的 Laplace 变换等于各函数 Laplace 变换的线性组合.

（2）微分性质

时域微分:设 $F(s) = \mathscr{L}[f(t)]$,且 $f(t)$ 在 $(0,\infty)$ 内可微,而 $f'(t)$ 在 $t > 0$ 的任意有限区间内除有限个第一类间断点外连续,则 $\mathscr{L}[f'(t)]$ 存在,且有

$$\mathscr{L}[f'(t)] = sF(s) - f(0) \qquad (\mathrm{Re}s > C)$$

其中

$$f(0) = \lim_{t \to 0^+} f(t)$$

（3）积分性质

时域积分:设 $F(s) = \mathscr{L}[f(t)]$,则

$$\mathscr{L}\left[\int_0^t f(t)\,\mathrm{d}t\right] = \frac{1}{s}F(s) \qquad (\mathrm{Re}s > s)$$

频域积分:设 $F(s) = \mathscr{L}[f(t)]$,则

$$\int_s^{+\infty} F(z)\,\mathrm{d}z = \mathscr{L}\left[\frac{f(t)}{t}\right] \qquad (\mathrm{Re}s > C)$$

（4）位移性质

时域平移:$F(s) = \mathscr{L}[f(t)] \quad (\mathrm{Re}s > C)$

且 $t < 0$ 时,$f(t) = 0$,则对任意 $\tau > 0$,有

$$\mathscr{L}[f(t-\tau)] = \mathrm{e}^{-s\tau}F(s)$$

$$\mathscr{L}^{-1}[\mathrm{e}^{-s\tau}F(s)] = f(t-\tau) \qquad (\mathrm{Re}s > C)$$

频域平移:设 $F(s) = \mathscr{L}[f(t)](\mathrm{Re}s > C)$,有

$$\mathscr{L}[\mathrm{e}^{\alpha t}f(t)] = F(s - \alpha) \qquad (\mathrm{Re}s > C)$$

（5）延迟性质

设 $F(s) = \mathscr{L}[f(t)]$,且 $t < 0$ 时 $f(t) = 0$,则对 $\forall \tau \geqslant 0$,有

$$\mathscr{L}[f(t-\tau)] = \mathrm{e}^{-s\tau}F(s), \mathscr{L}^{-1}[\mathrm{e}^{-s\tau}F(s)] = f(t-\tau) \qquad (\mathrm{Re}s > C)$$

（6）相似性质

设 $\mathscr{L}[f(t)] = F(s)$,则

$$\mathscr{L}[f(at)] = \frac{1}{a}F\left(\frac{s}{a}\right) \quad (a > 0)$$

（7）初值定理

函数 $f(t)$ 及其导数 $f'(t)$ 满足拉氏变换存在条件，且 $\mathscr{L}[f(t)] = F(s)$，则

$$\lim_{t \to 0^+} f(t) = \lim_{s \to \infty} sF(s)$$

（8）终值定理

函数 $f(t)$ 及其导数 $f'(t)$ 满足拉氏变换存在条件，且 $\mathscr{L}[f(t)] = F(s)$，$\lim\limits_{t \to \infty} f(t)$ 存在，$sF(s)$ 在包含虚轴在内的右半平面解析，则

$$\lim_{t \to \infty} f(t) = \lim_{s \to 0} sF(s)$$

3. 拉普拉斯逆变换的计算

（1）留数法

设 $s_1, s_2, \cdots, s_n$ 是函数 $F(s)$ 的所有奇点，且 $\lim\limits_{s \to \infty} F(s) = 0$，则 $\exists \beta \in R$，使得 $\mathrm{Res}_k < \beta (k = 1, 2, \cdots, n)$，且

$$\frac{1}{2\pi \mathrm{i}} \int_{\beta - \mathrm{i}\infty}^{\beta + \mathrm{i}\infty} F(s)\mathrm{e}^{st}\mathrm{d}s = \sum_{k=1}^{n} \mathrm{Res}[F(s)\mathrm{e}^{st}, s_k] \quad \text{在 } f(t) \text{ 的连续点有}$$

$$f(t) = \sum_{k=1}^{n} \mathrm{Res}[F(s)\mathrm{e}^{st}, s_k] \quad (t > 0)$$

（2）部分分式法

设 $F(s) = \dfrac{A(s)}{B(s)} = \dfrac{a_m s^m + a_{m-1}s^{m-1} + \cdots + a_0}{s^n + b_{,n-1}s^{n-1} + \cdots + b_0}$ 是有理既约真分式，$s_k(k = 1, 2, \cdots, p)$ 是 $B(s)$ 的 p 个单根，z_j 是 $B(s)$ 的 $n_j(\mathrm{j} = 1, 2, \cdots, q)$ 阶重跟，且 $p + n_1 + n_2 + \cdots + n_q = n$，有

$$\frac{A(s)}{B(s)} = \frac{c_1}{s - s_1} + \frac{c_2}{s - s_2} + \cdots + \frac{c_p}{s - s_p} + \left[\frac{c_{11}}{s - z_1} + \frac{c_{12}}{(s - z_1)^2} + \cdots + \frac{c_{1n_1}}{(s - z_1)^{n_1}}\right] +$$

$$\left[\frac{c_{21}}{s - z_2} + \frac{c_{22}}{(s - z_2)^2} + \cdots + \frac{c_{2n_2}}{(s - z_2)^{n_2}}\right] + \cdots + \left[\frac{c_{q1}}{s - z_q} + \frac{c_{q2}}{(s - z_q)^2} + \cdots + \frac{c_{qn_q}}{(s - z_q)^{n_q}}\right]$$

将一个复杂拉氏变换象函数 $F(s)$ 拆分成若干分母为单项式的简单函数，此时再去求取拉氏逆变换，便可得到 $F(s)$ 的象原函数 $f(t)$，这将大大简化问题的复杂度．

4. 卷积定理

（1）定义

设函数 $f_1(t)$ 和 $f_2(t)$ 满足当 $t < 0$ 时，$f_1(t) = f_2(t) = 0$，并且在 $[0, +\infty)$ 绝对可积，则称含

参变量 t 的积分

$$\int_0^t f_1(\tau) f_2(t - \tau) d\tau$$

为函数 $f_1(t)$ 和 $f_2(t)$ 的卷积. 记为 $f_1(t) * f_2(t)$.

（2）卷积定理

设函数 $f_1(t)$ 和 $f_2(t)$ 都满足拉氏变换的存在定理,且有

$$\mathscr{L}[f_1(t)] = F_1(s)(\text{Res} > C_1), \mathscr{L}[f_2(t)] = F_2(s)(\text{Res} > C_2), 则$$

$$\mathscr{L}[f_1(t) * f_2(t)] = F_1(s)F_2(s) \quad (\text{Res} > C = \max\{C_1, C_2\})$$

$$\mathscr{L}^{-1}[F_1(s)F_2(s)] = f_1(t) * f_2(t)$$

习 题

1. 求下列函数的拉普拉斯变换:

（1）$f(t) = t^2 + 6t - 3$;

（2）$f(t) = 5\sin 2t - 3\cos 2t$;

（3）$f(t) = 1 + te'$;

（4）$f(t) = u(2t - 1)$;

（5）$f(t) = \sin^2 t \cos^2 t$;

（6）$f(t) = t\cos at$;

（7）$f(t) = e^{2t} + 5\delta(t)$;

（8）$f(t) = e^{-4t}\cos 4t$;

（9）$f(t) = u(1 - e^{-1})$;

（10）$f(t) = \dfrac{e^{3t}}{\sqrt{t}}$;

（11）$f(t) = te^{-3t}\sin 2t$;

（12）$f(t) = t\int_0^t e^{-3t}\sin 2t dt$.

2. 求下列函数的拉普拉斯逆变换:

（1）$F(s) = \dfrac{3s}{(s-1)(s-2)}$;

（2）$F(s) = \dfrac{1}{s^2(s+1)}$;

（3）$F(s) = \dfrac{1}{(s-1)^4}$;

（4）$F(s) = \dfrac{2s+3}{s^2+9}$;

（5）$F(s) = \dfrac{2s+5}{s^2+4s+13}$;

（6）$F(s) = \dfrac{1}{s(s+1)(s+2)}$;

（7）$F(s) = \dfrac{s+2}{(s^2+10)(s^2+20)}$;

（8）$F(s) = \dfrac{1}{s^4-a^4}$;

（9）$F(s) = \dfrac{3+s}{s^3+3s^2+6s+4}$;

（10）$F(s) = \dfrac{1+e^{-2s}}{s^2}$.

3. 求下列微分方程和方程组的解:

（1）$y'' + 4y' + 3y = e^{-t}, y(0) = y'(0) = 1$;

（2）$y''' + y' = e^{2t}, y(0) = y'(0) = y''(0) = 0$;

（3） $y'' - 2y' + 2y = 2\mathrm{e}^t \cos t, y(0) = y'(0) = 0$；

（4） $\begin{cases} x' + x - y = \mathrm{e}^t \\ y' + 3x - 2y = 2\mathrm{e}^t \end{cases}, x(0) = y(0) = 1.$

4. 已知 $\mathscr{L}[f(t)] = F(s), m \geqslant n, a > 0, b \geqslant 0$，试求 $\dfrac{\mathrm{d}^n}{\mathrm{d}t^n} t^m f(t)$ 的拉普拉斯变换.

5. 证明函数 $F(s) = \dfrac{s^2}{(s^2 + 1)(s^2 + 4)}$ 的拉普拉斯逆变换为 $\mathscr{L}^{-1}[F(s)] = \dfrac{2}{3}\sin 2t - \dfrac{1}{3}\sin t.$

6. 求下列卷积：

（1） $1 * 1$；

（2） $t^m * t^n$（m, n 为正整数）；

（3） $\sin t^n * \cos t^n$；

（4） $t * \mathrm{e}^t$；

（5） $u(t - a) * f(t)$；

（6） $\delta(t - a) * f(t)$.

7. 证明：卷积满足对加法的分配律
$$f_1(t) * [f_2(t) + f_3(t)] = f_1(t) * f_2(t) + f_1(t) * f_3(t)$$

8. 利用卷积定理证明等式
$$\mathscr{L}\left[\int_0^t f(t)\,\mathrm{d}t\right] = \mathscr{L}[f(t) * u(t)] = \frac{F(s)}{s}$$

9. 求图 8.9 所示的以 T 为周期的矩形波 $f(t)$ 的 Laplace 变换.

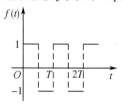

图 8.9 矩形波

10. 在图 8.10 所示的电路图中，当 $t = 0$ 时，闭合开关 K，接入信号源 $e(t) = E_0 \sin w_0 t$，电感起始电流等于零，求电流 $i(t)$.

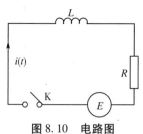

图 8.10 电路图

习 题 答 案

第1章习题答案

1. $(1) x = \dfrac{29}{5}, y = \dfrac{347}{25}$.　　$(2) x = \dfrac{3}{2}, y = \dfrac{1}{2}$ 或 $x = 2, y = 1$.

2. $(1) 1 - 3i$;　　$(2) 1 - 5i$.

3. $(1) \text{Re} z = -\dfrac{1}{2}, \text{Im} z = -\dfrac{3}{2}, \bar{z} = -\dfrac{1}{2} + \dfrac{3}{2}i, |z| =$

$\dfrac{\sqrt{10}}{2}, \text{Arg} z = \arctan 3 + (2k-1)\pi \quad (k = 0, \pm 1, \pm 2, \cdots)$.

$(2) \text{Re} z = -\dfrac{7}{2}, \text{Im} z = -\dfrac{26}{2}, \bar{z} = -\dfrac{7}{2} + \dfrac{26}{2}i, |z| = \dfrac{5\sqrt{29}}{2}$,

$\text{Arg} z = \arctan \dfrac{26}{7} + (2k-1)\pi, \quad (k = 0, \pm 1, \pm 2, \cdots)$.

$(3) \text{Re} z = -3, \text{Im} z = 4, \bar{z} = -3 - 4i, |z| = 5$.

$\text{Arg} z = -\arctan \dfrac{4}{3} + (2k+1)\pi, \quad (k = \pm 1, \pm 2, \cdots)$.

$(4) \text{Re} z = -\dfrac{3}{10}, \text{Im} z = \dfrac{1}{10}, \bar{z} = -\dfrac{3}{10} - \dfrac{1}{10}i, |z| = \dfrac{\sqrt{10}}{10}$,

$\text{Arg} z = -\arctan \dfrac{1}{3} + (2k+1)\pi \quad (k = 0, \pm 1, \pm 2, \cdots)$

4. 略.　　5. 略.

6. 设 $z = x + iy$, 则

$\dfrac{z-1}{z+1} = \dfrac{x^2 + y^2 - 1 + 2yi}{(x+1)^2 + y^2}, \text{Re} \dfrac{z-1}{z+1} = \dfrac{x^2 + y^2 - 1}{(x+1)^2 + y^2}$,

$\text{Im} \dfrac{z-1}{z+1} = \dfrac{2y}{(x+1)^2 + y^2}$.

7. $(1) 5\left(\cos \dfrac{\pi}{2} + i\sin \dfrac{\pi}{2}\right), 5e^{\frac{\pi}{2}i}$;

$(2) 2\left(\cos \dfrac{\pi}{3} + i\sin \dfrac{\pi}{3}\right), 2e^{\frac{\pi}{3}i}$;

$(3) 2(\cos \pi + i\sin \pi), 2e^{\pi i}$;

$(4) 2\left(\cos\left(-\dfrac{\pi}{6}\right) + i\sin\left(-\dfrac{\pi}{6}\right)\right), 2e^{\frac{\pi}{6}i}$;

$(5) \sqrt{29}\left(\cos\left[\arctan\left(-\dfrac{5}{2}\right) + \pi\right] + i\sin\left[\arctan\left(-\dfrac{5}{2}\right) + \pi\right]\right)$,
$\sqrt{29}e^{\left[\arctan\left(-\frac{5}{2}\right) + \pi\right]i}$;

$(6) \sqrt{5}\left(\cos\left(\arctan \dfrac{1}{2} - \pi\right) + i\sin\left(\arctan \dfrac{1}{2} - \pi\right)\right)$,
$\sqrt{5}e^{\left(\arctan\frac{1}{2} - \pi\right)i}$.

8. $(1) -6 + 6\sqrt{3}i$;　　$(2) 1 + i$;　　$(3) \dfrac{3}{8} + \dfrac{3\sqrt{3}}{8}$;

$(4) 8^{\frac{1}{6}}\left(\cos \dfrac{-\dfrac{\pi}{4} + 2k\pi}{3} + i\sin \dfrac{-\dfrac{\pi}{4} + 2k\pi}{3}\right)$,

$(k = 0, 1, 2, \cdots)$;

$(5) z^2 = -\dfrac{1}{2} + \dfrac{\sqrt{3}}{2}i, z^3 = -1, z^4 = -\dfrac{1}{2} - \dfrac{\sqrt{3}}{2}i$;

$(6) \cos 19\varphi + i\sin 19\varphi$;

$(7) \cos \dfrac{2k+1}{6}\pi + i\sin \dfrac{2k+1}{6}\pi, (k = 0, 1, 2, 3, 4, 5)$;

$(8) 2^{\frac{1}{5}}\left(\cos \dfrac{2k + \dfrac{5}{6}}{5}\pi + i\sin \dfrac{2k + \dfrac{5}{6}}{5}\pi\right)$,

$(k = 0, 1, 2, 3, 4)$.

9 ~ 12. 略.

13. $z = a\left(\cos \dfrac{2k+1}{4}\pi + i\sin \dfrac{2k+1}{4}\pi\right), (k = 0, 1, 2, 3)$.

14. $\cos \dfrac{2k + \dfrac{1}{4}}{3}\pi + i\sin \dfrac{2k + \dfrac{1}{4}}{3}\pi, (k = 0, 1, 2, 3\cdots)$.

15. (1) 真;　(2) 假;　(3) 真;　(4) 假;　(5) 假;
　(6) 假;　(7) 假;　(8) 假;　(9) 真;　(10) 假.

16. (1) 表示以 $(-1, 0)$ 为圆心, 以 2 为半径的圆周;

(2) 表示以 $(0, 2)$ 为圆心, 1 为半径的圆的外部, 包括圆周;

(3) 表示以原点为圆心, 以 $\dfrac{1}{3}$ 为半径的圆的外部;

(4) 表示直线 $y = 3$;

(5) 表示直线 $y = -3$;

(6) 表示直线 $y = -x$;

(7) 表示直线 $x = 2$ 的左侧, 包括 $x = 2$;

(8) 表示直线 $x = 0$ 的右侧;

(9) 表示到两个定点 $(-1, 0)$ 和 $(-3, 0)$ 距离之和等于 4 的动点轨迹, 满足方程的动点轨迹是椭圆;

(10) 以 i 为起点的射线 $y = x + 1 (x > 0)$.

17. (1) 不包含实轴的下半平面; 是无界的, 开的单连

通域；

（2）以抛物线 $y^2 = 1 - 2x$ 为边界的左侧内部区域，不含边界；是无界，开的单连通域；

（3）由射线 $\theta = 1, \theta = 1 + \pi$ 构成的角形线，不包含两射线在内；是无界，开的单连通域；

（4）中心在 $z = -\dfrac{17}{15}$ 半径为 $\dfrac{8}{15}$ 的圆周外部区域，不含边界：是无界，开的多连通域；

（5）以原点为中心，1 和 3 为半径的圆环内部，不包含小圆边界，包含大圆边界；是有界，半开半闭的多连通；

（6）以 $(0, i)$ 为中心，1 和 2 为半径的圆环内部，包含边界；是有界，闭的多连通域；

（7）双曲线 $4x^2 - \dfrac{4}{15}y^2 = 1$ 左边分支的左侧区域，不含边界；是无界，开的单连通域；

（8）圆 $(x - 2)^2 + (y + 1)^2 = 9$ 的内部区域，包含边界；是有界，闭的单连通域；

（9）椭圆 $\dfrac{x^2}{9} + \dfrac{y^2}{5} = 1$ 的内部区域，包含边界；是有界，闭的单连通域；

（10）$0 < x < 2$ 的带形区域；是有界，开的单连通域。

18. 略.

19. $z\bar{z} + z\left(\dfrac{b}{2a} - \dfrac{c}{2a}i\right) + \bar{z}\left(\dfrac{b}{2a} + \dfrac{c}{2a}i\right) + \dfrac{d}{a} = 0.$

20. （1）直角坐标系方程为 $\begin{cases} x = t \\ y = 2t \end{cases}$，曲线为 $y = 2x$；

（2）直角坐标系方程为 $\begin{cases} x = a\cos t \\ y = b\sin t \end{cases}$，曲线为 $\dfrac{x^2}{a^2} + \dfrac{y^2}{b^2} = 1$；

（3）直角坐标系方程为 $\begin{cases} x = t \\ y = \dfrac{1}{t} \end{cases}$，曲线为 $xy = 1$；

（4）直角坐标系方程为 $\begin{cases} x = (a + b)\cos t \\ y = (a - b)\sin t \end{cases}$，曲线为 $\dfrac{x^2}{(a+b)^2} + \dfrac{y^2}{(a-b)^2} = 1.$

21. （1）$z = 2(\cos t + i\sin t), 0 \leqslant t \leqslant 2\pi$；

（2）$z = (3\cos t + 1) + 3i\sin t, 0 \leqslant t \leqslant 2\pi$；

（3）$z = 4i + t, -\infty < t < +\infty$；

（4）$z = 2 + it, -\infty < t < +\infty$；

（5）$z = (1 + i)t, -\infty < t < +\infty.$

22. （1）$u^2 + v^2 = \dfrac{1}{4}$. 以原点为圆心，以 $\dfrac{1}{2}$ 为半径的圆；

（2）$u + v = 0$，表示过原点的直线；

（3）$\left(u - \dfrac{1}{2}\right)^2 + v^2 = \dfrac{1}{4}$，以 $\left(\dfrac{1}{2}, 0\right)$ 为圆心，以 $\dfrac{1}{2}$ 为半径的圆；

（4）$u^2 + \left(v + \dfrac{1}{6}\right)^2 = \dfrac{1}{36}$，以 $\left(0, -\dfrac{1}{6}\right)$ 为圆心，以 $\dfrac{1}{6}$ 为半径的圆；

（5）$u = \dfrac{1}{2}$，表示平行于 v 轴的直线.

23 ~ 25. 略.

26. （1）$\dfrac{3 - 4i}{5}$；　　　（2）$\dfrac{3}{2}$.

第 2 章习题答案

1. （1）在直线 $x = -\dfrac{1}{2}$ 上可导，处处不解析；

（2）在直线 $x = \pm\sqrt{\dfrac{3}{2}}y$ 上可导，处处不解析；

（3）在原点处可导，处处不解析；

（4）处处可导，处处解析.

2. $n = l = -3, m = 1.$

3. （1）$0, i, -i$；　　　　（2）$-1, i, -i.$

4. 略.　　5. 略.

6. （1）$v = \dfrac{x}{x^2 + y^2} - \dfrac{1}{2}$；

（2）$v = -x^2 + 2x + y^2 - 1$；

（3）$v = -\dfrac{1}{2}\ln(x^2 + y^2) + C, C$ 为常数；

（4）$v = -\dfrac{x^2}{2} + \dfrac{y^2}{2} + 2xy + C, C$ 为常数.

7. （1）$u = f(ax + by) = C_1(ax + by) + C_2, C_1, C_2$ 为常数；

（2）$u = f\left(\dfrac{y}{x}\right) = C_1\arctan\left(\dfrac{y}{x}\right) + C_2, C_1, C_2$ 为常数.

8. 略.

9. （1）e^{-2x}；（2）$e^{x^2 - y^2}$；（3）$e^{\frac{x}{x^2 + y^2}}\cos\left(-\dfrac{y}{x^2 + y^2}\right).$

10. （1）正确；　　　（2）正确.

11. （1）$z = n\pi (n = 0, \pm 1, \cdots)$；

（2）$z = \ln 2 + i\left(\dfrac{\pi}{3} + 2k\pi\right)(k = 0, \pm 1, \pm 2, \cdots)$；

（3）$z = i(\pi + 2k\pi)(k = 0, \pm 1, \pm 2, \cdots).$

12. （1）$\cos 1\mathrm{ch}1 - i\sin 1\mathrm{sh}1$；

(2) $\sin 3 \mathrm{ch} 2 + \mathrm{i} \cos 3 \mathrm{sh} 2$;

(3) $\dfrac{\mathrm{e}^{\frac{1}{3}}}{2}(1 + \sqrt{3}\,\mathrm{i})$;

(4) $\mathrm{i}\mathrm{e}^{-\frac{\pi}{2} + 2k\pi}, k = 0, \pm 1, \pm 2, \cdots$;

(5) $\mathrm{e}^{-2k\pi + \mathrm{i}\ln 2}, k = 0, \pm 1, \pm 2, \cdots$;

(6) $\ln 5 + \mathrm{i}\left(\arctan\dfrac{4}{3} + (2k+1)\pi\right), k = 0, \pm 1,$
$\pm 2, \cdots$

13. 略.

14. (1) 不正确;　　(2) 不正确.

15. 略.

16. 略.

17. (1) $z = k\pi\mathrm{i}\,(k = 0, \pm 1, \pm 2, \cdots)$;

(2) $z = \left(\dfrac{\pi}{2} + 2k\pi\right)\mathrm{i}\,(k = 0, \pm 1, \pm 2, \cdots)$.

第3章习题答案

1. (1) $\dfrac{1}{3}(3 + \mathrm{i})^3$;　(2) $\dfrac{1}{3}(3 + \mathrm{i})^3$;　(3) $\dfrac{1}{3}(3 + \mathrm{i})^3$.

2. 1.

3. $2\pi\mathrm{i}$, 提示:利用柯西积分公式.

4. (1) 0; (2) 0; (3) 0; (4) $\pi\mathrm{i}$;
提示:利用柯西—古萨基本定理和柯西积分公式.

5. (1) $\dfrac{\pi\mathrm{i}}{a}$; (2) 0; (3) 0; (4) $2\pi\mathrm{i}\sin(\mathrm{i})$.

提示:利用柯西—古萨基本定理、复合闭路定理和柯西积分公式.

6. (1) $-\dfrac{\mathrm{i}}{3}$;

(2) $\sin 1 - \cos 1$;

(3) $\left(\pi - \dfrac{1}{2}\mathrm{sh}(2\pi)\right)\mathrm{i}$;

(4) $1 - \cos 1 + \mathrm{i}(\sin 1 - 1)$.

7. (1) $2\pi\mathrm{i}\cos 1$; (2) 0; (3) $\pi\mathrm{i}\mathrm{e}^{\mathrm{i}}$; (4) $\dfrac{\pi\mathrm{i}}{\mathrm{e}}$; (5) 0; (6) $\dfrac{\pi}{54}$.

8. 提示:利用柯西—古萨基本定理、复合闭路定理.

9. 提示:高阶导数积分公式.

10. 提示:柯西积分公式.

11. 提示:柯西积分公式.

12. 提示:利用柯西—古萨基本定理.

13. 提示:柯西积分公式.

14. 提示:高阶导数积分公式.

15. 提示:采用反证法,利用刘维尔定理.

16. 提示:最大值原理.

第4章习题答案

1. (1) 收敛,且有 $\lim\limits_{n \to +\infty} z_n = 0$; (2) 发散; (3) 收敛,且有 $\lim\limits_{n \to \infty} z_n = 0$; (4) 收敛,且有 $\lim\limits_{n \to +\infty} z_n = 1$.

2. (1) 绝对收敛; (2) 条件收敛; (3) 发散; (4) 绝对收敛.

3. 提示:利用复数项级数收敛的充要条件,及
$$\sum_{n=1}^{\infty} |z_n|^2 = \sum_{n=1}^{\infty}(a_n^2 + b_n^2) = \sum_{n=1}^{\infty}\left[2a_n^2 + (b_n^2 - a_n^2)\right].$$

4. (1) $\dfrac{1}{\sqrt{5}}$; (2) 1; (3) $\dfrac{1}{\mathrm{e}}$; (4) 1; (5) ∞; (6) ∞.

5. (1) 收敛半径为1,收敛圆为 $|z - 3| < 1$,和函数
$$\sum_{n=0}^{\infty}(n + 1)(z - 3)^{n+1} = \dfrac{z - 3}{(z - 4)^2}.$$
(2) 收敛半径为1,收敛圆为 $|z - \mathrm{i}| < 1$.

6. 提示:利用 Abel 定理.

7. 提示:利用 Abel 定理.

8. 收敛半径为 R.

9. (1) $\dfrac{1}{1 + z^3} = 1 - z^3 + z^6 - z^9 + L + (-1)^n z^{3n} + L, |z| < 1$;

(2) $\dfrac{z^2 - 3z - 1}{(z + 2)(z - 1)^2} = \dfrac{1}{z + 2} - \dfrac{1}{(z - 1)^2}$
$= \sum_{n=0}^{\infty}(-1)^n \dfrac{z^n}{2^{n+1}} - \sum_{n=1}^{\infty} n z^{n-1}, |z| < 1$;

(3) $\cos z^2 = 1 - \dfrac{z^4}{2!} + \dfrac{z^8}{4!} - \dfrac{z^{12}}{6!} + \cdots, |z| < +\infty$;

(4) $\mathrm{sh}z = \dfrac{\mathrm{e}^z - \mathrm{e}^{-z}}{2}$
$= \dfrac{1}{2}\left(\sum_{n=0}^{\infty} \dfrac{z^n}{n!} - \sum_{n=0}^{\infty}(-1)^n \dfrac{z^n}{n!}\right)$
$= \dfrac{1}{2}\sum_{n=0}^{\infty}\left[1 - (-1)^n\right]\dfrac{z^n}{n!}$
$= \sum_{k=1}^{\infty} \dfrac{z^{2k-1}}{(2k-1)!}, |z| < +\infty$;

(5) $\mathrm{e}^z \sin z = z + z^2 + \dfrac{z^3}{3} + \cdots, |z| < +\infty$;

(6) $\dfrac{\mathrm{e}^z}{1 + z} = 1 + \dfrac{z^2}{2} - \dfrac{z^3}{3} + \cdots, |z| < 1$.

10. (1) $\sum_{n=0}^{\infty}(-1)^n(z - 1)^n, R = 1$;

(2) $\sum_{n=0}^{\infty}(-1)^n\left(\dfrac{1}{2^{n+1}} - \dfrac{1}{3^{n+1}}\right)(z - 2)^n, R = 3$;

$(3) \sum_{n=1}^{\infty} \frac{(-1)^{n-1}}{2^n}(z-1)^n, R = 2;$

$(4) \sum_{n=0}^{\infty} \frac{3^n}{(1-3i)^{n+1}}[z-(1+i)]^n, R = \frac{\sqrt{10}}{3};$

$(5) \sum_{n=0}^{\infty} \frac{1}{(n!)e}(z-1)^n, R = +\infty;$

$(6) \sum_{n=0}^{\infty} \frac{(-1)^n}{2n+1}z^{2n+1}, R = 1.$

11. 提示:展开式的系数为 $c_n = \frac{f^n(0)}{n!}$.

12. 略.

13. (1) 当 $0 < |z-3| < 2$ 时,

$$f(z) = \frac{1}{z-5} = \frac{1}{z-3-2} = -\frac{1}{2} \cdot \frac{1}{1-\frac{z-3}{2}}$$

$$= -\frac{1}{2} \sum_{n=0}^{\infty} \left(\frac{z-3}{2}\right)^n;$$

当 $4 < |z-1| < +\infty$ 时,

$$f(z) = \frac{1}{z-1-4} = \frac{1}{z-1} \cdot \frac{1}{1-\frac{4}{z-1}}$$

$$= \frac{1}{z-1} \sum_{n=0}^{\infty} \frac{4^n}{(z-1)^n};$$

(2) 当 $1 < |z| < 2$ 时,

$$f(z) = -\frac{1}{5z} \sum_{n=0}^{\infty} \left(-\frac{1}{z^2}\right)^n - \frac{2}{5z^2} \sum_{n=0}^{\infty} \left(-\frac{1}{z^2}\right)^n$$

$$- \frac{1}{10} \sum_{n=0}^{\infty} \left(\frac{z}{2}\right)^n;$$

(3) 当 $0 < |z| < 1$ 时,

$$f(z) = \frac{1}{z^2(z-i)} = -\frac{1}{iz^2} \cdot \frac{1}{1-\frac{z}{i}}$$

$$= -\frac{1}{iz^2} \sum_{n=0}^{\infty} \frac{z^n}{i^n};$$

(4) 当 $0 < |z-i| < 2$ 时,

$$f(z) = \frac{1}{2i(z-i)} \sum_{n=0}^{\infty} (-1)^n \frac{(z-i)^n}{(2i)^n}$$

当 $2 < |z-i| < +\infty$ 时,

$$f(z) = \frac{1}{(z-i)^2} \cdot \frac{1}{1-\left(-\frac{2i}{z-i}\right)}$$

$$= \frac{1}{(z-i)^2} \sum_{n=0}^{\infty} (-1)^n \frac{(2i)^n}{(z-i)^n};$$

当 $1 < |z| < +\infty$ 时,

$$f(z) = \frac{1}{2i}\left(\frac{1}{z} \sum_{n=0}^{\infty} \frac{i^n}{z^n} - \frac{1}{z} \sum_{n=0}^{\infty} (-1)^n \frac{i}{z^n}\right);$$

$(5) f(z) = \sum_{n=0}^{\infty} \frac{1}{(n!)} \frac{1}{z^{n-2}}, 0 < |z| < +\infty;$

$(6) f(z) = \sum_{n=0}^{\infty} (-1)^n \frac{1}{(2n+1)!} \frac{1}{(z-2)^{2n+1}},$

$0 < |z-2| < +\infty.$

14. 提示:不能展成洛朗级数。因为在圆环域内不解析.

15. 提示:在计算 c_n 的公式中,取 C 为 $|z| < 1$,并设此圆上的积分变量 $\xi = e^{i\theta}$,然后证明 c_n 的积分虚部为0.

16. 提示:将 $\frac{1}{z-k}$ 在 $|z| > k$ 内展成洛朗级数,取 $z = e^{i\theta}$,则 $|z| > k$,在洛朗级数展开式中令两边的实部与实部相等,虚部与虚部相等.

第5章习题答案

1. (1) $z = 0$,三阶极点;
   (2) $z = -1$,三阶极点;(3) $z = 3$,一阶极点;
   (4) $z = k\pi (k = 0, \pm 1, \pm 2 \cdots)$,一阶极点;
   (5) $z = 0$,本性奇点;
   (6) $z = 0$,五阶极点;
   (7) $z = 0$,本性奇点;
   (8) 孤立奇点.

2. (1) 非孤立奇点;(2) 孤立奇点;(3) 孤立奇点;
   (4) 孤立奇点.

3. 正确.

4. (1) $\text{Res}\left[\frac{1-\cos z}{z^4}, 0\right] = 0;$

   (2) $\text{Res}\left[\frac{1}{\sin z}, \pi\right] = -1;$

   (3) $\text{Res}\left[\cot z - \frac{1}{z}, 0\right] = 0;$

   (4) $\text{Res}\left[\frac{\sin 2z}{(z+1)^3}, -1\right] = 2\sin 2;$

   (5) $\text{Res}\left[\frac{z}{(z+1)^2(z-1)}, -1\right] = 2\sin 2.$

5. (1) -1;(2) -1;(3) 0;(4) 0.

6. (1) 0;(2) $2\pi i$;(3) 0;(4) 0;(5) $-4ni$;(6) 0.

7. (1) $\frac{\sqrt{2}}{4}\pi$;(2) $\left(\frac{e^{-1}}{16} - \frac{e^{-3}}{48}\right)\pi$;(3) $\frac{2\pi}{\sqrt{(2a+1)^2-1}}$;

   (4) $\frac{2\pi}{a^2(1-a^2)}$;(5) $\frac{1-e^{-1}}{2}\pi$;

$(6)\pi\mathrm{e}^{-2}(\cos 2+\sin 2)$.

8. 提示:应用儒歇定理,通过证明函数 $a_0z^n+a_1z^{n-1}+\cdots+a_{n-1}z+a_n$ 与 a_0z^n 在某一圆周内有同样多的零点完成代数学基本原理的证明.

9. (1)5 个;(2)1 个.

第6章习题答案

1. $(1)\dfrac{3\pi}{4}$;$(2)0$;$(3)\dfrac{\pi}{4}+1$.

2. $(1)\dfrac{\pi}{2}$;$(2)-\dfrac{\pi}{4}-\arctan 2$.

3. 当解析函数满足 $f'(z)\neq 0$ 时,它所表示的映射具有伸缩率不变性和保角性,当 $z\neq 0$ 时 $w=z^3$ 表示的映射具有伸缩率不变性和保角性.

4. $(1)(u+1)^2+v^2=1$ 的外部区域;

   (2)矩形: $-d<u<-c,a<v<b$.

5. 略.

6. $(1)\mathrm{Im}w>1$;$(2)\mathrm{Im}w>\mathrm{Re}w$;

   $(3)|w+\dfrac{\mathrm{i}}{2}|>\dfrac{1}{2}$,$\mathrm{Im}w<0$;

   $(4)|w-\dfrac{1}{2}|>\dfrac{1}{2}$,$\mathrm{Re}w>$,$\mathrm{Im}w>0$.

7. $(1)a,b,c,d$ 为实数,且 $ad-bc>0$;

   $(2)a,b,c,d$ 为实数,且 $ad-bc<0$.

8. 略.

9. $w=\mathrm{i}+\mathrm{e}^{\mathrm{i}\varphi}\dfrac{z-z_0}{1-\bar{z}_0 z}$,$|z_0|<1$.

10. 略.

11. $(1)w=\mathrm{i}\dfrac{2z-1}{2-z}$; $(2)w=\dfrac{2z-1}{2-z}$;

    $(3)w=\dfrac{(\mathrm{e}^{\mathrm{i}\varphi}-|\alpha|^2)z+(1-\mathrm{e}^{\mathrm{i}\varphi})\alpha}{(\mathrm{e}^{\mathrm{i}\varphi}-1)\bar{\alpha}z+(1-|\alpha|^2\mathrm{e}^{\mathrm{i}\varphi})}$;

    提示:先求单位圆 $|z|<1$ 到单位圆 $|\xi|<1$ 的映射 $\zeta=g(z)$,并满足 $g(\alpha)=0,\arg g'(\alpha)=\varphi$;再求单位圆 $|w|<1$ 到单位圆 $|\zeta|<1$ 的映射 $\zeta=h(w)$,并满足 $h(\alpha)=0,\arg h'(\alpha)=0$;于是所求映射为
    $$w=f(z)=h^{-1}(\zeta)=h^{-1}(g(z))$$

    $(4)w=\dfrac{2z+1}{2+z}$.

12. $(1)w=\mathrm{i}\dfrac{z-2\mathrm{i}}{z+2\mathrm{i}}$;$(2)w=\dfrac{3z+\sqrt{5}-2\mathrm{i}}{(\sqrt{5}-2\mathrm{i})z+3}$;

    $(3)w=\mathrm{i}\dfrac{z-\mathrm{i}}{z+\mathrm{i}}$.

13. $w=-\dfrac{z-\mathrm{i}}{z+\mathrm{i}}$,把上半平面映射为 $|w|<1$.

14. $w=\mathrm{e}^{\mathrm{i}\varphi}\dfrac{z-z_0}{z+\bar{z}_0}$ $(\mathrm{Re}z_0>0)$.

15. $(1)w=-\left(\dfrac{z+\sqrt{3}+\mathrm{i}}{z-\sqrt{3}+\mathrm{i}}\right)^3$;$(2)w=\left(\dfrac{z-\sqrt{2}(1-\mathrm{i})}{z-\sqrt{2}(1+\mathrm{i})}\right)^4$;

    $(3)w=-\left(\dfrac{z^{\frac{2}{3}}+2^{\frac{2}{3}}}{z^{\frac{2}{3}}-2^{\frac{2}{3}}}\right)^2$;$(4)w=\left(\dfrac{z^4-4}{z^4+4}\right)^2$;

    $(5)w=\sqrt{z^2+4}$;$(6)w=-\left(\dfrac{\mathrm{i}\sqrt{z}-1}{\mathrm{i}\sqrt{z}+1}\right)^2$;

    $(7)w=\sqrt{1-\left(\dfrac{z-\mathrm{i}}{z+\mathrm{i}}\right)^2}$;$(8)w=\mathrm{e}^{(z-a)\frac{\pi}{b-a}}$;

    $(9)w=\mathrm{e}^{\mathrm{i}\left(\frac{1}{z}-\frac{1}{2}\right)\pi}$;$(10)w=-\left(\dfrac{\mathrm{e}^{\frac{\pi z}{a}}+1}{\mathrm{e}^{\frac{\pi z}{a}}-1}\right)^2$.

第7章习题答案

1. $(1)\dfrac{4}{\mathrm{i}\omega}(1-\mathrm{e}^{-2\mathrm{i}\omega})$; $(2)-\dfrac{2}{\omega^2}(\cos\omega-1)$;

   $(3)\dfrac{(2}{(c\mathrm{i}\omega+1)^2+4}$.

2. 略.

3. $F(\omega)=\dfrac{2\beta}{\beta^2+\omega^2}$.

   证明提示:求 $F(\omega)$ 的傅里叶逆变换,利用奇(偶)函数在对称区间的性质可证得结果.

4. $\cos a\omega+\cos\dfrac{a}{2}\omega$.

5. $\mathrm{e}^{-\mathrm{i}\omega}\cos 1$.

6. $(1)\dfrac{\pi\mathrm{i}}{2}(\delta(\omega+2)-\delta(\omega-2))$;

   $(2)\dfrac{\pi\mathrm{i}}{4}(\delta(\omega-3)-3\delta(\omega-1)+3\delta(\omega+1)-\delta(\omega+3))$;

   $(3)\dfrac{\pi\mathrm{i}}{2}(\delta(\omega+5)-\delta(\omega-5))+\dfrac{\sqrt{3}}{2}\pi(\delta(\omega+5)+\delta(\omega-5))$.

7. 略.
8. 略.

9. $(1)\dfrac{2}{(1+\mathrm{i}\omega)^2+4}$;

   $(2)\dfrac{1}{2}\left(\dfrac{1}{\mathrm{i}\omega}+\pi\delta(\omega)-\dfrac{\mathrm{i}\omega}{4-\omega^2}-\dfrac{\pi}{2}(\delta(\omega-2)+\delta(\omega+2))\right)$;

   $(3)\mathrm{i}\pi(\delta''(\omega+1)-\delta''(\omega-1))$;$(4)\dfrac{\sqrt{2}}{2}$;

   $(5)\dfrac{\pi}{2\mathrm{i}}(\delta(\omega-\omega_0)-\delta(\omega+\omega_0))-\dfrac{\omega_0}{\omega^2-\omega_0^2}$;

$(6)\dfrac{a+\mathrm{i}\omega}{\omega_0^2+(a+\mathrm{i}\omega)^2}$;

$(7)\mathrm{e}^{-\mathrm{i}(\omega-\omega_0)}\left(\dfrac{1}{\mathrm{i}(\omega-\omega_0)}+\pi\delta(\omega-\omega_0)\right)$.

10. $(1)f(t)=u(t)t\mathrm{e}^{-t}$;

$(2)f(t)=\dfrac{1}{4}(1-\mathrm{e}^{-2(t+3)})u(t+3)-$
$\dfrac{1}{4}(1-\mathrm{e}^{-2(t-3)})u(t-3)$.

11. $f(t)=\begin{cases}\dfrac{1}{2}(u(1+t)+u(1-t)-1,|t|\ne1\\0,\qquad\qquad\qquad\ |t|=1\end{cases}$

12. $(1)x(t)=\begin{cases}\dfrac{1}{3}(\mathrm{e}^{2t}-\mathrm{e}^{t}),&t<0\\0,&t=0\\\dfrac{1}{3}(\mathrm{e}^{-t}-\mathrm{e}^{-2t}),&t>0\end{cases}$;

$(2)x(t)=\begin{cases}0,t<0\\\mathrm{e}^{-t},t\ge0\end{cases}$.

13. $(1)\pi$; $(2)\dfrac{\pi}{2}$.

14. $f_1(t)*f_2(t)=\begin{cases}0,t<0\\\dfrac{1}{2}(\sin t-\cos t+\mathrm{e}^{-t}),0\le t\le\dfrac{\pi}{2}\\\dfrac{1}{2}(\mathrm{e}^{\frac{\pi}{2}}+1)\mathrm{e}^{-t},t>\dfrac{\pi}{2}\end{cases}$.

15. 提示:证明过程类似卷积定理的证明.

16*. 略.

17*. 略.

第8章习题答案

1. 下列函数的拉氏变换

$(1)F(s)=\dfrac{2}{s^3}+\dfrac{6}{s^2}-\dfrac{3}{s}$; $\qquad(2)F(s)=\dfrac{10-3s}{s^2+4}$;

$(3)F(s)\dfrac{1}{s}+\dfrac{1}{(s-1)^2}$; $\qquad(4)F(s)=\dfrac{1}{s}\mathrm{e}^{\frac{1}{2}s}$;

$(5)F(s)=\dfrac{1}{8s}-\dfrac{s}{8(s^2+16)}$; $(6)F(s)=\dfrac{s^2-a^2}{(s^2+a^2)^2}$;

$(7)F(s)=5+\dfrac{1}{s-2}$; $\qquad(8)F(s)=\dfrac{s+4}{(s+4)^2+16}$;

$(9)F(s)=\dfrac{1}{s}$; $\qquad(10)F(s)=\sqrt{\dfrac{\pi}{s-3}}$;

$(11)F(s)=\dfrac{4(s+3)}{[(s+3)^2+4]^2}$;

$(12)F(s)=\dfrac{3s^2+4s+2}{s^2[(s+1)^2+1]^2}$.

2. 求下列函数的拉氏逆变换

$(1)f(t)=-3\mathrm{e}^t+6\mathrm{e}^{2t}$; $\quad(2)f(t)=t-1+\mathrm{e}^{-t}$;

$(3)f(t)=\dfrac{1}{6}t^3\mathrm{e}^t$; $\quad(4)f(t)=2\cos3t+\sin3t$;

$(5)f(t)=\dfrac{1}{3}\mathrm{e}^{-2t}(6\cos3t+\sin3t)$;

$(6)f(t)=\dfrac{1}{2}-\mathrm{e}^{-t}+\dfrac{1}{2}\mathrm{e}^{-2t}$;

$(7)f(t)=\dfrac{1}{10}\cos\sqrt{10}t+\dfrac{1}{5\sqrt{10}}\sin\sqrt{10}t-$
$\dfrac{1}{10}\cos\sqrt{20}t-\dfrac{1}{10\sqrt5}\sin\sqrt{20}t$;

$(8)f(t)=\dfrac{1}{4a^3}(\mathrm{e}^{at}-\mathrm{e}^{-at})-\dfrac{1}{2a^3}\sin at$;

$(9)f(t)=\dfrac{1}{3}\mathrm{e}^{-t}(2-2\cos\sqrt3t+\sqrt3\sin\sqrt3t)$;

$(10)f(t)=\begin{cases}t,&0\le t<2\\2(t-1),&t\ge2\end{cases}$.

3. 求下列微分方程和方程组的解

$(1)y(t)=\left(\dfrac{7}{4}+\dfrac{1}{2}t\right)\mathrm{e}^{-t}-\dfrac{3}{4}\mathrm{e}^{-3t}$;

$(2)y(t)=-\dfrac{1}{2}+\dfrac{1}{10}\mathrm{e}^{2t}+\dfrac{2}{5}\cos t-\dfrac{1}{5}\sin t$;

$(3)y(t)=t\mathrm{e}^t\sin t$; $\quad(4)x(t)=\mathrm{e}^t,y(t)=\mathrm{e}^t$.

4. $\mathscr{L}\left[\dfrac{\mathrm{d}^n}{\mathrm{d}t^n}t^mf(t)\right]=(-1)^ms^nF^{(m)}(s)$.

5. 略.

6. 求下列卷积

$(1)t$; $(2)\dfrac{m!\ n!\ t^{m+n+1}}{(m+k+1)!}$;

$(3)\dfrac{t}{2}\sin t$; $(4)\mathrm{e}^t-t-1$;

$(5)\begin{cases}0,t<a\\\displaystyle\int_a^tf(t-z)az,t\ge a\end{cases}$;

(6)当$t<a,\delta(t-a)*f(t)=0$;
当$t\ge a,\delta(t-a)*f(t)=f(t-a)$.

7. 略.

8. 略.

9. $F(s)=\dfrac{1}{s}\tanh\dfrac{sT}{4}$.

10. $i(t)=\dfrac{E_0}{R^2+L^2\omega^2}(R\sin\omega t-\omega L\cos\omega t)+$
$\dfrac{E_0\omega L}{R^2+L^2\omega^2}\mathrm{e}^{-\frac{R}{L}t}$.

附录 拉普拉斯变换简表

	$f(t)$	$F(s)$
1	$f(t)$	$F(s)$
2	1	$\dfrac{1}{s}$
3	e^{at}	$\dfrac{1}{s-a}$
4	$t^m\,(m>-1)$	$\dfrac{\Gamma(m+1)}{s^{m+1}}$
5	$t^m\mathrm{e}^{at}\,(m>-1)$	$\dfrac{\Gamma(m+1)}{(s-a)^{m+1}}$
6	$\sin at$	$\dfrac{a}{s^2+a^2}$
7	$\cos at$	$\dfrac{s}{s^2+a^2}$
8	$\mathrm{sh}\,at$	$\dfrac{a}{s^2-a^2}$
9	$\mathrm{ch}\,at$	$\dfrac{s}{s^2-a^2}$
10	$t^m\sin at\,(m>-1)$	$\dfrac{\left[(s+\mathrm{i}a)^{m+1}-(s-\mathrm{i}a)^{m+1}\right]}{2\mathrm{i}(s^2+a^2)^{m+1}}\Gamma(m+1)$
11	$t^m\cos at\,(m>-1)$	$\dfrac{\left[(s+\mathrm{i}a)^{m+1}+(s-\mathrm{i}a)^{m+1}\right]}{2(s^2+a^2)^{m+1}}\Gamma(m+1)$
12	$\mathrm{e}^{-bt}\sin at$	$\dfrac{a}{(s+b)^2+a^2}$
13	$\mathrm{e}^{-bt}\cos at$	$\dfrac{s+b}{(s+b)^2+a^2}$
14	$\mathrm{e}^{-bt}\sin(at+c)$	$\dfrac{(s+b)\sin c+a\cos c}{(s+b)^2+a^2}$
15	$\sin^2 t$	$\dfrac{1}{2}\left(\dfrac{1}{s}-\dfrac{s}{s^2+4}\right)$
16	$\cos^2 t$	$\dfrac{1}{2}\left(\dfrac{1}{s}+\dfrac{s}{s^2+4}\right)$
17	$\sin at\sin bt$	$\dfrac{2abs}{\left[s^2+(a+b)^2\right]\left[s^2+(a-b)^2\right]}$

18	$\delta(t)$	1
19	$u(t)$	$\dfrac{1}{s}$
20	$tu(t)$	$\dfrac{1}{s^2}$
21	$t^m u(t)(m>-1)$	$\dfrac{1}{s^{m+1}}\Gamma(m+1)$
22	$\dfrac{1}{\sqrt{\pi t}}$	$\dfrac{1}{\sqrt{s}}$
23	$2\sqrt{\dfrac{t}{\pi}}$	$\dfrac{1}{s\sqrt{s}}$
24	$(1-at)\mathrm{e}^{-at}$	$\dfrac{s}{(s+a)^2}$
25	$t(1-\dfrac{a}{2}t)\mathrm{e}^{-at}$	$\dfrac{s}{(s+a)^3}$
26	$\dfrac{1}{t}(\mathrm{e}^{bt}-\mathrm{e}^{at})$	$\ln\dfrac{s-a}{s-b}$
27	$\dfrac{2}{t}(1-\cos at)$	$\ln\dfrac{s^2+a^2}{s^2}$
28	$\dfrac{2}{t}(1-\mathrm{ch}at)$	$\ln\dfrac{s^2-a^2}{s^2}$
29	$\dfrac{1}{t}\sin at$	$\arctan\dfrac{a}{s}$
30	$\dfrac{1}{t}(\mathrm{ch}at-\cos bt)$	$\ln\sqrt{\dfrac{s^2+b^2}{s^2-a^2}}$